U0342222

非煤矿山基本建设施工管理

连民杰 著

北 京
冶 金 工 业 出 版 社
2014

内 容 提 要

本书较详细地介绍了非煤矿山基本建设施工期间的所有技术及管理工作，全书共分9章，第1章概述了非煤矿山基本建设的内容和特点；第2章论述了工程招标及施工队伍的选择；第3章论述了工程管理及质量监督；第4章论述了工程质量控制；第5章论述了工程进度保障措施；第6章论述了基本建设期的财务管理；第7章论述了设备及物资采购；第8章系统全面地论述了技术管理；第9章论述了安全管理。

本书可供矿山建设项目管理者和技术人员、监理人员、设计人员阅读，也可供施工单位管理和技术人员、设计审查人员及项目验收人员参考。

图书在版编目(CIP)数据

非煤矿山基本建设施工管理/连民杰著. —北京：冶金工业出版社，2014.9
　ISBN 978-7-5024-6652-7

　Ⅰ.①非… Ⅱ.①连… Ⅲ.①矿山建设—基本建设项目—施工管理 Ⅳ.①TD2

中国版本图书馆 CIP 数据核字(2014)第 175604 号

出 版 人　谭学余
地　　址　北京市东城区嵩祝院北巷 39 号　邮编　100009　电话　(010)64027926
网　　址　www.cnmip.com.cn　电子信箱　yjcbs@cnmip.com.cn
责任编辑　戈　兰　廖　丹　美术编辑　吕欣童　版式设计　孙跃红
责任校对　禹　蕊　责任印制　李玉山
ISBN 978-7-5024-6652-7
冶金工业出版社出版发行；各地新华书店经销；北京百善印刷厂印刷
2014 年 9 月第 1 版，2014 年 9 月第 1 次印刷
787mm×1092mm　1/16；16 印张；383 千字；240 页
62.00 元

冶金工业出版社　投稿电话　(010)64027932　投稿信箱　tougao@cnmip.com.cn
冶金工业出版社营销中心　电话　(010)64044283　传真　(010)64027893
冶金书店　地址　北京市东四西大街 46 号(100010)　电话　(010)65289081(兼传真)
冶金工业出版社天猫旗舰店　yjgy.tmall.com
(本书如有印装质量问题，本社营销中心负责退换)

前　言

2013 年初，向广大读者奉献了《非煤矿山基本建设管理程序》一书。该书系统地介绍了非煤矿山建设项目的建设程序，但未涉及矿山建设期间的最关键环节——施工管理。该书出版后，得到了许多读者的欢迎和指教，建议作者尽快编写施工管理这一关键环节的管理程序。施工管理是建设过程中的实际操作环节，前期的所有专项评价、评估、预审等报告，以及采矿证的办理和项目核准工作都是为了尽快地开展项目的施工，只有完成了项目施工，项目才能投产见效，才能把资源转化为经济效益。经过一年多的努力，在许多同志的帮助下，向广大读者奉献《非煤矿山基本建设施工管理》，以满足广大读者的要求。

本书较详细地介绍了非煤矿山基本建设施工期间的所有技术及管理工作，全书共分 9 章，第 1 章概述了非煤矿山基本建设的内容和特点；第 2 章论述了工程招标及施工队伍的选择；第 3 章论述了工程管理及质量监督；第 4 章论述了工程质量控制；第 5 章论述了工程进度保障措施；第 6 章论述了基本建设期的财务管理；第 7 章论述了设备及物资采购；第 8 章系统全面地论述了技术管理；第 9 章论述了安全管理。

本书可供矿山建设项目管理者和技术人员、监理人员、设计人员阅读，也可供施工单位管理和技术人员、设计审查人员及项目验收人员参考。为了保持每一章节的相对独立，方便各专业人员的研读和使用，某些章节稍有重复。

作者从事矿山工作三十多年，亲自参加建设和建设管理的国内外矿山二十多座，还参加了数十座矿山的设计审查、安全评价、竣工验收工作。本书融入了作者三十多年的矿山管理经验以及过往著作、论文的精华。

本书编写过程中得到了中钢矿业系统诸多同事的帮助，特别是王伟杰、李全京、杨和平、王占楼、孙淑娜、郝墨云、赖木收等同志，在本书的编写过程中给予了鼎力支持，参加了资料收集、整理、核对等大量工作。在工程和有关制度实例方面参考了五矿集团邯邢矿业公司北洺河铁矿、中钢集团山东矿业公司、中钢集团富全矿业公司的工程和制度实例。在编写过程中还参阅了众多书刊杂志及政府的法律、法规及规程文件，在此对王伟杰等同志及文献作者表示感谢，对文献引用不当之处请谅解。

　　矿山建设具有不可重复性的特点，本书所论述的观点仅供兄弟矿山建设时参考。许多矿山在建设过程中都积累了非常好的经验，希望加强交流，共同推动我国非煤矿山建设的发展。

　　著者水平有限，不妥之处，欢迎读者赐教。

著　者

2014 年 5 月于北京

目　　录

第1章　概述 ……………………………………………………………………… 1

1.1　基本建设期管理的内容和特点 ……………………………………… 1

1.2　基本建设期管理的施工系统 ………………………………………… 1

  1.2.1　技术系统 ……………………………………………………… 2

  1.2.2　社会系统 ……………………………………………………… 2

  1.2.3　经济系统 ……………………………………………………… 2

1.3　基本建设期的综合管理 ……………………………………………… 2

  1.3.1　工作要有前瞻性和协调性 …………………………………… 3

  1.3.2　技术是保障 …………………………………………………… 3

  1.3.3　质量是根本 …………………………………………………… 3

  1.3.4　安全是基础 …………………………………………………… 4

  1.3.5　财务管理要严格 ……………………………………………… 4

  1.3.6　合同管理要严密 ……………………………………………… 4

第2章　工程招标及施工队伍 …………………………………………………… 6

2.1　招标的组织工作 ……………………………………………………… 6

  2.1.1　工程招标必须具备的条件 …………………………………… 6

  2.1.2　招标方式及组织 ……………………………………………… 6

  2.1.3　招标文件的编制 ……………………………………………… 9

  2.1.4　投标单位的资格审查 ………………………………………… 9

  2.1.5　勘察现场及招标文件的疑点解答 ………………………… 10

  2.1.6　标底的编制 ………………………………………………… 10

  2.1.7　评标和定标 ………………………………………………… 11

  2.1.8　招标工作应注意的问题 …………………………………… 13

2.2　保密工作 …………………………………………………………… 13

2.3　合同管理 …………………………………………………………… 16

  2.3.1　施工合同的概念 …………………………………………… 16

  2.3.2　合同签订的注意事项 ……………………………………… 16

  2.3.3　施工合同的主要条款及内容 ……………………………… 16

  2.3.4　施工合同的类型及选择 …………………………………… 17

2.4　施工队伍考察 ……………………………………………………… 18

  2.4.1　考察的范围 ………………………………………………… 18

2.4.2　考察的组织与实施 ………………………………………… 18

2.4.3　考察方式 ……………………………………………………… 19

2.4.4　考察的主要内容 ……………………………………………… 19

2.4.5　承建建设项目的组织方案 …………………………………… 20

2.4.6　施工单位选择的原则 ………………………………………… 20

2.5　施工队伍管理 ……………………………………………………… 20

第3章　工程监理与质量监督 ……………………………………… 22

3.1　工程监理 …………………………………………………………… 22

3.1.1　监理机构的职责 ……………………………………………… 23

3.1.2　监理的主要业务内容 ………………………………………… 23

3.2　质量监督 …………………………………………………………… 24

3.2.1　工程质量监督机构和任务 …………………………………… 24

3.2.2　监督的范围 …………………………………………………… 24

3.2.3　监督主要工作内容和程序 …………………………………… 25

3.3　项目管理 …………………………………………………………… 25

3.3.1　工程总承包和建设工程项目管理 …………………………… 26

3.3.2　建设单位（业主）自行管理的模式 ………………………… 27

第4章　工程质量 …………………………………………………… 31

4.1　质量控制概述 ……………………………………………………… 31

4.1.1　质量控制的原则和依据 ……………………………………… 31

4.1.2　质量控制的内容 ……………………………………………… 31

4.1.3　质量控制的主要环节和关键点 ……………………………… 32

4.1.4　做好工程质量管理的基本方法 ……………………………… 34

4.2　现场签证 …………………………………………………………… 35

4.2.1　现场签证的分类 ……………………………………………… 35

4.2.2　现场签证的意义 ……………………………………………… 36

4.2.3　现场签证的原则 ……………………………………………… 36

4.2.4　工程现场签证应注意的环节 ………………………………… 37

4.3　隐蔽工程 …………………………………………………………… 38

4.4　质量验收 …………………………………………………………… 38

4.4.1　质量验收的组织 ……………………………………………… 38

4.4.2　质量验收的程序 ……………………………………………… 39

4.5　竣工工程质保期 …………………………………………………… 39

4.5.1　建设工程质量保修 …………………………………………… 39

4.5.2　建设工程质量保证金 ………………………………………… 40

4.5.3　质保期间的管理 ……………………………………………… 40

4.5.4　质保期届满验收及质保金返还 ……………………………… 41

第5章　工程进度 ··· 42

5.1　工期管理 ··· 42

　5.1.1　影响矿山建设工期的因素分析 ··················· 42

　5.1.2　建设工期管理主要措施 ···························· 43

　5.1.3　矿山建设不同阶段工期管理主要内容 ········· 44

5.2　组织管理模式 ··· 45

　5.2.1　矿山基本建设组织管理模式 ····················· 45

　5.2.2　矿山建设组织管理模式选择的影响因素 ······ 47

　5.2.3　矿山建设组织管理模式确定和机构设置 ······ 47

5.3　调度协调 ·· 48

　5.3.1　调度协调工作的必要性 ···························· 48

　5.3.2　调度协调的对象和内容 ···························· 48

　5.3.3　调度协调的方法 ···································· 51

　5.3.4　参考实例 ··· 53

5.4　工期考核 ·· 56

　5.4.1　工期考核的必要性 ·································· 56

　5.4.2　工期变化的因素 ···································· 56

　5.4.3　工期控制措施 ······································· 57

　5.4.4　工程延期的申报与审批 ···························· 57

　5.4.5　工期的考核 ·· 58

5.5　计划外工程 ·· 59

　5.5.1　计划外工程产生的原因和类型 ·················· 59

　5.5.2　计划外工程对矿山正常建设的影响 ············· 59

　5.5.3　计划外工程的预防和应对 ························· 60

　5.5.4　参考实例 ··· 61

5.6　基建计划 ·· 62

　5.6.1　总进度计划 ·· 62

　5.6.2　总进度计划的表示方法 ···························· 63

　5.6.3　使用网络图编制总进度计划 ····················· 64

　5.6.4　计划的监测与跟踪 ·································· 66

　5.6.5　计划的调整 ·· 66

　5.6.6　细分计划编制和管理 ······························ 67

　5.6.7　参考实例 ··· 68

5.7　基建统计 ·· 70

　5.7.1　数据、信息的基本概念 ···························· 70

　5.7.2　建设工程信息管理 ·································· 71

　5.7.3　基建矿山统计体系建设 ···························· 73

　5.7.4　参考实例 ··· 74

5.8　公共关系 ……………………………………………………… 75
　　5.8.1　公共关系的通常表现形式 ……………………………… 75
　　5.8.2　依法依规办矿 …………………………………………… 75
　　5.8.3　正确处理与当地村民的矛盾和纠纷 …………………… 75

第6章　财务与预决算管理 ………………………………………… 77

6.1　基本建设财务的特殊性 ……………………………………… 77
　　6.1.1　基本建设财务的概念 …………………………………… 77
　　6.1.2　基建财务管理的基本任务 ……………………………… 77
　　6.1.3　基建财务管理的内容 …………………………………… 77
　　6.1.4　非煤基建矿山财务管理的特殊性 ……………………… 78

6.2　基建财务管理和会计核算 …………………………………… 79
　　6.2.1　基建财务管理中存在的一般问题 ……………………… 79
　　6.2.2　提高基建财务管理水平的措施 ………………………… 80
　　6.2.3　规范会计核算 …………………………………………… 81

6.3　全面预算管理 ………………………………………………… 84
　　6.3.1　全面预算管理的意义 …………………………………… 84
　　6.3.2　全面预算管理的特点 …………………………………… 84
　　6.3.3　全面预算的编制方法 …………………………………… 85
　　6.3.4　非煤矿山基建期间的预算管理 ………………………… 87

6.4　基建期管理费用 ……………………………………………… 88
　　6.4.1　管理费用的概念 ………………………………………… 88
　　6.4.2　管理费用的提取比例 …………………………………… 89
　　6.4.3　管理费用的使用 ………………………………………… 89

6.5　资金管理 ……………………………………………………… 91
　　6.5.1　资金筹措的管理 ………………………………………… 91
　　6.5.2　资金使用的管理 ………………………………………… 91
　　6.5.3　预付账款管理 …………………………………………… 94
　　6.5.4　质保金管理 ……………………………………………… 95
　　6.5.5　竣工结算管理 …………………………………………… 95

6.6　基建代矿管理 ………………………………………………… 96
　　6.6.1　基建代矿的收集 ………………………………………… 96
　　6.6.2　基建代矿的入库 ………………………………………… 96
　　6.6.3　基建代矿进入试生产阶段的处理 ……………………… 97

第7章　设备物资采购及管理 ……………………………………… 98

7.1　设备及物资的招标 …………………………………………… 98
　　7.1.1　招标范围 ………………………………………………… 98
　　7.1.2　招标形式 ………………………………………………… 98
　　7.1.3　评审专家 ………………………………………………… 98

　　　7.1.4　公开招标工作流程 ‥‥‥‥‥‥‥‥‥‥‥‥‥‥‥‥‥　99
　　　7.1.5　邀标工作流程及注意事项 ‥‥‥‥‥‥‥‥‥‥‥‥　101
　　　7.1.6　附表 ‥‥‥‥‥‥‥‥‥‥‥‥‥‥‥‥‥‥‥‥‥‥　102
　　7.2　永久设备管理 ‥‥‥‥‥‥‥‥‥‥‥‥‥‥‥‥‥‥‥‥　107
　　　7.2.1　永久设备管理的基础工作 ‥‥‥‥‥‥‥‥‥‥‥‥　107
　　　7.2.2　设备到货后的工作 ‥‥‥‥‥‥‥‥‥‥‥‥‥‥‥　108
　　　7.2.3　设备安装施工 ‥‥‥‥‥‥‥‥‥‥‥‥‥‥‥‥‥　108
　　　7.2.4　设备安装工程的验收与移交使用 ‥‥‥‥‥‥‥‥　111
　　7.3　临时设备的运行管理 ‥‥‥‥‥‥‥‥‥‥‥‥‥‥‥‥　111
　　　7.3.1　供电系统设备管理制度 ‥‥‥‥‥‥‥‥‥‥‥‥‥　112
　　　7.3.2　排水系统设备管理制度 ‥‥‥‥‥‥‥‥‥‥‥‥‥　114
　　7.4　物资管理 ‥‥‥‥‥‥‥‥‥‥‥‥‥‥‥‥‥‥‥‥‥‥　116
　　　7.4.1　总承包方式的物资管理 ‥‥‥‥‥‥‥‥‥‥‥‥‥　117
　　　7.4.2　劳务承包方式的物资管理 ‥‥‥‥‥‥‥‥‥‥‥‥　117
　　7.5　特种设备 ‥‥‥‥‥‥‥‥‥‥‥‥‥‥‥‥‥‥‥‥‥‥　120
　　　7.5.1　特种设备采购管理 ‥‥‥‥‥‥‥‥‥‥‥‥‥‥‥　120
　　　7.5.2　特种设备安装 ‥‥‥‥‥‥‥‥‥‥‥‥‥‥‥‥‥　120
　　　7.5.3　特种设备启用条件 ‥‥‥‥‥‥‥‥‥‥‥‥‥‥‥　121
　　7.6　废旧物资回收与管理 ‥‥‥‥‥‥‥‥‥‥‥‥‥‥‥‥　124
　　　7.6.1　物资管理部门职责 ‥‥‥‥‥‥‥‥‥‥‥‥‥‥‥　125
　　　7.6.2　资产财务部职责 ‥‥‥‥‥‥‥‥‥‥‥‥‥‥‥‥　125
　　　7.6.3　回收物资单位职责 ‥‥‥‥‥‥‥‥‥‥‥‥‥‥‥　125
　　　7.6.4　回收废旧物资的计量 ‥‥‥‥‥‥‥‥‥‥‥‥‥‥　125
　　　7.6.5　处理回收废旧物资的定价及销售 ‥‥‥‥‥‥‥‥　125
　　　7.6.6　结算 ‥‥‥‥‥‥‥‥‥‥‥‥‥‥‥‥‥‥‥‥‥‥　125
　　　7.6.7　奖惩 ‥‥‥‥‥‥‥‥‥‥‥‥‥‥‥‥‥‥‥‥‥‥　126

第8章　技术管理 ‥‥‥‥‥‥‥‥‥‥‥‥‥‥‥‥‥‥‥‥‥‥‥‥‥　128

　　8.1　基建矿山技术管理的内容和特点 ‥‥‥‥‥‥‥‥‥‥　128
　　　8.1.1　基建矿山技术管理主要内容 ‥‥‥‥‥‥‥‥‥‥‥　128
　　　8.1.2　基建矿山技术管理体系 ‥‥‥‥‥‥‥‥‥‥‥‥‥　128
　　　8.1.3　基建矿山不同时期技术管理的特点 ‥‥‥‥‥‥‥　130
　　　8.1.4　技术管理的重要性 ‥‥‥‥‥‥‥‥‥‥‥‥‥‥‥　132
　　8.2　图纸会审 ‥‥‥‥‥‥‥‥‥‥‥‥‥‥‥‥‥‥‥‥‥‥　133
　　　8.2.1　图纸会审应遵循的原则 ‥‥‥‥‥‥‥‥‥‥‥‥‥　133
　　　8.2.2　图纸会审的程序和过程 ‥‥‥‥‥‥‥‥‥‥‥‥‥　134
　　　8.2.3　图纸会审的内容 ‥‥‥‥‥‥‥‥‥‥‥‥‥‥‥‥　134
　　　8.2.4　图纸会审的注意事项 ‥‥‥‥‥‥‥‥‥‥‥‥‥‥　134
　　　8.2.5　图纸会审会议纪要 ‥‥‥‥‥‥‥‥‥‥‥‥‥‥‥　135
　　　8.2.6　图纸会审技巧 ‥‥‥‥‥‥‥‥‥‥‥‥‥‥‥‥‥　135

8.2.7　某选矿厂工程图纸会审案例 ……………………………………… 136
8.3　施工组织设计 …………………………………………………………… 137
　　8.3.1　各类施工组织设计编制依据 ………………………………… 137
　　8.3.2　施工组织设计编制原则 ……………………………………… 138
　　8.3.3　施工组织设计编制内容 ……………………………………… 138
　　8.3.4　施工组织设计审查和审批 …………………………………… 145
　　8.3.5　施工组织设计的落实和协调 ………………………………… 148
　　8.3.6　实例 …………………………………………………………… 149
8.4　设计交底 ………………………………………………………………… 149
　　8.4.1　设计交底应遵循的原则 ……………………………………… 150
　　8.4.2　会议组织及参加人员 ………………………………………… 150
　　8.4.3　设计交底的重点内容 ………………………………………… 151
　　8.4.4　纪要与实施 …………………………………………………… 151
　　8.4.5　技术交底 ……………………………………………………… 152
　　8.4.6　设计交底案例 ………………………………………………… 153
8.5　设计服务 ………………………………………………………………… 154
　　8.5.1　设计服务的主要工作范围 …………………………………… 155
　　8.5.2　设计服务人员的主要职责 …………………………………… 155
　　8.5.3　设计现场服务具体要求和注意事项 ………………………… 156
　　8.5.4　设计变更 ……………………………………………………… 156
8.6　设计优化 ………………………………………………………………… 157
　　8.6.1　设计优化的重要性和必要性 ………………………………… 157
　　8.6.2　设计优化的原则和程序 ……………………………………… 158
　　8.6.3　设计优化的内容 ……………………………………………… 158
　　8.6.4　基建矿山不同时期的设计优化 ……………………………… 169
　　8.6.5　设计优化工作的开展 ………………………………………… 170
　　8.6.6　设计优化的注意事项 ………………………………………… 171
　　8.6.7　参考实例 ……………………………………………………… 171
8.7　技术改造及合理化建议 ………………………………………………… 176
　　8.7.1　技术改造的原则 ……………………………………………… 176
　　8.7.2　技术改造可靠性研究报告编制要求 ………………………… 177
　　8.7.3　基建矿山开展技术改造和合理化建议工作的重要性 ……… 177
　　8.7.4　技术改造与合理化建议管理办法 …………………………… 178
　　8.7.5　技术改造和合理化建议活动的开展 ………………………… 178
　　8.7.6　参考实例 ……………………………………………………… 179
8.8　档案管理 ………………………………………………………………… 186
　　8.8.1　建设项目文件 ………………………………………………… 187
　　8.8.2　矿山建设项目文件的收集 …………………………………… 188
　　8.8.3　建设工程档案编制质量要求与组卷方法 …………………… 190
　　8.8.4　建设工程档案验收与移交 …………………………………… 193

8.8.5　项目竣工文件的编制 ……………………………………… 193

8.8.6　矿山基本建设项目文件的整理 …………………………… 195

8.8.7　矿山基本建设项目档案的归档整理 ……………………… 196

8.8.8　参考实例 ……………………………………………………… 196

第9章　安全管理 …………………………………………………………… 206

9.1　基建矿山安全生产现状及特点 ……………………………………… 206

9.1.1　基建矿山事故的主要特点 …………………………………… 206

9.1.2　基建矿山发生事故的主要原因 ……………………………… 206

9.1.3　基建矿山安全生产特点 ……………………………………… 207

9.2　建设单位安全管理 …………………………………………………… 207

9.2.1　安全管理任务及职责 ………………………………………… 207

9.2.2　安全管理组织保障及制度建设 ……………………………… 209

9.2.3　安全监督管理措施 …………………………………………… 212

9.2.4　甲乙双方的协调配合 ………………………………………… 214

9.3　施工单位安全管理 …………………………………………………… 216

9.3.1　施工单位安全管理职责 ……………………………………… 216

9.3.2　施工单位安全生产管理保障措施 …………………………… 217

9.3.3　施工单位驻矿项目部 ………………………………………… 218

9.3.4　施工单位日常安全管理 ……………………………………… 220

9.4　监理单位安全监督管理 ……………………………………………… 224

9.4.1　监理单位安全职责 …………………………………………… 224

9.4.2　总监理工程师安全管理职责 ………………………………… 225

9.4.3　监理工程师安全管理职责 …………………………………… 225

9.4.4　安全监理员安全管理职责 …………………………………… 226

9.4.5　安全监管措施 ………………………………………………… 226

9.5　井巷掘进安全技术管理 ……………………………………………… 226

9.5.1　竖井掘进及安全要求 ………………………………………… 227

9.5.2　平巷掘进及安全要求 ………………………………………… 228

9.5.3　斜井掘进及安全要求 ………………………………………… 229

9.5.4　天井、溜井掘进及安全要求 ………………………………… 230

9.6　井巷支护及安全要求 ………………………………………………… 232

9.6.1　喷锚（网）支护安全要求 …………………………………… 232

9.6.2　永久支架架设安全要求 ……………………………………… 233

9.6.3　整体性支护及砌碹支护安全要求 …………………………… 233

9.7　爆破作业安全要求 …………………………………………………… 234

9.7.1　巷道掘进爆破 ………………………………………………… 234

9.7.2　矿山爆破安全技术 …………………………………………… 236

参考文献 …………………………………………………………………… 240

第1章 概　　述

一个矿山从勘探开始，历经地质勘探、可行性研究、初步设计、施工设计，环境、安全、地质灾害等各种评价，政府有关部门的许可、核准、立项、资金筹措，基建施工，到矿山产品的出售获取利润，是一个非常漫长的过程。中间涉及方方面面的问题，其中矿山的基本建设施工尤为重要，它承上启下，是矿山整个寿命周期的关键环节，是提高投资效益、获取最大利润的根本所在。因此，加强矿山基本建设期的管理意义重大。

1.1　基本建设期管理的内容和特点

矿山基本建设期管理也可称为"施工项目管理"，它是以高效益、高质量、小投资地实现目标为目的，以项目法人负责制为基础，对项目按照其内在逻辑有效地计划、组织、协调和控制，以适应内部及外部环境并组织高效益的施工，使生产要素优化组织、合理配置，保证施工生产均衡性，以实现项目目标并使企业获得良好的社会效益。因此，施工项目管理是为使项目实现所要求的质量、所规定的建设周期、所批准的预算而进行的全方位、全过程的规划、组织、控制与协调。

由于项目建设都是一次性的，具有不可重复性，所以，项目管理需要用系统工程的观念、理论和方法管理，要具有全面性、科学性和程序性。项目管理的目标就是项目可研和初步设计确立的目标。项目的目标确立了项目管理的主要内容："三控制两管理一协调"，即控制进度、控制质量、控制费用，合同管理、信息管理和组织协调。

施工项目的生产要素有劳动力、材料、机械设备、技术和资金。这些要素具有集合性、相关性、目的性和环境适应性，它们之间是一种相互结合的、立体多维的关系，使得施工项目管理具有系统管理的特点。加强施工项目管理，必须对施工项目的生产要素进行详细分析，认真研究。对施工项目生产要素进行管理主要体现在以下四个方面：

（1）对生产要素进行优化配置，即适时、适量。比例适应、位置适宜地配备或投入生产要素以满足施工需要。

（2）对生产要素进行优化组合，即对投入施工项目的生产要素在施工中进行适当搭配，以协调地发挥作用。

（3）对生产要素进行动态管理。动态管理是优化配置和优化组合的手段，动态管理的基本内容就是按照项目的内在规律，有效地计划、组织、协调、控制各生产要素，使之在项目中合理流动，在动态中寻求平衡。

（4）合理、高效地利用资源，从而实现项目管理综合改善，促进整体优化的目的。

1.2　基本建设期管理的施工系统

基本建设期管理的施工系统包括技术、社会、经济三个方面，这三者是项目施工系统的三个不同侧面，三者密切相关，相互作用，相互影响。

1.2.1 技术系统

技术系统是三个方面中最重要的一个方面，是三个方面的核心。基本建设期管理的最终目的是向建设方（业主）交付一个高质量、低成本、生产运行畅通、作业效率高、技术经济指标好的工程产品。而施工活动的全过程中，技术性活动是众多活动中最关键的，只有采用先进的技术指标、先进的机械设备、先进的管理手段，才能够做到以小的投入换得高的产量，以低的成本创出高的效益，才能创造出优质的产品。确定科学、合理的施工方案与施工工艺是技术系统的重要内容。

1.2.2 社会系统

施工项目是由人来作业的，并且还要和施工作业人员之外的许多方面的人打交道，必然产生人与人之间的联系，即为社会系统。项目管理工作中，人是第一要素，工程施工项目第一责任人（项目经理）必须具备较高的政治素质、具有较全面的施工技术、具有较强的组织领导工作能力，而组织领导工作能力的高低，就体现在能否充分调动广大劳动者的积极性，这是顺利实现项目目标的关键所在。

除项目经理外，主管安全、技术、成本的项目副经理以及相关技术人员的素质也很关键。一个项目部也是一个小系统，项目经理的思想需要这些人去具体落实、去具体指导、去监督执行，这部分人员是中坚力量，是衡量一个项目部工作能力的重要标准。

参与施工的工人师傅是最终的执行者，无论多么优秀的设计、多么合理的施工工艺，最终都要由工人来落实，要通过他们的辛勤劳动把图纸变成实物，他们的工作经验、工作技巧、工作态度都对工程能否按时高质量完成起着重要作用。

由于我国的国情，项目部不仅要与建设方、设计方、监理方打交道，还要同村、乡、县政府打交道，甚至还要和当地村民打交道，和形形色色的供应商以及中间人打交道，处理好和这些单位、部门人员的"和谐关系"也十分重要。

1.2.3 经济系统

经济系统也是三个方面的"目标"方向，是工程施工所要求的"工期、质量、投资"中的一个目标。工程施工是一种生产活动过程，同时也是经济活动过程。工程施工势必投入"人、材、机"及资金，投入太多会造成浪费，投入不足不仅会影响工期，而且会影响工程质量和投用后的效果。

如何确保用小的投资去按期完成高质量的目标工程，这就需要有一个科学、高效、严密的经济系统。首先要有一个严格的财务制度去最大程度地降低管理成本；还要有一个行之有效的资金运作系统，保证业主所支付的资金合理地用于相关的施工环节，尤其要保证在业主支付资金不及时的情况下，不影响关键工期；还要有一个强有力的预算、决算人员，确保劳有所得，也只有按时、按实际完成的工程量结算各工程款项，才能保证工程的顺利进行。

1.3 基本建设期的综合管理

矿山建设是为生产服务的，矿山基本建设期综合管理的目的，是在保证建设质量的前提下，尽量减少投资，缩短建设工期，并为以后的生产运营服务，提高投资效益，实现矿山的可持续发展。因此矿山基本建设期综合管理是一项极其复杂的系统工程，包括决策管理、安全管理、质量管理、资金与财务管理、施工管理、技术管理、合同管理等内容。只有对这些工作足够重视，协调好，解决好，才能达到预期的效果。

1.3.1　工作要有前瞻性和协调性

矿山管理工作是复杂的系统工程，矿山基本建设管理更是如此，这需要充分发挥管理人员和技术人员的智慧。矿山建设方不但要协调公司内部各个部门、各个系统、各个技术人员的工作关系和工作流程，更要协调上级部门、地方政府、总包单位、分包单位、监理单位、设计单位、勘测单位的关系，还要协调井上与井下、土建与井建、生产与后勤、安全与施工以及施工工序之间的衔接关系。

基建的目的是为了生产，因此，矿山基建和生产要有机地结合起来，基建和生产在组织上要一体化。在基建后期尽早地考虑前期生产的部署，把基建移交生产过程的交接关系转变为搭接关系，有利于基建时提前形成生产系统，实现早出矿、早投产、早见效益。

1.3.2　技术是保障

对于基建矿山来说，技术工作是实现顺利完成基本建设任务的基本保障，要建立健全技术管理制度，把技术管理贯穿于整个基建期的全过程、全方位，要广泛开展合理化建议活动，着力搞好优化设计，以减少投资，缩短工期。要建立一支优秀的专业健全的团队，包括管理人员和技术人员，管理人员负责协调，技术人员负责设计优化、施工优化和工程质量。

如果采矿专业对开拓系统没有进行合理的规划、设计，很可能将来在进行深部开采或外围开采时，要对原有生产系统进行重新改造，增加的投资将是巨大的；如果土建专业人员对厂房和构筑物土建期间的基础强度、尺寸等没有有效、严格地控制和养护，造成基础开裂、强度不够等，将对以后的生产造成严重的影响；如果选矿专业人员对选矿工艺流程把关不严，造成回收率降低或生产不出合格产品，矿山建设的目标将无法实现；如果机电设备专业人员对设备选型没有进行合理分析、计算，造成"大马拉小车"或者矿石提升不上来，选厂处理不了原矿时，设备采购造成的前期投资增加和生产过程中引起的电力能源浪费也是很大的，产量上不去，规模效益发挥不出来，造成的损失更是不可想象的。

因此，技术在矿山基建过程中有着非常重要的作用，必须得到足够的重视。

1.3.3　质量是根本

矿山建设项目质量控制，是指为满足质量要求所进行的技术活动，即为了确保合同所规定的质量目标，所采用的与技术有关的一系列监控措施、手段和方法。矿山项目质量控制，主要包括设计、施工及验收阶段质量控制。

矿山施工阶段质量控制，是矿山工程项目质量控制的重点，也是全方位矿山工程监理的重点。质量管理涉及人、机、材料、法规、测量、环境六大因素，必须坚持严格管理，建立目标责任制。

基建工程的质量管理有两种含义，一指工程质量的控制和管理，二指工作质量和管理。前者是后者的综合反映，后者是前者的必要保证。所以建设单位决不能忽视对施工单位工作质量的监督、帮助、促进，施工单位资质等级不够或营业范围与工程不符的不允许施工，施工单位内部条件不具备质量保证体系的不允许施工。另外，应该严禁二次转包，转包的施工队技术装备落后，人员素质较低，常常偷工减料，增加质量管理的难度。

1.3.4　安全是基础

安全管理是矿山管理的重中之重，安全是生产的前提。一个矿山如果安全得不到保障，整个矿山的效益肯定会受到影响。矿山建设管理的所有环节，都涉及安全管理的内容。

企业安全工作能否抓好，关键的因素在于领导。一般而言，对施工单位来讲，单项工程安全技术措施，是安全管理的一项重要的技术措施；重点项目的重点检查，是确保安全的有效途径；要不失时机地进行全员安全（包括对民工）教育和培训；要坚持批评教育与严厉处罚相结合，个别与多数相区分的考核原则。此外，还要积极配合政府工作人员的检查工作，加强对安全员的培训，对于检查出的问题需要整改的一定要按时整改。

安全管理是一项长期且时刻不能掉以轻心的工作，必须严格执行各项安全管理制度，确保矿山安全生产。

1.3.5　财务管理要严格

严格的财务管理和资金计划管理是一个企业正常运行的基础，对于基建期的矿山管理更是如此。要把严格的财务管理制度、细致严密的资金计划、合格的会计核算科学地结合起来，严格控制各项费用，确保不超概算。

对于矿山建设项目，资金筹措方案是至关重要的，否则将影响项目的进度和质量。通常项目资金的来源方式有自有资金、贷款、股权合作、项目融资等。自有资金是最好的方式，不用考虑其他因素的影响，关键是建设方要有实力。贷款手续繁琐，银行对建设项目的审查特别严格，从开始申请贷款到发放贷款需要很长的时间，并且还会发生不小的财务费用。股权合作和上市融资是当今一种普遍的融资方式，但要让利于合作方和股民。

1.3.6　合同管理要严密

对于矿业建设项目而言，签订的合同主要有工程承包合同、委托监理合同、物资设备采购合同。合同数量往往有几十份至上百份。基建期的合同多，合同履行期限短，因此加强合同的管理和监督显得尤为重要。

合同谈判与合同执行是合同管理的重要环节。合同谈判包括两部分：对内征得意见一致，对外说服供应商（施工方）。合同谈判期间，一定要对合同履行双方的权利和义务、履行期限等内容进行明确的约定，以减少合同履行过程中不必要的纠纷。每一种合同都有各自的特点，在签订工程施工合同前，一定要咨询技术人员和财务人员的意见。合同执行是合同管理中的主要环节，签订合同的目的就是为了能够顺利履行各自的义务。因此，在合同执行过程中，双方要加强对对方的监督，严格按照合同约定尽各自义务。

有时在项目建设施工过程中，工程变更、工程量增加、物价指数变化等是不可避免的。要在合同谈判期间，约定好工程量增加的浮动范围、价格变化、由于变更等引起的价款支付等内容，以防止出现扯皮现象，引起不必要的纠纷，同时也会影响工程的进度。

当出现工程变更、工程量变化等原因引起价格或者价款变化时，怎么处理；怎么和承包商进行这些变化的交涉；怎么尽可能地节约成本，是一个非常有技巧性的问题，需要有丰富的经验，要对项目和承包工程内容有十足的掌握，并认真分析合同内容，掌握谈判技巧。

矿山建设是为生产服务的，建设单位既是基本建设的执行者，又是基本建设投资的使用者；既是工程建设的组织者和监督者，同时又是建成工程的使用者。因此，在整个基本建设过程中一定要起主导作用，要确保少花钱、晚花钱，早出矿，早投产，早见效益，要朝着工期不超、预算不超、质量优良、效益最佳的目标不懈努力。

第2章 工程招标及施工队伍

建设工程实行招投标，是我国建设管理体制的一项重要改革，是市场经济发展的必然产物，也是与国际接轨的需要。工程招投标对保证建设工程质量，控制施工周期，降低工程造价，提高投资效益具有十分重要的意义，同时可有效地防止不正当竞争，促进基本建设工作按程序办事，简化工程结算程序，减少扯皮现象，提高企业管理水平，促进施工企业技术进步。

2.1 招标的组织工作

2.1.1 工程招标必须具备的条件

建设项目必须具备以下条件，才可以进行施工招标：

（1）概算已经批准；

（2）该项目已列入国家、地方或企业的年度固定资产投资计划；

（3）建设用地的征用工作已经完成；

（4）有能够满足施工需要的施工图纸和技术资料；

（5）建设资金和主要建筑材料、设备的来源已经落实；

（6）由政府主管部门签发的建设施工许可证；

（7）建设项目所在地规划部门已经批准，施工现场的"五通一平"已经完成或已列入施工招标范围。

2.1.2 招标方式及组织

2.1.2.1 招标方式

建设工程的招标方式分为公开招标和邀请招标。依法可以不进行施工招标的建设项目，经过批准后可以不通过招标的方式直接将建设项目授予选定承包商。

A 公开招标

公开招标是指招标人以招标公告的方式邀请不特定的法人或其他组织投标。

依法应当公开招标的建设项目，必须进行公开招标。公开招标的招标公告，应当在国家指定的报刊和信息网络上发布。公开招标是一种无限制的竞争形式，更能体现全面、公开、公平的竞争原则，建设单位优选的面比较广，但参加投标的单位越多，组织招标的工作量和费用越大。

B 邀请招标

邀请招标是指招标人以投标邀请书的方式邀请特定的法人或者其他组织投标。

招标人采用邀请招标方式的，应向三个以上具备承担招标项目能力、资信良好的特定法人或者其他组织发出投标邀请书。邀请招标也称有限制的招标，适合专业性较强的工程项目，邀请参加投标的单位以 3 ~ 5 家为宜。

C 议标

议标是由发包单位直接与选定的承包单位就发包项目进行协商的招标方式。议标是业主和承包商之间通过一对一谈判而最终达成协议的一种方式，不具有公开性和竞争性，因而不属于招标投标法所称的招标投标方式。有些项目比如一些小型建设项目和专业技术性较强的项目，采用议标方式省时省力，比较灵活。但议标因不具有公开性和竞争性，采用时容易产生幕后交易，暗箱操作，滋生腐败，难以保障工程质量。招投标法根据招标的基本特性和我国实践中存在的问题，未将议标作为一种招标方式予以规定，因此议标不是一种法定招标方式。依照招标投标法的规定，凡属招投标法规定必须招标的项目不得采用议标的方式。

2.1.2.2 招标组织形式

招标工作的组织形式有两种：一种是业主自行组织；另一种是委托有资质的招标代理机构组织。业主具有招标资质并具有编制招标文件和组织评标能力的，可以自行办理招标事宜，不具备的，应当委托招标代理机构办理招标事宜。

2.1.2.3 工程招标的程序和步骤

A 招标资格与备案

招标人自行办理招标事宜，应按规定向相关部门备案；委托代理招标事宜的，应签订委托代理合同。

B 确定招标方式

按照法律法规和规章确定公开招标或邀请招标。

C 发布招标公告或投标邀请书

实行公开招标的，应在国家或地方指定的报刊、信息网或其他媒介，并同时在"中国工程建设网"和建设项目所在地发布招标公告；实行邀请招标的应向三个以上符合资质条件的投标人发送投标邀请；采用议标程序的，招标人一般应当向两家以上有兴趣投标的法人或者其他组织发出投标邀请书。

招标通告应当载明下列事项：

（1）招标人的名称和地址；

（2）招标项目的性质、数量；

（3）招标项目的地点和时间要求；

（4）获取招标文件的办法、地点和时间；

（5）对招标文件收取的费用；

（6）需要公告的其他事项。

D 编制、发放资格预审文件和递交资格预审申请书

采用资格预审的，应编制资格预审文件，向参加投标的申请人发放资格预审文件。

投标人按资格预审文件要求填写资格预审申请书，如果是联合体投标应分别填报每个成员的资格预审申请书。

E 资格预审，确定合格的投标申请人

审查、分析投标申请人报送的资格预审申请书的内容，招标人如需要对投标人的投标

资格合法性和履约能力进行全面的考察，可通过资格预审的方式来进行审核。招标人可按有关规定编制资格预审文件并在发出三日前报招标投标监督机构审查，资格预审应当按有关规定进行评审，资格预审结束后将评审结果向相关机构备案。备案三日内招标投标监督机构没有提出异议，招标人可发出"资格预审合格通知书"，并通知所有不合格的投标人。

　　F　编制、发出招标文件

　　根据有关规定、原则和工程实际情况及要求编制招标文件，并报送招标投标监督机构进行备案审核。审定的招标文件一经发出，招标单位不得擅自变更其内容，确需变更时，须经招标投标管理机构批准，并在投标截止日期前通知所有的投标单位。招标人按招标文件规定的时间召开发标会议，向投标人发放招标文件、施工图纸及有关技术资料。

　　G　踏勘现场

　　招标人按招标文件要求组织投标人进行现场踏勘，解答投标方提出的问题，并形成书面材料，报招标投标监督机构备案。

　　H　编制、递交投标文件

　　投标人按照招标文件要求编制投标书，并按规定进行密封，在规定时间送达招标文件指定地点。

　　I　组建评标委员会

　　根据工程的性质和工程量的大小，组织相关专业的专家、技术经济人员及监督部门共同组成评标委员会，大型的、特殊的工程，评标委员会委员需具备国家认可的执业资格。

　　J　开标

　　招标人依据招标文件规定的时间和地点，开启所有投标人按规定提交的投标文件，公开宣布投标人的名称、投标价格及招标文件中要求的其他主要内容。开标由招标人主持，邀请所有投标人代表和相关人员在招标投标监督机构监督下公开按程序进行。

　　从发布招标文件之日起至开标，时间不得少于 20 天。

　　K　评标

　　评标是对投标文件的评审和比较，可以采用综合评估法或经评审的最低价中标法。

　　评标委员会根据招标文件规定的评标方法，借助计算机辅助评标系统对投标人的投标文件按程序要求进行全面、认真、系统的评审和比较后，确定出不超过三名合格中标候选人，并标明排列顺序。

　　评标委员会推荐中标候选人或直接确定中标人应当符合下列要求：

　　（1）能够最大限度满足招标文件中规定的各项综合评价标准；

　　（2）能够满足招标文件的实质性要求，并且经评审的投标价格最低，但低于企业成本的除外。

　　L　定标

　　招标人根据招标文件要求和评标委员会推荐的合格中标候选人确定中标人，也可授权评标委员会直接确定中标人。

　　使用国有资金投资的项目，招标人应当确定排名第一的中标候选人为中标人。排名第一的中标候选人放弃中标，因不可抗力提出不能履行合同，或者招标文件中规定内容未满足的，招标人可以确定排名第二的中标候选人为中标人，以此类推。所有推荐的中标候选人未被选中的，应重新组织招标。不得在未推荐的中标候选人中确定中标人。

招标人授权评标委员会直接确定中标人的应按排序确定排名第一的为中标人。

M 中标结果公示

招标人在确定中标人后，对中标结果进行公示，时间不少于3天。

N 中标通知书备案

公示无异议后，招标人将工程招标、开标、评标、定评情况形成书面报告备案。发中标通知书。

O 合同签署、备案

中标人在30个工作日内与招标人按照招标文件和投标文件订立书面合同，签订合同5日内报招标投标监督机构备案。

2.1.3 招标文件的编制

招标文件应当包括招标项目的技术要求，对投标人资格审查的标准、投标报价的要求、评标标准等所有实质性的要求和条件，还应包括拟签合同的主要条款。建设工程招标文件是由招标人或者招标代理机构根据招标项目的要求编制发布的。

招标文件一般应当载明下列事项：

（1）投标人须知；

（2）招标项目的性质、数量（工程量清单）；

（3）技术说明及必要的技术图纸；

（4）工期及开竣工时间；

（5）工程款项的支付方式；

（6）投标价格的要求及其计算方式；

（7）评标的标准和方法；

（8）投标人应当提供的有关资格和资信证明文件；

（9）投标保证金的数额或其他形式的担保；

（10）投标文件的编制要求；

（11）提供投标文件的方式、地点和截止日期；

（12）开标、评标、定标的日程安排；

（13）合同格式及主要合同条款；

（14）需要载明的其他事项。

招标人或者招标代理机构需要对已售出的招标文件进行澄清或者非实质性修改的，一般应当在提交投标文件截止日期15天前以书面形式通知所有招标文件的购买者，该澄清或修改内容为招标文件的组成部分。

招标公告发布或投标邀请书发出之日到提交投标文件截止之日，一般不得少于20天。

2.1.4 投标单位的资格审查

为了达到招标的目的，使得高素质的施工队伍中标，限制不符合条件的单位参加投标，因此无论是公开招标还是邀请招标，都要对申请参加投标的企业进行资格审查。资格审查工作由招标单位组织并确认，通常在发售招标文件之前进行，审查合格后才允许购买招标文件。

资格审查的内容包括企业的性质、资质等级、承担任务的范围、施工经历、技术力量及机械装备状况、社会信誉及银行资信、财务状况（近三年的盈亏情况）等。

2.1.5　勘察现场及招标文件的疑点解答

在招标文件发售终止后，由招标单位组织投标企业勘察工程现场，解答招标文件中的疑点。在讲解工程情况和解释招标文件时，必须通过会议公开进行答复或采用补充招标文件的方式，同时发给各个投标单位。在工程交底会上解答的问题，要做好记录，其内容要作为招标文件的补充内容，与招标文件具有同等的作用和效力。

招标人组织投标人进行勘察现场的目的在于了解工业场地和周围环境情况，以获取投标人认为有必要的信息。为便于投标人提出问题并得到解答，勘察现场一般安排在投标预备会的前 1~2 天。投标人在勘察现场中如有疑问问题，应在投标预备会之前以书面的形式向招标人提出，应给招标人留有解答时间，招标人向投标人介绍有关现场的情况，召开投标预备会，投标人在领取招标文件、图纸和技术资料及勘察现场时提出的疑问问题，招标人可以通过以下的方式进行解答：（1）以书面的方式进行解答，并将解答同时送达所有获得招标文件的投标人；（2）通过投标预备会进行解答，并以会议记录形式同时送达所有获得招标文件的投标人。

2.1.6　标底的编制

在建设工程招投标活动中，标底的编制是工程招标中重要的环节之一，是评标、定标的重要依据，工作时间紧，保密性强，也是一项比较繁重的工作。标底的编制一般由招标单位委托由建设行政主管部门批准具有与建设工程相应造价资质的中介机构代理编制，建设单位自己有能力的也可以自行编制。标底应客观、公正地反映建设工程的预期价格，所以标底也是招标单位掌握工程造价的重要依据，在招标过程中起着非常重要的作用。因此，标底编制的合理性、准确性直接影响工程造价。

标底价格是招标人的期望价格，招标人以此价格作为衡量投标人的投标价格的一个尺度，也是招标人控制投资的一种手段。招标人设置标底价格有两种目的：一是在坚持最低价中标时，标底价可以作为招标人自己掌握的招标底数，起参考作用，而不作评标的依据；二是为避免因招标价太低而损害质量，使靠近标底的报价评为最高分，高于或低于标底的报价均递减评分，则标底价格可作为评标的依据，使招标人的期望价成为质量控制的手段之一。

《中华人民共和国招标投标法》（以下简称《招标投标法》）没有规定招标必须设有标底，但也没有禁止设置标底。对"设有标底的"，还提出了"必须保密"的要求和评标"应当参考标底"的要求。可见，标底价格是法律许可的，也是我国招投标中习惯使用的。

标底的编制应遵循客观、公正的原则，由于招投标时各单位的经济利益不同，招标单位希望投入较少的费用，按期、保质、保量地完成工程建设任务。而投标单位的目的则是以最少投入尽可能获取较多的利润。这就要求工程造价专业人员要有良好的职业道德，站在客观的、公正的立场上，兼顾招标单位和投标单位的双方利益，以保证标底的客观性、公正性。

2.1.7 评标和定标

在建设项目招标中，开标、评标和定标是招标程序中极为重要的环节，只有做出客观、公正的评标、定标，才能最终选择最合适的承包商，从而顺利进入到建设项目的实施阶段。

评标是建设工程招投标工作的核心，评标方法的公正性及科学性对确保招标方和投标各方的正当权益，使招投标工作在经济建设中发挥实效具有决定性意义。评标的方法很多，如评议法、综合评分法、合理低标价法等，目前建设工程的评标方法主要有合理低价法和综合评分法两种。

2.1.7.1 合理低价法

合理低价法是指对通过初步评审和详细评审的投标人，不对其施工组织设计、财务能力、技术能力、业绩及信誉进行评分，而是按招标文件规定的方法对评标价进行评分，并按照得分由高到低的顺序排列，推荐前3名投标人为中标候选人的评标方法。它是执行清单计价模式后普遍采用的评标方法，是从传统定额模式下"标底定价"的评标方式转变过来，能同时兼顾保证工程质量和降低工程造价的一种好方法。一般具有通用技术性能标准或对技术性能没有特殊要求的工程项目，应尽量采用经评审的合理低价评标法。

但采用合理低价评标法时，在评标阶段仅对投标文件是否存在重大偏差进行审查，主要对投标人报价进行评审，这就存在一个问题，在招投标中，由于没有标底参考，在运用过程中常常忽略了投标书的合理性，容易造成一味追求所谓的"低价"。所以该方法的实施要注意以下两个要点：

（1）对投标人进行资格预审。在评标前应组织对投标企业的资格预审，确保入围企业都具备承包资质并且资信优良、财务状况良好，在人员、设备、技术方面都符合该工程的施工要求，尤其是对企业的履约状况进行审查，杜绝那些低价中标后转包或不按合同履约、信誉差的企业取得投标资格。

（2）对投标报价进行详细评审。除了评审投标总价外，还应对工程量较大的单价及主要材料价格进行分析，防止投标企业采取不平衡报价。投标企业为了压低总价，往往在某项单价及材料价格上故意报低价，造成中标后没有能力履约或要求业主增加工程费用，严重的还会对工程质量造成很大影响。评标过程中对于单项报价或主要材料价格明显低于市场价的情况，评标委员会应建立"澄清制度"，给投标人一个澄清机会。若投标人能对其所使用的先进工艺或使用的材料价格作合理解释，则予认可；如投标人不能合理说明或不能提供相关证明材料的，评标委员会应认定该投标人以低于成本价竞标，其投标应作废标处理。但是，准确估计投标人的建设成本是非常困难的，因为建设成本涉及投标人的施工技术、管理能力、材料采购、财务状况等多方面因素，且目前在我国许多地区的相关法规中对如何确定投标报价低于成本价并没有明确的评判标准，这就给实际操作带来了很大困难。所以在采用合理低价法评标时，在评标委员会中应具有相关专业的造价工程师，以便能更好地对投标报价进行评审。

2.1.7.2 综合评分法

综合评分法是指在最大限度地满足招标文件实质性要求的前提下，评标专家组按照招标文件中规定的各项因素进行综合评审和量化打分，以评标总得分最高的投标人作为中标候选人或中标人的评标方法。评标的主要因素有投标报价、施工技术、财务状况、社会信誉、历史业绩、服务、对招标文件的响应程度以及相应的权重等。

综合评分法是目前我国工程界，尤其是规模大、技术难度大、施工条件复杂的大型工程普遍采用的评标方法。该方法兼顾了价格、技术等方面的因素，比较客观地反映了工程招标文件的要求，能全面评估投标人的整体实力。在采用综合评分法时，投标人往往本着保本微利的经营思路进行报价决策，根据评分标准合理报价，这样有助于提高企业的报价能力，同时也可以避免不正当的低价竞争。对于技术复杂、性能标准特殊的工程项目，应实行综合评分法。虽然综合评分法也存在许多问题，离理想的工程量清单计价模式下无标底招标相距甚远，但是在招投标机制不够完善、市场机制尚不健全，投标人的投标不理性的情况下，可纠正招投标过程中的不规范行为，因而不失为一种比较好的办法。在现阶段乃至今后较长时期内，综合评分法仍将是最适合我国国情的评标方法。

但是综合评分法除了报价这一客观因素外，其他标准均受个人主观判断影响，且评标专家一般都是临时抽调的，短时间内无法充分熟悉所评工程的资料，不能全面正确掌握评标因素及其权值。评标专家的选择和专家评标的客观性成为综合评分法能否发挥实效的两个关键要素。因此选用综合评分法时，在权重系数的分配上要尽可能考虑工程项目的主要影响因素。在打分的过程中，要尽可能限制评标人在打分过程中的主观随意性，要制定具体、明确、客观、具有可操作性的打分标准。

上述两种评标方法均存在一些缺点和局限性，同样的工程采用不同的评标方法将会产生不同的结果，只能尽最大可能选择"最合适的评标方法"。

2.1.7.3 两段三审的评标程序

（1）资质审查。对于未经资质审查的单位，在评标前需进行资质审查，资质审查合格的投标单位，其投标文件才能进行评价与比较。

（2）初审。初审包括三个内容：

1）符合性评审，包括商务符合性和技术符合性鉴定。

2）技术性评审，包括方案可行性评审和关键工序评审，劳务、材料、施工设备、质量控制措施评估以及对施工现场周围环境污染的保护措施的评估。

3）商务性评审，包括投标报价校核，审查全部报价数据计算的正确性，分析报价构成的合理性，并与标底（有标底的）价格进行对比分析。

（3）终审。对筛选出的具备授标资格的投标单位进行澄清和答辩，以择优选择中标单位。对于不实行合理低标价的评标，也可以不进行终审。

2.1.7.4 技术标的评审

对于投标文件进行技术性评审的主要内容包括：

（1）施工方案的可行性。

（2）施工进度计划的可靠性。

（3）工程材料和机械设备供应的技术性能符合设计技术要求。

（4）施工质量的保证措施。

（5）对提出的技术建议和替代方案做出评审。

（6）审查施工现场周围环境污染保护措施的有效性和持续性。

2.1.7.5　商务标的评审

商务标的评审主要包括：

（1）投标报价数据计算的正确性。

（2）报价构成的合理性。

（3）对建议方案的商务评审。

2.1.8　招标工作应注意的问题

招标工作应注意以下问题：

（1）要注重投标人的资格审查，尤其是安全生产资质不容忽视。

（2）对投标文件中的施工组织设计（施工技术方案）及网络进度计划要重点审查它们的合理性。

（3）严格审查投标单位项目经理的资历。项目经理在项目的组织协调、进度、质量和文明施工等方面起着至关重要的作用。

（4）工程个别成本和实际造价不能低于成本价。投标人低于成本投标报价，就不能保证公平合理的市场竞争。如果投标人以低于其个别成本的价格投标，则意味着投标人取得合同后，可能为了节省开支而想方设法偷工减料，粗制滥造，工程质量难以保证，给招标人造成损失。

（5）不平衡报价是投标人常用的投标报价技巧和策略之一，业主在工程招标过程中，应十分注重并加强对承包商不平衡报价的预防和控制，确定综合单价的合理报价范围，通过控制其报价幅度识别不平衡报价，同时还可以通过提高招标图纸的设计深度和质量、工程量清单编制质量，限制不平衡报价中标，完善施工合同。

（6）评标委员会中技术专家和经济专家的比例要适当。

（7）做好招投标的保密工作。

2.2　保密工作

在招标过程中有很多信息是需要在一定时段内甚至要长期保密的，包括潜在投标承包商的名单、评标委员会成员名单、标底、承包商的商业秘密等。如果保密工作做得不到位，势必影响招标结果的公平。因此，根据工程招标的工作特点，做好保密工作，对规范工程招标行为，保证招标质量，体现"三公"原则，维护建筑市场健康发展具有十分重要的意义。

在招标活动的操作过程中，涉及"泄密"的内容主要有三个方面，一是招标人或招标机构接手招标任务后，但招标信息尚未公开，招标人或招标机构的人员将招标事项的有关内容提前透露给单一承包商；二是招标单位及有关工作人员向他人透露已获取招标文件的潜在投标人的名称、数量，使他人知晓竞争对手的基本概况，尽管这种行为有时是无意的或是工作中的疏忽造成的，但极有可能造成投标人串通投标，达成"秘密协议"以瓜分不正当的高额利润，形式上表现为哄抬投标价格，增加招标人的支出；三是招标单位的人员向潜在投标人透露"标底"和"评标标准"，获取"标底"并知悉"评标标准"的承包商在报价时将"有的放矢"，进而能直接左右招标结果。

在评标工作中，从评委抽取情况看，招标单位通常在开标前采用随机原则现场抽取，这种做法值得提倡，但有些招标单位为显示程序的"规范性"，在开标前将评委会的组成人员通报给投标人并征询是否须回避，从而使投标人有足够的时间和机会搞"小动作"，"做工作"；从评委库的大小看，由于有的项目专业性较强，若评委库中的评委数量有限，可选择的余地较小，投标人完全可以在招标活动开始前各个"击破"，因此在评委库的建立和使用中也存在泄密问题；从对评标工作的监督看，在一些招标活动中，不少评委总是携带通信工具并在现场使用，客观上使评委泄密成为可能，目前倡导的独立评标做法也为评委泄密提供了私人空间。

为了确保招投标活动的公正性、公平性，在工程招标保密工作中，要注重以下几项工作：

（1）做好标底的保密。标底作为评标的主要依据，是工程招标保密工作的重中之重，标底如果泄露可能会导致工程招标成本的提高。因此招标单位应加强对标底的管理，特别是当承包商购买标书时，涉及记载标底的文件不能随意摆放，应视同保密材料一样妥善保管。另外，在标底编制时可以采用"时间和空间"双控保密，也可以在投标书送达后再确定标底，利用时间差，或采用异地封闭式编标，利用空间差，可以达到保密的目的。

（2）做好工程投标情况的保密。投标情况主要包括投标人购买标书情况及投标登记情况，投标情况的文件主要有"投标人购买标书情况登记表"和"投标保证金交纳登记表"。投标情况如果泄露可能会造成投标人之间的串通，导致招标价格上升，使招标人蒙受损失。因此，对投标情况必须落实保密措施，严格保密，加强出售标书及投标情况的管理，开标前，招标单位的有关工作人员不得向任何单位和个人透露已获取招标文件的潜在投标人的名称、数量以及可能影响公平竞争的有关招标投标的其他情况。在实践中，由于投标人购买标书的日期相对集中，如果工作人员人手紧张或组织不力，很容易使投标人购买标书的情况及投标保证金的交纳情况泄露给投标人，因此招标人在接受报名登记或者出售招标文件登记时，要注意要求每一个单位填写单独的登记表，不能将所有单位登记在一张表格上。对于登记汇总表，招标人必须保密。同时，招标人应当尽量延长报名或者出售招标文件的时间，尽可能降低有关单位无意中碰面的概率。

（3）做好资格预审时潜在投标人的保密以及现场踏勘中投标人的保密。对每一个单位的资格预审应当单独进行。资格预审结束后，招标人应当对资格预审合格的单位名单予以保密，并以书面方式单独通知每一个报名单位其是否通过资格预审。另外，根据《招标投标法》的规定，招标人根据工程招标项目的具体情况，可以组织潜在投标人踏勘项目现场。由于存在保密问题，招标人不能同时组织所有潜在投标人进行现场踏勘。招标人可以制定现场踏勘的时间安排表，然后分别组织潜在投标人进行踏勘。

（4）招标答疑过程中潜在投标人的保密。虽然《招标投标法》未对招标答疑进行规定，但是对于工程项目招标来讲，招标文件特别是设计图纸中肯定存在着一些含糊不清或者模棱两可的地方，招标答疑在很多情况下是必须进行的。招标答疑可以采用书面方式，由潜在投标人以书面方式向招标人提出自己的问题，招标人根据所有投标人的提问，对这些问题逐一做出解答并进行汇总后，以书面方式分别提供给所有招标文件的收受人，但答复的内容不得涉及商业秘密。

（5）接收投标文件过程中潜在投标人的保密。按照《招标投标法》的规定，在投标文件截止时间之前的任何时间，投标人向招标人递交投标文件都是合法的，并且在投标文件截止时间之前，投标人可以补充、修改或者撤回已提交的投标文件，并书面通知招标人。如果所有潜在投标人都在投标文件截止时间之前很短的时间内递交投标文件，那么潜在投标人保密的问题还不是很突出。但是如果有个别潜在投标人提前很长时间递交投标文件，那么招标人在签收投标文件时必须采取一定的保密措施。因为如果这一时间段很长，潜在投标人知晓了其他投标人的有关信息后，仍有足够的时间补充、修改或者撤回自己已提交的投标文件。

（6）做好投标文件的保密。投标文件是投标人的商业秘密。既然投标人信任招标单位，招标单位也应把投标人递交的投标文件保存好。因此，招标单位有义务对投标文件进行保密，以避免投标人遭受损失。即便开标前的投标文件保密工作做得很好，对于开标后的投标文件也应给承包商保密，不要泄露投标人的商业秘密。投标文件要归档，最好是专人负责对投标文件的管理，没有相关领导的允许不得翻阅投标文件。

（7）做好对评标专家和评标小组的保密工作。评标小组作为评标的权力机构，具有决定项目预中标的权力，同时也承担着公平公正评标的责任，招标人或招标代理机构必须加强对评标专家的管理以及对评标小组的保密和监督，评标委员会成员名单原则上应在开标前确定，并在招标结果确定前保密。对于随机抽取专家前根据需要已经定下的评标领导和专家更不能以任何形式向投标人和无关人员泄露。对于专家库的名单，除相关人员知道外，不得透露给投标人和相关人员。

（8）强化从业人员的保密意识。要做好以下几方面工作：

1）要加强招标从业人员的廉政教育和职业道德教育，不断提高从业人员的思想觉悟和政治素质，构筑牢不可破的反腐倡廉心理防线，使招标从业人员自觉抵制各种不正之风的侵蚀，积极地预防职务犯罪行为的发生。

2）要加强招标从业人员相关保密知识的学习，加强保密意识。组织从业人员对我国《招标投标法》、《政府采购法》、《合同法》、《反不正当竞争法》、《保密法》进行学习，使其做到依法行政，依法招标，严格保密纪律，同时加大对泄密问题的查处，确保招投标活动的公正性、公平性。

3）要在最合适的时间段内组成评标委员会。无论是采用随机原则抽取评审专家，还是通过选择性办法确定评审专家，总的一条原则是"宜迟不宜早"。实践证明，专家确定的时间距开标的时间间隔越长，就越容易走漏风声，投机者就越有机可乘。一般招标项目，可在接收投标文件的同时，在监督人员和公证员监督下，进行现场随机抽取或选择，确保在开标前确定并通知到位，知情者不得随意进出，尤其是专家不得携带通信工具进入评标场所。

4）要建立防止泄密的机制和泄密后的应急补救机制。着力在建立评审纪律约束、泄密责任追究制方面下工夫。从业人员要以实际行动堵住招标信息泄露的"暗流"。

招标单位在招标活动中应建立防止泄密的机制和泄密后的应急补救机制，一方面要尽可能堵塞信息泄露的渠道，防止招投标信息的泄漏，另一方面要有周全的补救措施和应急预案，信息一旦泄露后要迅速地防止再扩散，以消除消极影响。如果所泄露的信息已影响公开竞争和招标结果，必须当机立断，停止招标活动。招标单位还应加大对相关工作人员的考核奖惩，可通过签订"责任状"的方式，交代任务，明确职责。对于为保密工作做出贡献的人员给予表扬和一定的物质奖励，对在招标活动中徇私舞弊，故意泄密或玩忽职守造成损失的要给予严肃处理，甚至追究法律责任。

2.3　合同管理

合同管理是建设项目管理的一个重要内容。一个建设项目实行招投标后，确定的中标单位与招标单位签订承包合同，用合同这种法律形式把双方或多方当事人的权利、义务、责任用文字表达出来，使这种经济活动成为法律行为，从而得到法律的约束和保护。当事人认真履行承包合同，即可达到各自的经济目的，保证建设项目顺利建成，尽快发挥投资效益。

2.3.1　施工合同的概念

施工合同即建筑安装工程承发包合同，是发包人与承包人为完成商定的建筑安装工程，明确双方的权利、义务关系的合同，是工程建设质量控制、进度控制、费用控制的主要依据。

2.3.2　合同签订的注意事项

签订合同应注意以下事项：

（1）必须遵守国家相关的法律法规。

（2）承包单位必须按照批准的营业范围进行工程承包，不得承包营业范围以外的工程，建设单位不得将工程交给不具备承担本工程资格的施工单位。承包方签订合同的任务量，要与本单位的实有施工能力（主要指本单位实有固定职工、技术水平及主要施工机械）相适应，严禁签订超过实有施工能力的合同。

（3）双方要本着平等互利、协商一致的原则，合同条款要齐全，责任、义务要分明，用词要准确，不能有含糊不清、模棱两可的词句，以免在合同履行过程中造成争议和纠纷。

2.3.3　施工合同的主要条款及内容

施工合同的主要条款及内容应包括：

（1）工程概况。工程概况包括工程名称、建设地点、建设性质、工程范围，并列出"工程一览表"将本合同单项工程分别填入，作为合同附件之一。

（2）工程造价。工程造价以甲乙双方商定的价格或招标确定的中标造价为依据。

（3）开竣工日期。合同应明确规定各单项工程的开竣工日期和整个项目的建设工期，建设工期的确定应依据省、自治区、直辖市和国家有关部门颁发的工期定额，并参考类此工程、承包单位编制的施工组织设计等，确定合理的工期。

（4）工程款支付、结算办法。

（5）物资供应方式。

（6）技术资料的供应。

（7）设计变更处理办法。

（8）工程质量与验收标准。

（9）双方责任。

（10）违约责任。

（11）工程竣工验收与保修。

（12）合同附件。合同附件包括"工程项目一览表"、"建设单位供应设备材料一览表"以及施工图、说明书、执行的规范等；

（13）其他。

2.3.4 施工合同的类型及选择

2.3.4.1 施工合同的分类

A 总价合同

总价合同是指支付给承包方的工程价款在合同中是一个"固定"的金额，即总价，它是以设计图纸和工程说明书为依据，由承发包双方经过协商确定的。总价合同按其是否可以调值又分为以下两种形式：

（1）不可调值总价合同。这种合同的价格是由承发包商双方就承包的项目协商确定的，由承包商一笔包死，不能更改。合同总价除非在设计及工程范围有所变更的情况下才可做出相应的变更，否则一律不能变动。不可调值总价合同适合于工期较短（一般不超过一年）、设计图纸完整、工程清晰、对最终目标的要求非常明确的项目。

（2）可调值总价合同。这种合同的价格虽然是总价，但只是一种相对固定的价格，在合同执行过程中，如果遇到一些影响价格的因素发生，如通货膨胀等，可以根据双方在合同专用条款中的规定对合同总价进行调整。可调值总价合同适用于工程内容和技术经济指标规定均较明确的、工期在一年以上的项目。

B 单价合同

单价合同一般指的是固定单价合同，是指在合同中确定的各项单价在合同执行期间不因价格变化而调整，常用的一种形式是估算工程量单价合同。

估算工程量单价合同是指承包商在报价时按照招标文件中提供的估算工程量报单价，在每个阶段办理结算时，根据实际完成工程量结算，直至竣工时按照竣工图的工程量办理竣工决算。单价合同的适用范围广，特别适合于工程性质比较清楚（如已初步具备设计图纸等），但工程量计算并不十分准确的项目。

C 成本加酬金合同

这种合同所确定的合同价格，其工程成本部分按现行计价依据计算，而酬金部分（利润）按工程成本乘以一个双方在合同中确定的费率计算，两者相加，即为合同价格。

成本加酬金合同主要是用于在工程内容及其技术经济指标的确定尚不明确，但工期紧迫，必须尽快发包的项目，或者是项目的某些技术要求比较高，有承包方在这些方面具有独特技术、特长和经验的项目。

2.3.4.2 合同类型的选择

如何选择合同类型，主要应从以下几个方面进行综合考虑：

（1）项目规模和工期长短。如果项目的规模较小，工期较短，则合同类型的选择余地较大，总价合同、单价合同及成本加酬金合同都可选择。由于选择总价合同业主可以不承担风险，业主比较愿意选用。对这类项目，承包人同意采用总价合同的可能性也比较大，因为这类项目风险小，不可预测因素少。

（2）项目的竞争情况。如果在某一时期和某一地点，愿意承包某一项目的承包人较多，则业主拥有较多的主动权，可按照总价合同、单价合同、成本加酬金合同的顺序进行选择。如果愿意承包项目承包人较少，则承包人拥有的主动权较多，可以尽量选择承包人愿意采用的合同类型。

（3）项目的复杂程度。如果项目的复杂程度较高，则意味着对承包人的技术水平要求高；项目的风险较大。因此，承包人对合同的选择有较大的主动权，总价合同被选用的可能性较小。如果项目的复杂程度低，则业主对合同类型的选择握有较大的主动权。

（4）项目单项工程的明确程度。如果单项工程的类别和工程量都已十分明确，则可选用的合同类型较多，总价合同、单价合同、成本加酬金合同都可以选择。如果单项工程的分类已详细而明确，但实际工程量与预计的工程量可能有较大出入时，则应优先选择单价合同，此时单价合同为最合理的合同类型。如果单项工程的分类和工程量都不甚明确，则无法采用单价合同。

（5）项目准备时间的长短。项目的准备包括业主的准备工作和承包人的准备工作。对于不同的合同类型，他们分别需要不同的准备时间和准备费用。对于一些非常紧急的项目如抢险救灾等项目，给予业主和承包人的准备时间都非常短，因此，只能采用成本加酬金的合同形式。反之，则可采用单价合同或总价合同形式。

（6）项目的外部环境因素。项目的外部环境因素包括项目所在地区的政治局势、经济发展程度、当地劳动力素质、交通、生活条件等。如果项目的外部环境恶劣则意味着项目的成本高、风险大、不可预测的因素多，承包商很难接受总价合同方式，而较适合采用成本加酬金合同。

2.4 施工队伍考察

施工队伍考察是工程建设程序中的一个重要环节，选择一支实力强、水平高、信誉好、管理正规的施工队伍是确保工程建设任务圆满顺利完成的关键，施工队伍考察是淘汰劣势队伍、选择优势队伍的重要手段，也是工程建设质量事前把关的必要手段。

2.4.1 考察的范围

进行施工队伍考察的范围是：

（1）有可能与本公司建立承建关系、并具有与其所承担的工程相应的施工能力和资质的施工企业。

（2）在建项目上的施工企业。

2.4.2 考察的组织与实施

（1）组织考察评审小组，并负责组织实施考察，评审小组的成员应包括技术、管理、工程、造价、财务等人员。

（2）考察前应制定考察计划、考查内容、具体分工等，切不可流于形式走过场。

（3）考察后应编写详细的考察报告，对所有考察对象进行客观的分析和评价。

2.4.3 考察方式

施工队伍考察方式有：

（1）与施工单位领导及主要技术、经济人员进行当面沟通。

（2）要求施工单位填报一些资料报表，披露各类信息并提供书面证据。

（3）对施工单位的竣工工程和在建工程进行实地考察。

（4）向施工单位提供拟建项目的信息后，进一步考察拟派的项目负责人、技术负责人的管理能力与技术能力，主要施工方法，质量、工期保证措施等。

2.4.4 考察的主要内容

2.4.4.1 企业概况与资质、荣誉、财务状况

（1）企业概况介绍资料。

（2）营业执照，包括经营范围、注册资本。

（3）资质证书，是否符合工程施工资质等级的要求，该证书是否在规定时间内进行了年检。

（4）安全资格证书，是否办理并在有效期限内。

（5）投标许可证。

（6）有无入境施工许可证书（对外省施工队伍），年检情况。

（7）三年内公司及项目所受奖励与处罚情况。

（8）总体施工质量及安全事故情况。

（9）企业在建工程饱和度，包括资金、人员、设备，进行中工程合同的数量及目前的进度。

（10）经上级主管部门或会计师事务所审计的近三年的资产负债表、损益表、现金流量表及相应的审计报告。

（11）企业流动资金与在建工程投资总价的比值。

（12）银行的资信证明及可获得的信贷金额，根据银行担保评价的资信和融资能力。

（13）工程所需要的财务资源能力。

2.4.4.2 技术资历及人员配备

（1）主要管理人员的履历，包括总部和项目部主要管理人员的有关素质情况。

（2）施工管理和技术人员，包括工程技术与管理人员的人数及等级分布、技术工人的人数和平均技术等级以及占职工总数的比例。

（3）拟投标人该项目的主要设备，包括设备的类型、制造厂家、型号，设备是自有的还是租赁的，数量、能力、成新率等。

（4）拟选派的主要人员。

（5）分包计划，包括分包商的有关资料及分包范围。

2.4.4.3 施工经验和在建工程考察

施工单位竣工工程和在建工程质量最能直观地反映出施工企业的管理水平、技术能力和人员素质以及设备、产出能力等。实地考察工程项目时应关注下述信息：

（1）与拟招标项目类似（类型和规模相似及复杂程度相当）的工程项目建设情况，

类似工地条件的工作记录。

（2）最近三年已完工项目，需业主出具的书面证明。

（3）过去的履约情况，需业主的意见书。

（4）随机考察在建工程的实物质量，在建工程最好是即将投标的项目经理管理的工程，工程质量的好坏与项目经理的管理和质量意识紧密相关。

（5）考察施工单位管理人员状况，是否具备一个强有力的管理团队，这对工程的正常实施非常重要。

（6）考察在建工程的各项资料以及质量控制的方法和手段。

（7）对竣工工程的考察主要体现在观感评定方面。

（8）根据工程进展情况，了解企业内部承包方式、班组组织形式、现场施工管理人员的素质、技术能力、施工安全措施、施工操作方法等。

另外实地考察还要注意关注企业形象，一个有实力的施工企业，应该具备良好的外观形象。公平理念和管理模式也值得关注。

2.4.5 承建建设项目的组织方案

（1）公司保证措施（组织措施、项目承包措施、资金措施、材料设备措施）。

（2）项目经理部组织机构名单（各类人员姓名、性别、年龄、技术职称及其证书编号、任职资格及其证书编号、工作经历等）。

（3）劳务组织形式及其来源，稳定劳务层的措施，劳务工资制度及工资水平。

（4）项目进度控制、质量控制、安全控制、技术管理、现场管理、信息管理、生产要素管理的初步设想。

（5）对分包方的管理办法。

（6）项目经理是项目管理的核心，对项目的顺利进行起至关重要的作用，最好安排与本项目的项目经理见面，并进行沟通了解，尤其是在管理风格、组织协调能力、处理突发事件能力、资源调配能力、采取施工措施的能力等方面有所了解。

2.4.6 施工单位选择的原则

施工单位选择的原则：

（1）择生不如择熟。

（2）选择有一定知名度的企业。

（3）拒绝挂靠企业。

（4）建议选取有固定管理团队及在市场上口碑较好的企业。

2.5 施工队伍管理

建设工程施工是一项比较复杂的工作，需要有若干单位共同完成，其中最主要的是建设单位（亦称甲方）和施工单位（亦称乙方）。合同签订后，施工队伍管理是工程建设中非常重要的一项工作。

（1）施工队伍的选择对以后的施工管理起着决定性的作用。按照工程的特点选择素质高、有此类或类似专业工程施工能力和经验的专业施工队伍，优先选择合作过、信誉好、自身管理能力较强、积极主动配合建设单位工作的专业施工队伍。

（2）对施工队伍进行严格的合同约束，依据合同对施工队伍进行有效的管理。施工队伍确定后，要与其签订书面合同，对双方形成法律上的相互约束。合同要公平合理，以国家的法律法规为依据，合同内容和条款要细致、严谨，避免日后双方发生分歧或争议。

合同签订后项目管理人员要熟悉合同内容，清楚双方各自所享有的权利和义务，依据合同对工程的进度、质量、安全等严格约束和管理。对于施工中拖延工期、工作中不积极主动、不能严格履行合同要求的施工单位除了加大督促和管理力度，还要按合同给予处罚，只有严格的管理，奖罚分明才能使施工队伍自觉履行合同义务，提高施工队伍水平和人员素质，唯有如此，工程施工才会达到预期的目的，使甲乙双方实现双赢。

（3）要尊重施工队伍，实行人性化管理。要想让施工队伍服从管理，从而使得建设项目尽快投产，就要与他们平等相待。甲乙双方应是合作伙伴，只是分工不同，只有在施工中与施工队伍多进行沟通，尊重他们的劳动，理解他们的辛苦，才能得到他们的理解和支持，凡事双方平等协商，只有在相互合作的基础上才能搞好管理。

（4）要及时兑现合同和承诺，尤其要注意按时结算工程款。

（5）安全管理是工程建设的重中之重。由于目前施工队伍的人员素质参差不齐，许多工人没有经过正规的业务培训和思想教育，因此要加强对施工单位人员进行安全施工"三级教育"，加强安全管理工作。

第3章　工程监理与质量监督

工程建设监理与政府工程质量监督都属于工程建设领域的监督管理活动，但是它们之间存在着明显的区别。工程建设监理是在项目组织系统范围内的平等主体之间的横向监督管理，而政府工程质量监督则是项目组织系统外的监督管理主体对项目系统内的建设行为主体进行的一种纵向监督管理。工程建设监理的实施者是社会化、专业化的监理单位，而政府工程质量监督的执行者是政府建设主管部门的工程质量监督机构。工程建设监理属于社会的、民间的监督管理行为，而工程质量监督则属于政府行为。工程建设监理具有明显的委托性，而政府工程质量监督则具有明显的强制性。工程建设监理的工作范围由监理合同决定，其范围可以贯穿于工程建设的全过程、全方位，侧重工程质量微观管理方面，政府工程质量监督不但要对工程实体质量进行监督检查，尤为重要的是还要对各方责任主体履行质量责任的行为进行监督检查，侧重于工程质量的宏观管理。

工程监理和质量监督的区别：

（1）工作依据不尽相同。政府工程质量监督以国家、地方颁发的有关法律、法规和强制性标准为依据。而工程建设监理则不仅以法律、法规和技术规范、标准为依据，还以工程建设合同为依据。

（2）深度、广度不同。工程建设监理所进行的质量控制工作包括对项目质量目标详细规划，采取一系列综合性控制措施，既要做到全方位控制又要做到事前、事中、事后控制，并持续在工程项目建设的各阶段。而政府工程质量监督则主要在工程项目建设的施工阶段，对工程质量进行阶段性的监督、检查、确认。

（3）工作方法和手段不同。工程建设监理主要采取系统管理的方法，从多方面采取措施进行项目质量控制。而政府工程质量监督则更侧重于行政管理的方法和手段。

工程监理与建设工程质量监督之间既有区别又有联系，虽然它们在内容、性质、职权和行使方式等方面存在着本质区别，但是如果两者能很好地相互协调、相互扶持，即可全方位把好建设质量关，从而确保工程建设质量，提高工程建设水平，充分发挥投资效益。

3.1　工程监理

建设监理单位是由政府主管部门审查批准的经营型监理企业，具有企业法人地位，是受建设单位（项目法人）委托或通过招标投标获得经营业务，依据双方签订的合同内容，代表建设单位对工程监理以及对承建单位的工程建设实施监控的一种专业化服务活动。监理单位与项目法人之间是委托与被委托的合同关系；与被监理单位是监理与被监理关系。建设监理是一种高智能的有偿技术服务。在现阶段建设监理是建筑市场的三大主体之一。从事工程建设监理活动，应当遵循守法、诚信、公正、科学的准则。

工程建设监理，是对整个工程建设全过程，即包括设计、施工、材料设备采供、设备安装调试等的工期、质量、造价、安全的监督与管理。推行工程建设监理对提高建设工程质量，保证施工安全，同时推动建筑市场向健康的方向发展具有十分重要的意义。

3.1.1 监理机构的职责

监理的职责就是在贯彻执行国家有关法律、法规的前提下，促使甲、乙双方签订的工程承包合同得到全面履行。控制工程建设的投资、工期、工程质量，进行安全管理和合同管理，协调有关单位之间的工作关系，即"三控两管一协调"。工程监理是与国际接轨并结合我国国情，在工程建设领域中进行的一项重大改革，跟国际上的对业主提供工程项目管理服务是相似的。工程监理根据业主需要可以为业主提供工程项目全过程或某个分阶段如施工阶段的监理、土建工程监理和安装工程监理等。

建设单位委托监理单位承担监理业务，要与被委托单位签订监理委托合同，主要内容包括监理工作对象、双方的权利和义务、监理酬金、争议解决的方式等。授予监理单位所需的监理权力也应在委托合同中明确。

监理单位应根据所承担的监理任务，设立由总监理工程师、专业监理工程师和其他监理人员组成的项目监理机构，在工程实施阶段进驻现场实施监理。

总监理工程师是监理单位履行监理委托合同的全权负责人，行使合同授予的权限，并领导专业监理工程师的工作；专业监理工程师具体履行监理职责，及时向总监理工程师报告现场监理情况，并指导其他监理工作人员的工作。

监理单位必须严格按照资质等级和监理范围承揽监理业务。

监理单位及其成员在工作中发生过失，要视不同情况负行政、民事直至刑事责任。

监理的目的，是确保工程建设质量和安全，提高工程建设水平，充分发挥投资效益。

3.1.2 监理的主要业务内容

3.1.2.1 建设前期阶段

参与建设项目的可行性研究与设计任务书的编制和审查。

3.1.2.2 设计阶段

参与组织设计方案的和概（预）算的审查。

3.1.2.3 工程招标阶段

（1）参与工程招标的准备工作；

（2）参与招标文件的编制；

（3）参加施工队伍考察；

（4）参与投标文件的评审，提出决标意见；

（5）协助建设单位与承建单位签订施工合同。

3.1.2.4 施工阶段

（1）协助建设单位和承建单位编写开工报告；

（2）审批开工报告；

（3）确认承建单位选择的分包单位；

（4）审查承建单位编制的施工组织设计、施工技术方案和施工进度计划，提出改进意见；

（5）审查承建单位提出的材料和设备清单及其所列的规格和质量；

（6）督促、检查承建单位严格执行工程承包合同和工程技术标准；

（7）检查工程使用的材料构件和设备的质量，检查安全防护设施；

（8）检查工程进度和施工质量，验收分部分项工程，签署工程付款凭证；

（9）督促整理合同文件和技术档案资料；

（10）组织设计单位和施工单位进行工程竣工初步验收，提出竣工验收报告；

（11）审查工程结算。

3.1.2.5　保修阶段

负责检查工程状况，鉴定质量问题责任，督促保修。

3.2　质量监督

工程质量监督是建设行政主管部门或其委托的工程质量监督机构，根据国家的法律、法规和工程建设强制性标准，对责任主体和有关机构履行质量责任的行为以及工程实体质量进行监督检查、维护公众利益的行政执法行为。

我国的工程质量监督，长时间实行的一套办法是施工企业自身管理及建设单位监督相结合的办法。这对于提高工程质量水平发挥了很大的作用。但是，这种工程质量管理及监督办法，随着生产的发展和管理方式的改革，已越来越明显地暴露出它的不足和问题。

根据我国的具体情况，结合国外质量监督的做法和经验，应该强化政府部门对建筑安装质量的监督。在当地政府领导下，按地区或行业（对专业性较强的）建立工程质量监督机构代表政府履行质量监督权，这样就形成了一个施工单位自检、建设单位抽检、政府监督机构全面监督及重点检验的工程质量监督网。作为第三方的质量监督机构按照国家有关法规和技术标准，对工程的设计、施工进行监督，保证法规、标准的贯彻执行。它既监督施工单位，又监督设计单位和建设单位，因此能全面、综合地确保工程建设质量。

3.2.1　工程质量监督机构和任务

各市县建设主管部门根据需要和条件设置质量监督站。工程质量监督站是在当地政府领导下，履行工程质量监督的专职执法机构，在当地标准部门业务指导下，负责本地区建筑工程质量监督工作。其主要任务是：

（1）根据国家和有关部门（地方）颁发的有关法规、规定和技术标准对本地区的工程质量进行监督，坚持做到不合格的材料不准使用，不合格的工程不准交付使用；

（2）检查企业评定的工程质量等级，检验各单位上报的优质工程项目；

（3）监督本地区设计、施工单位承建工程的资格；

（4）监督对建筑工程质量标准的正确执行，参与重大质量事故处理，负责质量争端的仲裁；

（5）监督和帮助本地区建筑企事业单位建立健全工程质量检验制度，审定和考核企事业单位质量检验测试人员的资格。

3.2.2　监督的范围

工程质量监督的范围包括：

（1）对责任主体和有关机构履行质量责任行为的监督检查；

（2）对工程实体质量的监督检查；

（3）对施工技术资料、监理资料以及检测报告等有关工程质量的文件和资料的监督检查；

（4）对工程竣工验收的监督检查；

（5）对混凝土预制构件及预拌混凝土质量的监督检查；

（6）对责任主体和有关机构违法、违规行为的调查取证和核实，提出处罚建议或按委托权限实施行政处罚；

（7）提交工程质量监督报告；

（8）随时了解和掌握本地区工程质量状况；

（9）其他内容。

3.2.3 监督主要工作内容和程序

监督方式及内容的设置应自始至终贯穿事前监督、事中监督和事后监督的控制与监督相结合的思想，把质量投入要素、质量转化过程、中间产品和最终产品的监督相结合，以过程监督为重点，把好中间产品和最终产品交验的监督关。

事前监督主要涉及两个方面：一是对工程项目的工程质量监督注册资料进行审查；二是对施工现场参与工程建设各行为主体的质保体系进行审查。

事中监督主要涉及两个方面：一是施工作业面的抽查；二是工程实体的抽查。

事后监督主要涉及两个方面：一是主要分部验收的监督；二是单位工程质量验收的监督。

（1）工程开工前，审核受监工程的勘察设计与施工单位是否具有勘察设计证书和营业执照，是否符合核定的营业范围，凡未经质量监督站核查和检查不符合要求的，均不得发给开工执照。

（2）在工程施工中，质量监督站可随时对工程质量进行抽检，重点是地基基础和主体结构以及建筑和设备功能。发现有严重质量问题时，质量监督站有权令其停止施工。

（3）工程竣工后，首先由建设单位组织勘察设计单位、施工单位、监理单位对竣工工程进行初验，并将初验结果及有关技术资料送交质量技术监督站进行核验。未经监督站核验或核验不合格的工程，不准交付使用。

（4）质量监督站与企业质量检查机构的关系是：施工过程中，经常性的质量检查工作由企业负责；竣工工程的质量认定工作由质量技术监督站负责。质量技术监督站除对接受委托的工程进行直接监督外，重点放在监督施工和构件生产单位的质量保证体系上，如企业配备的质检人员是否符合要求，检测手段是否符合规定，质量管理制度是否健全。企业内部检查机构应经常接受质量技术监督站的业务指导。

3.3 项目管理

建设项目管理就是在建设项目的施工周期内，用系统工程的理论、观点和方法，进行有效的规划、决策、组织、协调、控制等系统的、科学的管理活动，从而按项目既定的质量要求、控制工期、投资总额、资源限制和环境条件，圆满地实现建设项目目标而进行的管理活动。

目前我国项目管理的形式主要有以下三种：

(1) 建设单位（业主）自行管理的模式。

(2) 工程总承包的管理模式。

(3) 委托工程项目管理的模式（也称建设工程项目管理）。

还有一些管理形式都是在这三种形式基础上派生出来的。

3.3.1 工程总承包和建设工程项目管理

3.3.1.1 工程总承包

工程总承包是指从事工程总承包的企业受业主委托，按照合同约定对工程项目的勘察、设计、采购、施工、试运行、竣工验收等实行全过程或若干阶段的承包。工程总承包企业对承包工程的质量、安全、工期、造价等向业主负责。工程总承包企业可依法将所承包工程中的部分工程（工作）发包给具有相应资质的分包企业，分包企业按照分包合同的约定对总承包企业负责。工程总承包的具体方式、工作内容和责任由业主与总承包企业在合同中约定。工程总承包企业必须取得国家住建部或省市级住建厅（委）颁发的相应资质证书。

3.3.1.2 建设工程项目管理

建设工程项目管理是指从事工程项目管理的企业受工程项目业主委托，按照合同约定，代表业主对工程建设的全过程或分阶段进行专业化管理和服务活动。

建设工程项目管理企业应具有工程勘察、设计、施工、监理、造价咨询、招标代理等一项或多项资质。

建设工程项目管理业务范围包括：

(1) 协助业主方进行项目前期策划、经济分析、专项评估与投资确定；

(2) 协助业主方办理土地征用、规划许可等有关手续；

(3) 协助业主方提出工程设计要求，组织评审工程设计方案，组织工程勘察设计招标，签订勘察设计合同并监督实施，组织设计单位进行工程设计优化、技术经济方案的比选并进行投资控制；

(4) 协助业主方组织工程监理、施工、设备材料采购招标；

(5) 协助业主方与工程项目总承包企业或施工企业及建筑材料、设备、构配件供应等企业签订合同并监督实施；

(6) 协助业主方提出工程实施用款计划，进行工程竣工结算和工程决算，处理工程索赔，组织竣工验收，向业主移交竣工档案资料；

(7) 生产试运行及工程保修期管理，组织项目后评估；

(8) 项目管理合同约定的其他工作。

建设工程项目管理企业一般应按照合同约定承担相应的管理责任。工程项目管理企业不直接与该工程项目的总承包企业或勘察、设计、供货、施工等企业签订合同，但可以按合同约定，协助业主与工程项目的总承包企业和勘察、设计、供货、施工等企业签订合同，并受业主委托监督合同的履行。工程项目管理的具体方式及服务内容、权限、取费和责任等，由业主与工程项目管理企业在合同中约定。对于依法必须实行监理的工程项目，具有相应监理资质的工程项目管理企业受业主委托进行项目管理的，业主可不再另行委托工程监理，该工程项目管理企业依法行使监理权利，承担监理责任；没有相应监理资质的工程项目管理企业受业主委托进行项目管理，业主应另行委托工程监理。

业主方可以通过招标或委托等方式选择建设工程项目管理企业，并与选定的项目管理企业以书面形式签订委托项目管理合同。合同中应明确履约期限，工作范围，双方的权利、义务和责任，项目管理的酬金及支付方式，合同争议的解决办法等。

项目管理企业应当根据委托项目管理合同约定，选派具有相应执业资格的专业人员担任项目经理，组建项目管理机构，建立与管理业务相适应的管理体系，配备满足工程项目管理需要的专业技术管理人员，制定各专业项目管理人员的岗位职责，履行委托项目管理合同。

建设工程项目管理实行项目经理责任制。项目经理不得同时在两个及以上工程项目中从事项目管理工作。

建设工程项目管理的模式特别适用于建设管理经验不足和专业技术力量薄弱的项目建设单位。

3.3.1.3 工程总承包和建设工程项目管理的发展

工程总承包和建设工程项目管理是国际通行的工程建设项目组织实施方式。积极推行工程总承包和建设工程项目管理，是深化我国工程建设项目组织实施方式改革，提高工程建设管理水平，保证工程质量和投资效益，规范建筑市场秩序的重要措施；是勘察、设计、施工、监理企业调整经营结构，增加综合实力，加快与国际工程承包和管理方式接轨，适应社会主义市场经济发展的必然要求，也是提高我国企业国际竞争力的有效途径。

为了深化我国工程建设项目组织实施方式改革，目前国家鼓励和推行工程总承包和建设工程项目管理，提倡具备条件的建设项目采用工程总承包、工程项目管理的方式组织建设。

当前我国发展工程总承包和工程项目管理服务的立法还比较薄弱，没有专门的法律法规来对工程总承包的市场准入、法律定位进行界定。与国外发达国家相比，我国的工程总承包和工程项目管理由于游离于法律、规范的范畴之外，使得工程总承包和工程项目管理业务的发展还有很多瓶颈。

3.3.2 建设单位（业主）自行管理的模式

目前我国的建设项目管理模式大部分依然采用的是建设单位（业主）自行管理的模式，尤其是具有一定建设经验和专业技术实力较强的建设单位，运用自行管理的模式可节省建设资金。针对这种情况，下面就非煤矿山建设单位（业主）自行管理的有关内容和方法做简单介绍。

3.3.2.1 建设项目前期工作

工程建设项目前期管理工作是根据工程建设计划，办理工程建设所需的相关手续，协调与政府相关部门、其他外部相关企业及地方的关系。

（1）建设项目的项目建议书、可行性研究报告、初步设计及施工图设计的设计委托工作；

（2）协调组织建设项目的报批，提供相关资料；

（3）建设项目安全、环保、消防、工业卫生、水土保持、地质灾害等单项的报批工作和采矿证、施工许可证等有关证件及手续的办理；

（4）有关建设用地、规划报批；

（5）质监站报监，施工图送审；

（6）委托工程监理；

（7）"四通一平"（即通路、通电、通水、通信及场地平整）和大型临时暂设工程方案提出、审定和实施；

（8）建设项目的总体施工网络计划的编制；

（9）建设项目的开工报告的报批。

3.3.2.2 招投标及合同管理

（1）建设项目的勘察、设计、施工、监理和主要设备及大宗材料的采购均应实行招标，特殊情况不实行招标的需报有关部门批准；

（2）建设项目中各项招标工作组织落实；

（3）关键工程的施工队伍考察和重要设备的考察；

（4）单项工程和重要单位工程的招投标和合同签订工作；

（5）监督检查合同的执行情况。

3.3.2.3 设计管理

（1）建设项目（工程）设计、勘察的委托，提供基础资料。

（2）组织设计、勘察方案和重大技术方案的审查。

（3）施工图审查。

（4）图纸会审和技术交底。图纸会审前业主要先组织本单位、施工单位和监理单位进行自审；自审完成后，单项工程和重要单位工程的图纸会审和技术交底由业主组织，设计、监理、施工等单位参加，会审结果要记录并存档。

（5）图纸会审后，有关图纸设计中的质量问题，一般通过技术核定单的形式联系解决。

（6）设计变更和材料代用可能会导致增加投资或影响功能，设计变更和材料代用应组织有关单位和部门审查确定。

（7）新技术、新设备、新工艺和新材料的实验研究和推广应用。

（8）按设计进度协调设计勘察费的支付。

3.3.2.4 计划管理

（1）组织制定工程建设目标计划。

（2）组织编制和下达建设项目总进度、年度和季度建设计划以及计划的调整，并监督检查计划的执行情况。

（3）按月编制和向上级有关部门上报基本建设统计报表并做综合统计分析。

（4）监督计划的落实和执行情况，经批准下达的建设计划是建设过程中各项工作的依据，必须严格执行，不得随意调整。由于建设条件的变化和特殊原因，确需调整计划，业主应根据施工单位提出的调整计划报告，认真研究后才能批准，并要报上级主管部门备案。应杜绝计划外工程，搞好投资控制。

（5）计划的综合平衡。为了保证建设计划的实施，工程管理、计划、财务、物资供应等管理部门要按计划做好设计、资金、设备材料的落实和平衡。

3.3.2.5 工程管理

（1）施工组织设计、施工方案和施工技术措施的审查。

（2）开工报告的审批。

（3）停（复）工报告的审查和批复。在建的工程因故中止施工两周以上，建设单位应要求施工单位在停工前规定的时间内填写停工报告，审查批准后方可停工。工程复工前，也须按上述程序填写"复工报告"经批准后复工。因处理质量问题等原因停工后需复工时，应经检查认可后方能复工。

（4）根据工程建设目标计划及与各承包商的合同要求制定合理可行的进度控制计划。

（5）督促承包商严格按进度计划组织施工，监督承包商配备足够的人员、机械和材料。严格按合同要求进行工期考核，以确保合同工期的实现。

（6）当实际进度和计划进度不相符合时，应及时组织调整网络计划（施工顺序），以保证合同工期的实现。

（7）建立完善的质量管理体系，建立质量预防制度，同时督促监理公司对质量的控制与管理。

（8）对原材料、半成品的质量控制，审核有关材料、半成品的质量检验报告。

（9）严格控制隐蔽工程验收质量；对于重要的工序或对工程质量有重大影响的工序要严格检查；针对工程出现质量不符合要求的不同情况建立相关处罚和返工制度。

（10）组织重大事故分析，审核有关质量问题的处理报告。

（11）定期组织召开工程项目质量评审会议，及时总结经验和教训。按考核办法（或合同要求）考核。

（12）成品保护检查。对于已经完工的项目，检查成品有无保护措施，或保护措施是否完善可靠。

（13）审核并签署现场有关技术签证、文件等，但要严格控制工程签证。

3.3.2.6 安全管理

（1）建设单位要建立安全保障体系，而且还要督促监理公司和承包商建立安全保障体系，保证文明施工，严格遵守建设管理单位和地方政府的相关安全文明施工现场管理规定；

（2）结合合同要求，组织实施各项目施工现场安全文明管理考核；

（3）按照相关考核办法（或合同要求）定期组织对各项目的现场安全文明施工进行检查、考核。

3.3.2.7 物资供应

（1）一般情况下建设单位只负责主要设备和大宗材料的采购。

（2）根据合同中关于物资供应的约定和工程进度计划按月提出物资采购计划，保证物资供应与建设同步。

（3）甲供材料进场后，由建设单位、承包商和监理共同验收，并督责承包商按规定送检，确认质量符合要求后方可使用。

（4）乙供材料进场后，督促监理按规定取样、送检、验收，符合要求后方可使用。建设单位可定期或不定期对进场材料进行抽检。

3.3.2.8　工程预结（决）算与建设资金管理

（1）工程结算及工程进度款的支付，一般不应超过当期完成工程量相对应的工程款的 90%；

（2）为了搞好投资控制，保证资金的合理使用，建设单位要以下达的年度建设计划为依据编制年度、季度和月资金使用计划；

（3）按计划和工程进度筹措建设资金；

（4）定期组织投资和进度分析；

（5）组织竣工决算的编制；

（6）组织和委托对建设项目进行工程建设审计和投资效益审计。

3.3.2.9　竣工验收

（1）单位工程验收的组织；

（2）单项工程验收（又称交工验收）的组织；

（3）参加施工单位组织的单体试车，组织联动试车、负荷试车和试生产；

（4）建设项目基本完成后，组成竣工验收委员会，建设项目和单项（指安全、环保、消防、工业卫生、档案等）的预验收（初验）由竣工验收委员会负责组织；

（5）竣工报告的编制由竣工验收委员会负责组织；

（6）建设项目和单项的竣工验收按国家有关规定由政府有关部门组织，项目建设管理单位和设计、勘察、监理、施工等单位以及质监站参加。

第4章 工程质量

4.1 质量控制概述

"百年大计，质量第一"。工程质量管理包括建设单位的质量管理、施工单位的质量管理和政府部门的质量监督。在实行监理制的建设项目中，项目法人单位（业主）委托监理工程师实施质量控制，并与政府质量监督部门共同控制工程质量。

由于影响工程质量的因素很多，而且工程一旦建成，如果达不到要求，返工就很困难，有的工程内容甚至无法重建。因此，在施工阶段，必须从投入原材料的质量控制开始，直至竣工验收为止，使工程质量一直处于严格控制之中。

4.1.1 质量控制的原则和依据

4.1.1.1 质量控制的原则

建设工程质量的控制要坚持质量第一，坚持以人为核心，坚持预防为主和坚持质量标准的原则，保证工程质量合格。

4.1.1.2 质量控制的依据

工程质量控制的主要依据有：
（1）工程施工合同文件；
（2）施工组织设计、施工技术方案和施工技术措施；
（3）施工图纸；
（4）工程质量检验与评定标准；
（5）工程施工验收规范；
（6）有关材料及制品质量技术文件；
（7）各种国家及行业标准；
（8）控制施工工序质量等方面的技术法规等。

4.1.2 质量控制的内容

建设项目质量控制的内容，主要是指项目施工阶段的质量控制，包括质量的事前控制、事中控制和事后控制。

4.1.2.1 质量的事前控制

施工前期的很多工作内容如施工准备的质量控制、图纸会审及技术交底、开工手续的完善等对后期施工质量有着重要的影响，应当严格控制，具体有以下内容：
（1）建立质量控制管理系统（组织）；
（2）确定质量标准，明确质量要求；
（3）建立本项目质量控制体系；

（4）施工现场拆迁，现场管理环境的检查；

（5）通过招标方式选择承包商，确认承包商的资质，并督促承包商建立和完善质量保证体系；

（6）检查工程使用的原材料和半成品的质量；

（7）施工机械质量控制；

（8）审查施工组织设计、施工方案、施工方法及检验方法；

（9）新技术、新工艺、新材料审查把关；

（10）测量标桩检查。

4.1.2.2 质量的事中控制

事中控制是工程质量控制的重要和关键环节，施工质量的控制要从两个方面进行，一是原材料、构配件、半成品的质量控制，不合格的材料不能用于工程；二是分部、分项工程质量的控制，每一道工序必须经检查验收合格以后，才能进行下一道工序的施工。其具体内容包括：

（1）原材料、构配件及半成品的质量控制，包括检测、试验和实物外观检查；

（2）施工工艺过程的质量控制，一般采用检查、量测、旁站和试验等手段进行；

（3）设计变更的认可；

（4）工程质量事故的处理，包括分析质量事故原因，提出处理方案，监督方案的执行和落实，检查处理效果，确定事故责任等；

（5）分部、分项工程质量的检验评定。

4.1.2.3 质量的事后控制

事后控制的内容包括：竣工质量检验，包括工程的试车运转，单位、单项工程竣工验收，工程质量的评定以及工程质量文件的审核与建档。

4.1.3 质量控制的主要环节和关键点

质量控制贯穿于工程项目质量形成的全过程、各环节。

4.1.3.1 决策阶段的质量控制

建设项目决策阶段主要是确定项目应达到的质量目标和水平。项目决策阶段的质量控制，就是通过可行性研究和多方案论证，使项目的质量要求和标准符合投资人的要求，并与投资相协调；使建设项目与所在地区环境相协调，为项目今后投产使用创造良好的运行条件和环境，使项目的经济效益、社会效益和环境效益得到充分发挥。

4.1.3.2 设计阶段的质量控制

设计阶段质量控制主要通过设计招标，组织设计方案竞赛，从中选择优秀的方案和设计单位；保证设计符合有关设计规范和技术标准的规定，并符合决策阶段确定的质量要求；保证设计文件、图纸符合现场和施工的实际条件，并满足施工要求以及环境保护的要求。

组织专家、工程技术人员对设计方案及施工图纸进行审查、论证，提高设计质量。

4.1.3.3 施工阶段的质量控制

施工阶段质量控制主要包括：通过施工招标择优选择承包商；严格监督施工单位按设

计组织施工；严格工序质量和隐蔽工程验收等。

为确保工程质量，在施工之前，应建立建设工程施工质量控制点，并在过程中对其质量进行严格控制。

4.1.3.4 质量控制点的设置与管理

质量控制点就是根据建设项目的施工内容及其特点，所确定的重点控制对象、关键部位和薄弱环节。

A 质量控制点的设置

设置质量控制点就是选择那些保证质量难度大、对质量影响大的或是发生质量问题时危害大的对象作为质量控制点。质量控制点设置的对象主要有以下几个方面：

（1）关键的分部、分项及隐蔽工程，如井筒表土、基岩掘砌工程，井壁混凝土浇筑工程等；

（2）关键的工程部位，如地面办公、生活建筑的卫生间，关键工程设备的设备基础等；

（3）施工中的薄弱环节，即经常发生或容易发生质量问题的施工环节，或在施工质量控制过程中无把握的环节，如一些常见的质量通病（井壁渗、漏水问题）；

（4）关键的作业，如混凝土浇筑中的振捣作业、锚喷作业中的钻孔和喷射混凝土作业；

（5）关键作业中的关键质量特性，如混凝土的强度、巷道的方向、坡度、井筒涌水量等；

（6）采用新技术、新工艺、新材料的部位或环节。

凡是影响质量控制点的因素都可以作为质量控制点的对象，因此，人、材料、机械设备、施工环境、施工方法等均可以作为质量控制点的对象，但对特定的质量控制点，它们的影响作用是不同的，应加以区别对待，重要因素要重点控制。

在设置质量控制点后，要针对每个控制点进行控制措施的设计，然后实施。

B 质量控制点的实施

质量控制点的实施主要包括以下几个方面：

（1）把质量控制点的设置及控制措施向有关人员进行交底，使其真正了解控制意图和控制关键要点，树立预防为主的思想。

（2）质量检查及监控人员要在施工现场进行重点检查、指导和验收，对关键的质量控制点要进行旁站监督。

（3）严格要求操作人员按作业指导书进行认真操作，保证各环节的施工质量。

（4）按规定做好质量检查和验收，认真记录检查结果，取得准确、完整的第一手资料。

（5）运用数理统计方法对检查结果进行分析，不断地进行质量改进，直至质量控制点验收合格。

4.1.3.5 施工现场质量管理的基本环节

施工现场质量管理的基本环节包括图纸会审、技术复核、技术交底、设计变更、隐蔽工程验收、三检制（自检、互检和专检）、级配管理、材料检验、施工日志、质保材料、质量检验、成品保护等。

对井建、土建、安装三类工程的施工管理，都应通过这些基本环节的质量控制来达到控制整个项目工程质量的目的。

4.1.3.6 质量管理的统计分析方法

质量管理中常用的方法有排列图法、因果分析图法、频数分布直方图法、控制图法、相关图法、分层法和统计调查法七种。这七种方法通常又称为质量管理的七种工具。

4.1.4 做好工程质量管理的基本方法

做好工程质量管理的基本方法如下：

（1）明确指导思想，增强质量意识。在市场经济条件下的项目工程建设，一要讲质量，二要讲进度，三要讲效益。工程质量的优劣，直接影响到经济建设的顺利进行。对提高工程质量，项目管理单位和管理人员负有重要责任。做好建设工程质量管理是项目管理人员应尽的职责和最基本的要求。作为项目管理人员必须明确指导思想，增强质量意识，把提高工程质量放在首位，正确处理质量与进度的关系。在考核施工企业时，必须把质量指标放在突出地位，把"百年大计，质量第一"的方针贯彻到工程建设的全过程之中。从根本上树立起自觉提高工程质量的责任感，切实把工程质量当做基本建设的生命来抓。

（2）运用竞争机制，优化施工队伍的选择。施工队伍对于工程质量有着至关重要的作用。随着改革开放和社会主义市场经济的发展，建筑业的竞争越来越激烈。这对建设单位来讲非常有利，可运用市场的竞争机制，严格执行《招标投标法》的规定，遵循公开、公平、公正和诚实守信的原则，择优选用施工企业，让施工技术水平高、管理能力强、工程质量好、经济效益和社会信誉高的施工企业来承建。

（3）加强业务学习，提高管理水平。项目管理人员不仅应当具有良好的专业技术素质，较高的协调和组织管理能力，而且还应具有较强的创新意识、敬业奉献精神和责任感。对于搞好工程质量管理，项目管理人员肩负着重要责任。提高管理人员的整体素质，是保证工程质量的关键。要勇于管理，善于管理，精心管理，深入施工现场管理。严格按照设计图纸、施工验收规范和操作规程，对工程质量进行科学地、全方位的管理。通过不断的学习，吸收新知识，提高管理水平，把工程质量做得更好。

（4）强化管理职能，发挥政府监督作用。为提高工程质量，政府强化了对工程质量的宏观管理和监督机制。建设管理单位要主动与各级质量监督部门建立联系，积极办理工程质量监督手续，自觉接受和配合建设主管部门的管理和监督。工程竣工，必须由质量监督部门核定认可，才能交工并投入使用，确保工程质量整体水平的提高。

（5）实现建设监理，控制工程质量。建设监理制是改革开放后，建设领域中的一项新制度，是深化建设管理体制改革，发展社会主义市场经济的重要措施。做好基建工程建设，提高工程质量管理水平，充分发挥投资效益，必须贯彻执行工程建设监理规定。同时，要为监理工作创造良好的监理环境，充分发挥监理职能，提高监理的工作质量和效益，实现项目工程质量控制、投资控制和工期控制的三大目标。

（6）把好材料检验关，加强材料管理。工程项目的质量控制归根结底是对影响工程质量的人工、材料、机械设备、方法和环境五大因素的有效控制。其中，材料是一个十分重要的因素，材料质量是工程质量的基础。因此，在工程质量管理工作中，必须加强对材料质量的控制。严把建筑材料的检验关，彻底杜绝劣质材料进工地，禁止使用不合格或已被淘汰的材料。积极推广使用新技术、新工艺、新材料。

同时，项目管理人员还必须要提高工程质量管理水平，加强工程质量意识，进一步完善管理制度，使工程质量管理规范化、制度化、科学化。通过精心规划、施工和管理，建成具有现代特色的优质工程，满足建设单位的需要。

4.2 现场签证

现场签证是指业主与承包商根据承包合同约定，就工程施工过程中涉及合同价（标底价、工程量清单）之外的工程进行施工所做的签认证明，一般由建设单位代表、监理工程师、施工单位负责人共同签署，不包含在施工合同的价款中，它的特点是临时发生，具体内容不同，没有规律性，涉及面较广，如设计变更、隐蔽工程、材料代用、施工条件变化等，是施工阶段投资控制的重点，也是影响工程投资的关键因素之一。

建筑工程中，由于在前期签订合同时，是假想在没有任何其他意外情况下顺利完成工程的。但是由于各种原因，例如地质条件变化、涌水量变化、大面积塌方、地基不能满足设计承载力的要求，文物保护、不可预见的地下障碍物拆除等，需要改变施工方案，相应的就需要做一个现场签证，并经过监理和建设单位的签字盖章，成为承包合同的一部分。还有其他不可抗拒的因素，如天气、自然灾害导致工程无法正常施工，这就需要签证顺延工期。另外还有招投标所采用的设计文件、招标说明不够详尽；建设单位对项目建设的构思变化等，都是引起工程签证的因素。

工程签证以书面形式记录了施工现场发生的特殊费用，直接关系到业主与施工单位的切身利益，是工程结算的重要依据。特别是对一些投标报价包死的工程，结算时更是要对设计变更和现场签证进行调整。现场签证是记录现场发生情况的第一手资料。通过对现场签证的分析、审核，可为索赔事件的处理提供依据，并据此正确地计算索赔费用。

4.2.1 现场签证的分类

现场签证主要有以下几类：

（1）工程经济签证：工程经济签证是指在施工过程中由于场地、环境、业主要求、合同缺陷、违约、设计变更或施工图错误等，造成业主或承包商经济损失方面的签证。如：零星工程、增补项目；窝工，非施工单位原因停工造成的人员、机械经济损失；停水、停电、业主材料不足或不及时；设计图纸修改、议价材料价格认价单等。经济签证涉及面广，项目繁多复杂，应严格控制签证范围和内容，把握好有关定额、文件规定。

（2）工程技术签证：工程技术签证主要是施工组织设计方案、技术措施的临时修改，涉及的价款数额较大的签证。一般应组织论证，重大变化应征得设计人员同意，做到安全、经济、适用。

（3）工程工期签证：工程工期签证主要是在实施过程中因主要材料、设备进退场时间、停水、停电等非施工单位原因停工造成的工期拖延及业主等原因造成的延期开工、暂停开工，工期延误的签证。招标文件中一般约定了工期罚则，在工期提前奖、工期延误罚款的计算时，工期签证发挥着重要作用。

（4）工程隐蔽签证：工程隐蔽签证是指施工过程中对以后工程结算影响较大，资料缺失将无法补救，难以结算的签证。主要有：基坑验槽记录、软地基处理、钢筋隐蔽验收等。

4.2.2　现场签证的意义

建设工程现场签证的意义主要体现在以下几方面：

（1）工程建设是个周期长、技术性强、涉及面广的系统工程。在实践过程中，由于诸多不确定因素的影响必然会发生现场签证，而最终以工程价款的变化体现在工程结算中。因此，建筑工程现场签证是保障工程顺利进行的重要手段。

（2）现代建设工程投资规模较大，技术含量高，设备材料型号规格多，价格变化快，在项目决策与设计阶段无法作出完整、准确的预见和约定；此外，在实施过程中，由于主客观条件的变化也会给整个施工过程带来不确定的因素。所以在整个施工过程中就会发生调整，导致现场签证，从而最终以价格的形式体现在工程结算中。因此，现场签证有利于灵活调整施工进程。

（3）由于设计粗糙，设计单位本身管理不到位，各专业之间配合不密切，产生的错、缺、漏而发生设计变更的签证。市场变化快，新材料、新工艺、新的施工方法不断推陈出新或某种材料短缺而发生材料代换，也是产生现场签证的重要原因。因此，建筑工程现场签证有利于弥补这一漏洞，有利于补充新的内容。

（4）某些技改项目、修复工程、二次装修工程，有的是在边使用边施工状态下进行的，对新旧衔接、障碍物的处理，设计上不可能做到一步到位，要根据现场实际进行变更修正，这也会导致现场签证的发生。因此，现场签证更有利于建设单位方便管理、协调环境等。

4.2.3　现场签证的原则

在签证过程中要坚持以下八个原则：

（1）量价分离的原则。工程量签证要尽可能做到详细。不能笼统含糊其辞，以预算审批部门进行工程量计算方便为原则。凡明确计算工程量的内容，只能签工程量而不能签人工工日和机械台班数量。

（2）实事求是的原则。首先未经核实不能盲目签证，内容要与实际相符。若无法计算工程量的内容，可只签所发生的人工工日或机械台班数量，但应严格把握，实际发生多少签多少，不得将其他因素考虑进去以增大数量进行补偿。

（3）现场跟踪原则。为了加强管理，严格投资控制，凡是费用超过万元以上的签证，在费用发生之前，施工单位应与现场监理人员以及造价审核人员一同到现场察看。

（4）废料回收原则。因现场签证中许多是障碍物拆除和措施性工程，所以，凡是拆除和措施工程中发生的材料或设备需要回收的（不回收的需注明），应签明回收单位，并由回收单位出具回收证明。

（5）及时处理原则。因建设工程周期性长，待到工程结算时间太长，避免只靠回忆来进行签证，应该在变更发生之际及时处理。

（6）检查重复原则。现场签证内容是否与合同内容重复，避免无效签证的发生。

（7）计费方式原则。计费方式参照主合同计费方式，没有的协商处理或仲裁。

（8）坚持有据原则。以证据为准、真实合法，做到有事实依据支持，例如采取现场拍照留底等方式。

现场签证是一项技术性、专业性、政策性很强的工作，它贯穿于建设工程各阶段，整个签证过程也是一个系统工程。要充分认识到签证控制是关键，创造适宜的条件，合理确定管理目标，采用科学的方法，切实从具体工作做起，规范现场签证，做到事前控制，事后及时处理，才能起到事半功倍的效果。

4.2.4 工程现场签证应注意的环节

现场签证在项目施工中是不可避免的环节，不仅对工程成本产生直接影响，而且对工程造价管理中存在的"三超"隐患，起着制约作用。因此，要想严格地管理好、控制好现场签证，必须加强现场签证管理，堵塞"漏洞"，把现场签证费用缩小到最小限度，同时需注意以下几个重要的环节：

（1）现场签证必须是书面形式，手续要齐全。要保留所有与签证有关的文件，对在工程施工过程中发生的有关现场签证费用随时做出详细的记录并加以整理，即分门别类，尽量做到分部分项或以单位工程、单项工程分开；每一阶段的现场签证单都要进行编号整理。

（2）凡是定额内有规定的项目不得签证。

（3）现场签证应由业主代表、监理工程师、施工单位代表共同签字，设立必须符合程序，并加盖单位公章；若是口头指令应尽快请有关指令人员确认。对造价影响较大的变更，应有主管项目领导批示，并经设计人员同意并签字，各方代表应为合同指派人员。

（4）现场签证应准确、翔实，以"守法、诚信、公正、科学"为准则，包括建设项目名称、连续号码、填单时间、签证项目内容、数量、简明图形、价款的结算方式等，能明确的项目在签证中要明确，避免时过境迁造成争议。凡有文件明确规定的项目，不另行签证。有争议的项目可请示建设主管部门或造价管理部门，必要时可以仲裁解决。

（5）现场签证要及时。随着时间的变化，结算政策和材料价格等都会发生变化，为避免发生争议，有关签证要及时签办，避免拖延过后补签，应当做到"随做随签，一项一签，工完签完"，必须请有关人员现场见证，完成后及时办理验收手续并及时提交完成的签证文件，签证文件上要有完善的计量记录。对于一些重要的，特别是需要隐蔽的签证项目，应采取录像或拍照，保存第一手资料，确保工程签证的真实性。

（6）因为现场签证费用是整个工程投资的一部分，所以该费用预算的编制及结算应与正规的预算编制原则和程序相一致；其中执行的定额、基价及取费标准也应与主体工程所签合同规定相吻合。工程中所发生的材料、设备，其供应原则及办法也应与施工合同的有关规定相一致；其材料价差的处理也应符合国家以及地方的现有规定。

（7）按照国家的规定及国际惯例，现场签证费用的审核应由现场监理工程师负责。但根据我国的现状，由于监理工程师对工程造价方面的知识掌握程度存在差异，还是应由工程造价管理专业人员把关为宜。签证各方代表应认真对待现场签证工作，现场签证应公正合理，实事求是。遇到问题，双方协商解决，及时签证，及时处理。

（8）现场签证要及时提交有关部门。一般要保证管理和施工各方的有关部门均有原件，避免单方修改，结算时出现争议。现场签证的提交、指令文件的往来必须留有签收确认记录。

（9）签证单应编号归档，在结算审计时，送审资料一律要提供签证资料原件，加盖业主单位的"送审资料专用章"，确保送审资料的真实性，避免单方抽掉或补交有关签证资料，保证结算审计的严肃性和准确性。

4.3　隐蔽工程

所谓"隐蔽工程"，就是在施工完成后被隐蔽起来，表面上无法看到的施工项目，如支护工程、地基、电气管线、供水供热管线等需要覆盖、掩盖的工程；还应包括基础各分项工程，如混凝土、钢筋、砖砌体等及其他各部位的钢筋分项：屋面工程的找平层、保温层、隔热层，防水层等。

由于隐蔽工程在隐蔽后，如果发生质量问题，需要重新覆盖和掩盖，会造成返工等非常大的损失。为了避免资源的浪费和当事人双方的损失，保证工程的质量和工程顺利完成，承包人在隐蔽工程隐蔽以前，应当通知发包人检查，发包人检查合格的，方可进行隐蔽工程隐蔽。实践中，当工程具备掩盖条件时，承包人应当先进行自检，自检合格后，在隐蔽工程进行隐蔽前及时通知发包人（或监理）或发包人派驻的工地代表对隐蔽工程的条件进行检查并参加隐蔽工程的作业。通知包括承包人的自检记录、隐蔽的内容、检查时间和地点。发包人或其派驻的工地代表接到通知后，应当在要求的时间内到达隐蔽现场，对隐蔽工程的条件进行检查。检查合格的，发包人或者其派驻的工地代表在检查记录上签字，承包人检查合格后方可进行隐蔽施工。发包人检查发现隐蔽工程条件不合格的，有权要求承包人在一定期限内完善工程条件。隐蔽工程条件符合规范要求，发包人检查合格后，发包人或者其派驻工地代表在检查后拒绝在检查记录上签字的，在实践中可视为发包人已经批准，承包人可以进行隐蔽工程施工。发包人在接到通知后，没有按期对隐蔽工程条件进行检查的，承包人应当催告发包人在合理期限内进行检查。因为发包人不进行检查，承包人就无法进行隐蔽施工，因此承包人通知发包人检查而发包人未能及时进行检查的，承包人有权暂停施工。承包人可以顺延工期，并要求发包人赔偿因此造成的停工、窝工、材料和构件积压等损失。如果承包人未通知发包人检查而自行进行隐蔽工程的，事后发包人有权要求对已隐蔽的工程进行检查，承包人应当按照要求进行剥露，并在检查后重新隐蔽或者修复后隐蔽。如果经检查隐蔽工程不符合要求的，承包人应当返工，重新进行隐蔽。在这种情况下检查隐蔽工程所发生的费用如检查费用、返工费用、材料费用等由承包人负担，承包人还应承担工期延误的违约责任。

4.4　质量验收

4.4.1　质量验收的组织

4.4.1.1　分项工程验收

分项工程应由监理工程师（或建设单位项目技术负责人）组织施工单位项目专业质量（技术）负责人等进行验收。

4.4.1.2　分部工程验收

分部工程应由总监理工程师（或建设单位项目负责人）组织施工单位项目负责人和技

术、质量负责人等进行验收；地基与基础、主体结构分部工程的勘察、设计单位工程项目负责人和施工单位技术、质量部门负责人也应参加相关分部工程验收。

4.4.1.3 单位工程验收

单位工程完工后，施工单位应自行组织有关人员进行检查评定，并向建设单位提交工程验收申请报告。建设单位收到工程验收申请报告后，应由建设单位项目负责人组织施工（含分包单位）、设计、监理等单位项目负责人进行单位工程验收。单位工程有分包单位施工时，分包单位对所承包的工程项目应按标准规定的程序检查评定，总包单位应派人参加。分包工程完成后，应将工程有关资料交总包单位。当参加验收各方对工程质量验收意见不一致时，可请当地建设行政主管部门或工程质量监督机构协调处理。单位工程质量验收合格后，建设单位应在规定时间内将工程竣工验收报告和有关文件，报建设行政管理部门备案。

4.4.2 质量验收的程序

质量验收的程序为：

（1）一般由验收组组长主持验收。

（2）建设、施工、监理、设计、勘察单位分别书面汇报工程项目建设质量状况，合同履约及执行国家法律、法规和工程建设强制性标准情况。

（3）验收组分别进行以下检查验收：

1）检查工程实体质量；

2）检查工程建设参与各方提供的竣工资料；

3）对建筑工程的使用功能进行抽查、试验；

4）对竣工验收情况进行汇总讨论，并听取质量监督机构对该工程质量监督情况；

5）形成竣工验收意见，填写"建设工程竣工验收备案表"和"建设工程竣工验收报告"，验收小组人员分别签字、建设单位盖章；

6）当在验收过程中发现严重问题，达不到竣工验收标准时，验收小组应责成责任单位立即整改，并宣布本次验收无效，重新确定时间组织竣工验收；

7）当在竣工验收过程中发现一般需整改质量问题，验收小组可形成初步验收意见，填写有关表格，有关人员签字，但建设单位不加盖公章，验收小组责成有关责任单位整改，可委托建设单位项目负责人组织复查，整改完毕符合要求后，加盖建设单位公章；

8）当竣工验收小组各方不能形成一致竣工验收意见时，应当协商提出解决办法，待意见一致后，重新组织工程竣工验收。当协商不成时，应报建设行政主管部门或质量监督机构进行协调裁决。

4.5 竣工工程质保期

4.5.1 建设工程质量保修

国务院《建设工程质量管理条例》对保修的规定为：建设工程实行质量保修制度。

建设工程承包单位在向建设单位提交工程竣工验收报告时，应当向建设单位出具质量保修书。质量保修书中应当明确建设工程的保修范围、保修期限和保修责任等。

在正常使用条件下，建设工程的最低保修期限为：

（1）基础设施工程、房屋的地基基础工程和主体结构工程，为设计文件规定的该工程的合理使用年限；

（2）屋面防水工程、有防水要求的卫生间、房间和外墙面的防渗漏，为 5 年；

（3）供热与供冷系统，为两个采暖期或供冷期；

（4）电气管线、给排水管道、设备安装和装修工程为 2 年；

（5）其他项目的保修期限由建设单位和施工单位在合同中约定。

建设项目的保修期，自竣工验收合格之日起计算。质保期是施工单位保证建筑工程质量的时间期限。建设工程在保修范围和保修期限内发生质量问题的，施工单位应当履行保修义务，并对造成的损失承担赔偿责任。

4.5.2 建设工程质量保证金

在建设工程的管理中，建设工程质保期与质保金是两个不同的概念，前者是对建设工程的最低保修期限，由建设工程质量管理条例规定；后者是指发包人与承包人在建设工程承包合同中约定，从应付的工程款中预留，用以保证承包人在缺陷责任期内对建设工程出现的缺陷进行维修的资金。

建设工程项目质保金按项目工程价款结算总额乘以合同约定的比例（一般为 5%），由建设单位（业主）从施工企业计量拨款中直接扣留，且一般不计算利息。施工企业应在项目工程竣（交）工验收合格后的缺陷责任期内（一般为 12 个月），认真履行合同约定的责任，缺陷责任期满后向建设单位（业主）申请返还质保金。

4.5.3 质保期间的管理

（1）应有专门部门（人员）负责竣工（交工）项目工程质保期间的管理工作。

（2）建立竣工（交工）项目工程管理台账，记录质保期内出现质量问题的部位、时间、工程量、返修内容、返修时间、验收情况以及施工单位的定期回访记录等。

（3）项目工程竣工后建设单位和施工单位双方均应明确联系部门和联系人，以便质量保修期期间发现问题及时联系。

（4）项目工程在保修期限内出现质量缺陷，建设单位（业主）应当向施工单位发出保修通知。

（5）施工单位接到保修通知后，应当到现场核查情况，在保修书约定的时间内予以保修。发生涉及结构安全或者严重影响使用功能的紧急抢修事故，施工单位接到保修通知后，应当立即到达现场抢修。

（6）重大维修和质量问题原因不明的，建设单位负责组织设计、勘察、监理、施工单位等单位对质量问题责任进行分析，确认和审批维修方案。

（7）对于重大质量问题（事故）还要按程序和规定时间上报有关部门。

（8）质保期期间监理的责任包括负责检查工程状况，鉴定质量问题责任，督促保修。

（9）返修完成后，建设单位组织设计、监理、施工等单位对返修工程进行验收。

4.5.4 质保期届满验收及质保金返还

（1）项目工程质保期届满，施工单位自检合格后，向建设单位（业主）填报"工程过质保期验收申请书"。

（2）建设单位收到施工单位的工程过质保期验收申请后，及时组织设计、勘察、监理、施工等单位对项目工程进行联合检查，如有问题应限期整改，整改完成后，签署"工程质保期验收报告"。

（3）验收合格后，施工单位填报"质保金支付申请"。

（4）建设单位按合同约定返还质保金。

第5章 工程进度

5.1 工期管理

工期就是工作的时限，也即完成某项工作所需要的时间。工期管理也称进度控制。矿山基本建设作为工程建设项目的一个类型，其工期管理既有一般性，也有特殊性。

矿山建设工期在初步设计中有明确的说明，如矿山建设期、投产期、达产期和服务年限等。工期管理是指针对矿山建设各阶段的工作内容、持续时间和衔接关系，根据工期总目标以及资源优化配置的原则，编制计划并付诸实施，然后在计划的实施过程中经常检查实际进度是否按计划要求进行，对出现的偏差情况进行分析，采取补救措施或调整、修改原计划后再付诸实施，如此循环，直到建设工程竣工验收交付使用。

矿山建设工期要坚持动态控制原则。由于绝大多数矿山地处山区，自然环境、作业环境和社会环境都比较差，施工难度大，危险性高，不确定因素多；每个矿山又都有不同的特点，相同工程较少，对施工技术有较高的要求。这些都对矿山建设工期产生复杂的影响，必须采用建设工期动态控制原则，即事先对影响矿山建设工期因素进行调查分析，预测它们对矿山建设工期的影响程度，确定合理的工期计划，使矿山建设始终按计划进行。但是无论矿山建设工期计划如何周密，毕竟是人们的主观设想，在其实施过程中必然会因为新情况的产生、各种干扰因素和风险因素的作用而发生变化，使人们难以执行原定的进度计划。工期管理动态控制就是在计划执行过程中不断检查建设工程实际进展情况，并将实际状况和计划安排进行对比，从中找出偏离计划的信息。然后在分析偏差及其产生原因的基础上，通过采取组织、技术、经济等措施，维持原计划使之能够正常实施。

5.1.1 影响矿山建设工期的因素分析

要想有效地控制矿山建设工期，就必须对影响进度的有利因素和不利因素进行全面、细致的分析和预测。这样一方面可以促进有利因素的充分利用和不利因素的妥善预防；另一方面也便于事先制定预防措施，事中采取有效对策，事后采取妥善补救，以缩小实际进度与计划进度的偏差，实现对建设工程进度的主动控制和动态控制。

影响矿山建设进度的不利因素有很多，如人为因素，技术因素，设备，材料和构配件因素，机具因素，资金因素，水文、地质与气象因素，以及其他自然和社会环境等方面的因素。其中，人为因素是最大的不确定因素。从产生的根源看，有的来源于建设单位及其上级主管部门；有的来源于勘察设计、施工及材料、设备供应单位；有的来源于政府、建设主管部门、有关协作单位，尤其是建设项目周边社会、村庄、乡镇的影响更甚。影响矿山建设工期的常见因素如下：

（1）业主因素。业主因工程用途发生变化等而进行设计变更，应提供的施工场地条件不能及时提供或所提供的场地不能满足工程正常需要，不能及时向施工承包单位或材料供应商付款等。

（2）勘察设计因素。如勘察资料不准确，特别是地质资料不准确；设计内容不完善，规范应用不恰当，设计有缺陷，设计对施工方法和施工措施的可行性考虑不周，施工图纸供应不及时、不配套，或出现重大差错等。

（3）施工技术因素。如施工工艺错误，不合理的施工方案，施工安全措施不当，不可靠技术的应用等。

（4）自然环境因素。如复杂的工程地质条件，不准确的水文气象条件，地下埋藏文物的保护、处理，洪水、地震、台风等不可抗力等。

（5）社会环境因素。如因政府重大事项和安全事项等停工，以及临时停水、停电、断路等。

（6）组织管理因素。如向有关部门提出各种申请审批手续的延误；合同签订时遗漏条款、表达失当；计划安排不周密，组织协调不力，导致停工待料、相关作业脱节；领导指挥失当，使参加工程建设的各个单位配合上发生矛盾等。

（7）材料、设备因素。如材料、构配件、机具、设备供应环节的差错，品种、规格、质量、数量、时间不能满足工程的需要；特殊材料及新材料的不合理使用；施工设备不配套，选型失当，安装失误，有故障等。

（8）资金因素。如有关方拖欠资金，资金不到位，资金短缺。

（9）公共关系因素。矿山建设要涉及占地，甚至村庄搬迁，也可能涉及河流改道、道路改道等，工程施工对周边会有一定的影响，再加上利益诉求不同、法制建设不完善、个别人无理取闹等，和周边村庄、乡镇的关系处理非常重要，有时会严重影响工期。

5.1.2 建设工期管理主要措施

工期管理的主要措施包括组织措施、技术措施、经济措施及合同措施。

5.1.2.1 组织措施

建设工期管理的组织措施有：

（1）依据不同的矿山建设模式设立矿山建设组织体系，明确建设方、施工方和监理方的责任，不要出现责任空缺和遗漏，也不能出现责任交叉。

（2）依据甲方的职责，设定甲方相关部室和车间的职责，明确各自职能和人员分工。

（3）建立工程进度报告制度及进度信息沟通网络。

（4）建立进度计划审核制度和进度计划实施中的检查分析制度。

（5）建立进度协调会议制度，包括协调会议举行的时间、地点，协调会议参加的人员等。

（6）建立图纸审查、工程变更和设计变更管理制度。

5.1.2.2 技术措施

建设工期管理的技术措施有：

（1）编制详细的矿山建设工期计划，包括勘察设计、施工计划、材料和设备计划、人力资源计划、资金计划等，要实现各个分项计划之间的支持和平衡。

（2）采用网络计划技术及其他科学适用的计划方法，编制详细的施工计划，明确关键线路和重点工程，通过年度计划、季度计划和月度计划落实到建设、施工和监理三方，并要求各方提交更为详细的落实计划，保证计划的科学性和一致性。

（3）建立计划信息沟通平台，实现计划信息和执行信息的及时掌控，发现变化信息并及时采取措施，实现对建设工程进度动态控制。

（4）在建设过程中及时推行管理和施工的新技术、新工艺和新设备，及时采用同类型矿山建设过程中先进的成功经验。

5.1.2.3 经济措施

建设工期管理的经济措施有：

（1）及时办理工程预付款及工程进度款支付手续。

（2）对应急工程和关键工程可在合同外采取奖罚措施，提高相关单位和人员的积极性。

（3）对工期提前的给予奖励，对于工期延误收取误期损失赔偿金。

（4）建立劳动竞赛平台和光荣榜等，增强相关单位和人员的荣誉感。

5.1.2.4 合同措施

建设工期管理的合同措施有：

（1）加强合同管理，协调合同工期与计划工期之间的关系，保证合同工期的实现。

（2）严格控制合同变更，对各方提出的工程变更和设计变更，要进行详细的论证和系统分析，防止局部变化影响系统工期。

（3）加强索赔管理，公正地处理索赔。

5.1.3 矿山建设不同阶段工期管理主要内容

5.1.3.1 设计准备阶段工期管理的内容

设计准备阶段工期管理的内容包括：

（1）收集与该工程有关的进度指标和工期信息，确定单项工程和总工程工期目标。

（2）编制工程项目总工期计划。

（3）编制设计准备阶段详细工作计划，并尽可能按照计划执行。

（4）进行施工环境及施工现场条件的调查和分析。

5.1.3.2 设计阶段工期管理的内容

设计阶段工期管理的内容包括：

（1）编制设计阶段工作计划，主要是采选等工艺技术方案的确定，要确保其先进性和适应性，确定设计要满足地方政府管理的要求，如在安全、环保、国土以及水利等方面一定要认真对待。

（2）编制详细的出图计划，防止停工待图现象。

5.1.3.3 施工阶段工期管理的内容

施工阶段工期管理的内容包括：

（1）编制施工总进度计划，并控制其执行。

（2）编制单位工程施工进度计划，并控制其执行。

（3）编制工程年、季、月实施计划，并控制其执行。

5.1.3.4 重视矿山建设总网络计划在矿山建设不同阶段的重要作用

（1）矿山建设总网络计划是矿山建设的总纲领，是一个复杂的系统工程，要系统全面编制，是控制矿山建设工期的根本依据。

（2）要动态控制总网络计划的执行，矿山的主要领导要对此负责，依据机构职能将分支计划分配给执行部门，并监督其执行。

（3）发挥计划的严肃性和权威性，计划修正要慎重，同时也要结合不断变化的实际因素进行调整，防止脱离实际。

5.2 组织管理模式

按照我国工程建设有关规定，矿山建设应当实行项目法人负责制、工程招标投标制、建设工程监理制和合同管理制等主要制度。这些制度相互关联、相互支持，共同构成了建设工程管理制度体系。近年来随着国家法制建设和制度管理的不断发展，对矿山建设和生产明确了准入许可制，以确保建设工程质量和安全，促进了建设工程的规范管理和有序发展。

5.2.1 矿山基本建设组织管理模式

矿山建设有不同的分类标志，按固定资产再生产方式划分，可分为新建、扩建、改建和重建项目；按照建设项目的规模划分，可分为大型、中型和小型项目；按经济内容划分，可分为生产性基本建设项目和非生产性基本建设项目；按项目盈利能力、投资主体和投资范围划分，可分为竞争性建设项目、基础性建设项目和公益性建设项目或者是国营、私营和合资等模式。由此也进一步衍生出不同矿山建设组织管理模式。

组织管理模式对建设工程的规划、控制和协调起着重要作用，不同的组织管理模式有不同的合同体系和管理特点。同时在不同的管理模式下工期控制方式也大不相同。本节主要介绍矿山建设组织的基本管理模式。

5.2.1.1 平行承发包模式

平行承发包模式又可称为建设单位自行管理的模式，是指业主将矿山建设工程的设计、施工以及材料设备采购的任务经过分解分别发包给若干个设计单位、施工单位和材料供应单位，并分别与各方签订合同。各设计单位之间的关系、各施工单位之间的关系以及各材料设备供应单位之间的关系是平行的。这就需要建设方有很好的矿山建设管理经验，能够全面统筹控制矿山建设的全过程，建设方和承包方的关系是一对多。

A　平行承发包模式主要优点

（1）有利于缩短工期。由于设计和施工任务经过分解分别发包，设计阶段和施工阶段有可能形成搭接关系，从而缩短整个建设工程工期。

（2）有利于业主选择承包方。业主可根据工程类别、特点、工期和投资等特点选择合适的施工单位。

（3）有利于质量控制。整个工程经过分解分别发包给各承包方，合同约束与相互制约使每一部分能够较好地实现质量要求。

B　平行承发包模式主要缺点

（1）合同数量多，会造成合同管理困难。合同管理复杂，使建设工程系统内结合部位数量增加，组织协调工作量大。

（2）投资控制难度大。这主要表现在：一是总合同价不易确定，影响投资控制实施；

二是工程招标任务量大，需控制多项合同价格，增加了投资控制难度；三是在施工过程中设计变更和修改较多，导致投资增加。

5.2.1.2 设计或施工总分包模式

设计或施工总分包模式是指业主将全部设计或施工任务发包给一个设计单位或一个施工单位作为总包单位，总包单位可以将其部分任务再分包给其他承包单位，形成一个设计总包合同或一个施工总包合同以及若干个分包合同的结构模式。特点是建设方将部分管理职能转移到承包方，协调的工作量减少，建设方和承包方的关系是一对二。

A 总分包模式优点

（1）有利于建设工程组织管理。由于业主只与一个设计总包单位和一个施工单位签订合同，工程合同数比平行承发包模式要少很多，有利于业主的合同管理，也使业主协调工作量减少，可发挥监理单位与总包单位多层次协调的积极性。

（2）有利于投资控制。合同价格可以较早确定。

（3）有利于质量监控。在质量方面，既有分包单位的自控，又有总分包单位的监督，还有工程监理单位的检查认可，对质量控制有利。

（4）有利于工期控制。总分包单位具有控制的积极性，分包单位之间也有相互制约的作用，有利于总体进度的协调控制，也有利于监理单位控制进度。

B 总分包模式缺点

（1）建设周期较长。在设计和施工均采用总分包模式时，由于设计图纸全部完成后才能进行施工总包的招标，不仅不能将设计阶段与施工阶段搭接，而且施工招标需要的时间也较长。

（2）总包报价可能较高。对于规模较大的建设工程来说，通常只有大型承建单位才具有总包的资格和能力，竞争相对不甚激烈；另一方面，对于分包出去的工程内容，总包单位都要在分包报价的基础上加收管理费向业主报价。

5.2.1.3 项目总承包模式

项目总承包模式是指业主将工程设计、施工、材料和设备采购等工作全部发包给一家承包公司，由其进行实质性设计、施工和采购工作，最后向业主交出一个已达到使用条件的工程，也称"交钥匙工程"。建设方和承包方的关系是一对一。

A 总承包模式的优点

（1）合同关系简单，组织协调工作量小。业主只与项目部总承包单位签订一个合同，合同关系大大简化。许多协调工作量转移到项目总承包单位内部及其与分包单位之间，这就使建设工程监理单位的协调量大为减少。

（2）缩短建设周期。由于设计与施工有一个单位统筹安排，使两个单位能有机地融合，一般都能做到设计阶段与施工阶段相互搭接，因此对进度目标控制有利。

（3）利于投资控制。通过设计与施工的统筹考虑可以提高项目的经济性，但这并不意味着项目总承包的价格低。

B 总承包模式的缺点

（1）招标发包工作难度大。合同条款不易准确确定，容易造成较多的合同争议。因此，虽然合同量最少，但是合同管理的难度一般较大。

（2）业主择优选择承包方范围小。由于承包范围大、介入项目时间早、工程信息未知数多，因此承包方要承担较大的风险，而有此能力的承包单位数量相对较少，这往往往导致竞争性降低，合同价格较高。

（3）质量控制难度大。质量控制难度大的原因一是质量标准和功能要求不易做到全面、具体、准确，质量控制标准制约性受到影响；二是"他人控制"机制薄弱。

5.2.1.4　委托工程项目管理模式

委托工程项目管理模式又可称为建设工程项目管理模式，是指业主将工程建设任务发包给专门从事项目组织管理的单位，再由他分包给若干设计、施工和材料供应单位，并在实施中进行项目管理。特点是代行建设方的管理职能，总承包管理单位的能力是决定矿山建设的主要因素。

委托工程项目管理模式的主要优点是：合同关系简单、组织协调比较有利、进度控制也有利。

委托工程项目管理模式的主要缺点：

（1）由于项目总承包管理单位与设计、施工单位是总包与分包关系，后者才是项目实施的基本力量。

（2）项目总承包管理单位自身经济实力一般比较弱，而且承担的风险相对较大，因此建设工程采用这种承发包模式应持慎重态度。

5.2.2　矿山建设组织管理模式选择的影响因素

矿山建设组织管理模式的选择应考虑以下几方面因素：

（1）矿山的建矿模式。这不仅关系到矿山建设，而且与矿山建成后的运行管理有很大的关系，矿山的建设过程也是学习和培养人才的过程。所以建设模式和后期的运行模式要结合起来统筹考虑，不能割裂单独处理。

（2）由于矿山建设的周期比较长，矿产品售价对市场的依赖性较强，要在详细市场评估的基础上，确立以工期控制为主，还是投资控制为主的工期管理思路。防止出现矿山建成之日就是亏损之时的情况发生。

（3）矿山建设组织管理模式确定要从自身的实际出发，也要考虑市场因素，尤其是过去未从事过矿山建设和生产的其他行业企业，对矿山需要有一个逐渐熟悉的过程，更要重视这项工作。

（4）无论何种矿山建设组织管理模式，矿山的建设内容不会减少，影响工期的因素不会减少，只是建设方、施工方、设计方和监理公司之间的职责和任务重新分配而已。任何一项管理内容的缺失都肯定会影响工期。但是不同管理组织模式下责权利的重新划分必然产生不同的工期和投资结果，并对后期生产造成长远的影响。

5.2.3　矿山建设组织管理模式确定和机构设置

不同的矿山建设组织管理模式目前在我国都有采用，都有成功的案例。在市场经济的条件下，矿山建设资源可以得到优化配置，不可能为单一的管理模式。在此以平行承发包管理模式为例来说明机构设置和职能划分，该模式是其他模式形成的基础。需要建设方有很好的矿山建设管理经验，能够全面统筹控制矿山建设的全过程，是建设方控制和推动型的建设管理模式。矿山建设不同时期侧重点不同，机构设置也不同。

（1）设计准备阶段。以矿山建设规划为主，人员较少，但是人员的素质要高，这些人员往往成为矿山未来的高层管理者，所以人员的选择尤为重要，德才兼备的人员是确保矿山顺利建设的基础。主要工作内容是对政策、法规掌握和理解，以及开发利用方案确定。此时的机构比较简单，主要为决策层和几个主要部室。

（2）设计阶段。此阶段工作量主要是初步设计编制和专项评价等工作，主要在与设计院、各种评价机构、政府相关部门的沟通，此时需要编制详细的作业计划和招投标管理，处于全面统筹运作阶段。此时的机构开始不断增加，管理部室全部建立。

（3）施工阶段。执行落实协调阶段，现场管理较多，事情多而且复杂，突出在工程管理和调度。此时的机构最复杂，部室和车间全部建立。

（4）竣工验收阶段。矿山由基建向生产过渡，相关部室工作量减少，新的管理部室和车间增加。此时机构开始向生产矿山转型。

5.3 调度协调

协调就是联结、联合、调和所有的活动及力量，使各方配合得适当，其目的是促使各方协同一致，以实现预定目标。矿山调度协调工作贯穿于矿山整个建设过程中，是实现矿山建设计划目标的执行阶段，是工期管理和控制的必要手段。

5.3.1 调度协调工作的必要性

调度协调工作的必要性主要体现在以下几个方面：

（1）矿山建设的长期性、复杂性、艰苦性和特殊性决定了矿山建设是一个复杂的系统工程，必须有强有力的调度协调部门的推动才能确保建设工程按照计划进行。

（2）矿山建设没有重复性，建设方无论采取何种组织结构，选用多优秀的管理人才都避免不了建设过程中新问题的产生和新情况的出现，建设方的管理者和技术人员都有一个不断学习和熟悉的过程。

（3）参加建设的单位众多，建设方、施工方、监理方和设计勘察单位等，在建设过程中担任不同的角色，需要建设方通过计划目标的形式联系到一起。

（4）众多而又复杂的外部协调，包括地方政府相关政策法规的要求，土地、电力和工农关系等，都可能成为影响建设工期的重要因素。

5.3.2 调度协调的对象和内容

调度协调主要包括参加建设单位之间的协调，既包括建设方自己内部协调，也包括与监理方、施工方和设计勘察单位等之间的协调。

5.3.2.1 建设单位内部协调

需要建设单位内部协调的工作包括：

（1）建立高效的调度指挥系统，明确主管领导和主管部门的职责。要突出其在矿山建设过程中的主导性，相关系统的配合性，调度部门的领导权限高于其他部室。在矿山通常设立调度室，行使调度协调的职能。特殊时期职能可以合并到其他部室，但是协调的职能不应弱化。

（2）在调度人员的安排上要量才录用，做到人尽其才。人员的搭配应注意能力互补和性格互补，人员配置应尽可能少而精，防止力不胜任和忙闲不均现象。

（3）建立完善的调度协调管理制度和沟通机制，考核严格并实事求是。如一般矿山都在使用的调度指令。

（4）事先约定各个部门在工作中的相互关系。在工程建设中许多工作是由多个部门共同完成的，其中有主办、牵头和协作、配合之分，事先约定，才不至于出现误事、脱节等贻误工作的现象。

（5）建立信息沟通制度，如采用工作例会、业务碰头会，下发会议纪要、工作流程图或信息传递卡等方式来沟通信息，这样可使局部了解全局，服从并适应全局需要。

5.3.2.2 与监理单位协调

矿山建设项目应严格遵守国家关于工程建设项目监理制的要求，实践证明监理工作对矿山建设有极大的推动作用，可很好的解决矿山建设过程中投资、质量和工期控制方面的问题，是矿山建设不可或缺的一部分。我国长期的计划经济体制使得建设方合同意识差、随意性大，主要体现在：一是沿袭计划经济时期的基建管理模式，搞"大业主，小监理"，在一个建设工程上，业主的管理人员要比监理人员多或管理层次多，对监理工作干涉多，并插手监理人员应做的具体工作；二是不把合同中规定的权力交给监理单位，致使监理工程师有职无权，发挥不了作用；三是科学管理意识差，在建设工程目标确定上压工期、压造价，在建设工程实施过程中变更多或时效不按要求，给监理工作带来困难。在处理和监理单位的关系时，要注意以下三点：

（1）建设方要高度重视监理工作在矿山建设中的重要性，明确告知监理方建设工程总目标以及业主的意图，严格执行监理合同约定条款，实现矿山建设全过程的监理。

（2）学习借鉴监理机构的管理经验，尊重监理人员在工程建设过程的职责，尊重监理人员的不同意见。

（3）为监理人员创造好的工作和生活环境，对监理人员在建设过程中的科技进步和合理化建议要进行奖励，发挥监理人员的工作积极性和创造性。

5.3.2.3 与承包商的协调

坚持相互尊重的原则，从实际出发，严格按制度、规程办事，同时又要讲究协调方法和艺术。协调不仅是方法、技术问题，更多的是语言艺术、感情交流和用权适度问题，有时尽管协调意见是正确的，但由于方式或表达不妥，反而会激化矛盾。而高超的协调能力则往往能起到事半功倍的效果，令各方面都满意。需要与承包商协调的工作包括：

（1）与承包商项目经理关系的协调。承包商项目经理及工地工程师，是本项目管理者和执行者，要虚心听取他们的意见和建议，对于他们提出的实际问题要认真的予以对待。防止出现甲方对乙方歧视和武断，不能简单地理解为按照合同执行，实际上有可能失去了良好的施工方案优化的机会。要尊重施工单位在建设过程中提出的创造性的意见，并尽可能的加以实施。

（2）进度问题的协调。由于影响进度的因素错综复杂，因而进度问题的协调工作也十分复杂。实践证明有两项协调工作很有效：一是业主、承包商和监理单位共同商定一级网络计划，作为工程施工合同的附件；二是设立提前竣工奖，由业主、监理单位按一级网络计划节点考核，分期支付阶段工期奖，如果整个工程最终不能保证工期，由业主从工程款中将已付的阶段工期奖扣回并按合同规定予以罚款。

（3）质量问题的协调。在质量控制方面应实行业主和监理单位共同签字认可制度。对没有出厂证明、不符合使用要求的原材料、设备和构件，不准使用；对工序交接实行报验签证；对不合格的工程部位不予验收签字，也不予计算工程量，不予支付工程款。在建设工程实施过程中，设计变更或工程内容的增减是经常出现的，有些是合同签订时无法预料和明确规定的。对于这种变更，甲乙双方和监理单位要认真研究，以实际为基础，完善合同，充分协商，达成一致意见。

（4）对承包商违约行为的处理。在施工过程中，当发现承包商采用一种不适当的方法进行施工，或是用了不符合合同规定的材料时，必须立即制止，同时要及时通知监理单位。要进行事故分析和处理，防止出现类似问题。对于承包商的项目经理或某个工地工程师不称职，已经开始影响工期并有可能带来系统工期影响，应及时明确告知，要求其采取补救措施，若效果不理想，可提出更换项目经理或工地工程师。

（5）合同争议的协调。对于工程中的合同争议，应首先采用协商解决的方式，要采取实事求是的态度，本着解决问题的原则。只有当对方严重违约而使自己的利益受到重大损失且不能得到补偿时才采用仲裁或诉讼手段。

5.3.2.4　与设计单位的协调

A　设计阶段的协调

设计方案和设计图纸工作对矿山建设投资影响最大，工期影响最多，是可以控制的影响因素，需要反复协调。设计阶段需要协调的工作包括：

（1）要做好不同专业和单位之间的协调。矿山建设工程是一项复杂的系统工程，设计涉及许多不同的专业领域，一般包括地质、测量、采矿、选矿、机电、土建、自动化等专业。需要进行专业化分工和协作，同时又要求高度的综合性和系统性，因而需要在同一设计阶段各专业设计之间进行反复协调，以避免和减少设计上的矛盾。一个局部看来优秀的专业设计，如果与其他专业设计不协调，就必须作适当的修改。因此，在设计阶段要正确处理个体劳动与集体劳动之间的关系，每一个专业设计都要考虑来自其他专业的制约条件，也要考虑对其他专业设计的影响。在这个过程中就要融入行业发展的先进成果，要包括建设方的意见，也要包括设计单位的经验以及监理等参加建设单位的其他意见，这往往表现为一个反复协调的过程，需要付出大量的心血和汗水，要有奉献精神。

（2）要做好设计图纸不同阶段的协调。建设工程的设计是由方案设计到施工图设计不断深化的过程。各阶段设计的内容和深度要求都有明确的规定。下一阶段设计要符合上一阶段设计的基本要求，而随着设计内容的进一步深入，可能会发现上一阶段设计中存在某些问题，需要进行必要的修改。因此，在设计过程中，还要在不同设计阶段之间进行纵向的反复协调。从设计内容上看，这种纵向协调可能是同一专业之间的协调，也可能是不同专业之间的协调。

（3）建设工程的设计还需要与外部环境因素进行反复协调。在设计工作开始之前，建设方对矿山建设的需求通常是比较笼统、比较抽象的。随着设计工作的不断深入，已完成的阶段性设计成果可能使建设方的需求逐渐清晰化、具体化，而其清晰、具体的需求可能与已完成的设计内容发生矛盾，从而需要在设计上作出调整。与政府有关部门审批工作的协调也很多，如安全、环保和土地等方面的问题，要严格按照规定执行，不要有侥幸心理。但是也可能存在对审批内容或规定理解分歧、审批工作效率不高等问题，从而也需要进行反复协调。

B 施工阶段的协调

施工阶段需要协调的内容主要包括：

（1）真诚尊重设计单位的意见，在设计单位向承包商介绍工程概况、设计意图、技术要求、施工难点等时，注意标准过高、设计遗漏、图纸差错等问题，并将其解决在施工之前；施工阶段，严格按图施工；结构工程验收、专业工程验收、竣工验收等工作，要约请设计代表参加；若发生质量事故，要认真听取设计单位的处理意见等。

（2）施工中发现设计问题，应及时按工作程序向设计单位提出，以免造成更大的损失，为使设计单位有修改设计的余地而不影响施工进度，应协调各方达成协议，约定一个期限，争取设计单位、承包商的理解和配合。

（3）注意信息传递的及时性和程序性。技术变更、设计变更监理工作联系单等，要按规定的程序进行传递。

5.3.2.5 与政府部门及其他单位的协调

矿山建设工程不可避免要同当地政府部门及其他单位发生联系，如政府部门、金融组织、社会团体、新闻媒介等，它们对建设工程起着一定的控制、监督、支持、帮助作用，这些关系若协调不好，建设工程实施也可能严重受阻。需要与政府部门及其他单位协调的工作包括：

（1）工程质量监督站是由政府授权的工程质量监督的实施机构，质量监督站主要是核查勘察设计单位、施工单位和监理单位的资质，监督这些单位的质量行为和工程质量。建设方要及时引入质量监督站，并协调好其与监理单位交流和协调。

（2）重大质量、安全事故，在承包商采取急救、补救措施的同时，应按照有关制度及时向政府有关部门报告情况，接受检查和处理。

（3）建设工程合同应送公证机关公证，并报政府建设管理部门备案；征地、拆迁、移民等工作要争取政府有关部门支持和协作；现场消防设施的配置，宜请消防部门检查认可；要敦促承包商在施工中注意防止环境污染，坚持做到文明施工。

（4）一些大型矿山建成后，不仅会给业主带来效益，还会给该地区的经济发展带来好处，同时给当地人民生活带来方便，因此必然会引起社会各界关注。业主应把握机会，争取社会各界对建设工程的关心和支持。这是一种争取良好社会环境的协调。

5.3.3 调度协调的方法

常用的协调方法主要有五种，在此主要介绍施工阶段调度协调的方法。该阶段主要体现为计划的落实执行、按图施工和设备材料及时供应的问题，虽是建设过程中的具体问题，但是千头万绪，协调的工作量大。

正常的施工阶段创造性劳动相对较少，主要是执行阶段，需要制定全面而又可行的网络计划，并严格考核。但是对于大型、复杂的矿山建设工程来说，其施工组织设计（包括施工方案）对创造性劳动的要求相当高，某些特殊的工程构造也需要创造性的施工劳动才能完成。施工阶段需要协调的内容体现为综合性和交叉性。既涉及直接参与工程建设的单位，还涉及不直接参与工程建设的单位。例如，设计与施工的协调，材料和设备供应与施工的协调，结构施工与安装和装修施工的协调，总包商与分包商的协调等；还可能需要协调与政府有关管理部门、工程毗邻单位之间的关系。实践中常常由于这些单位和部门之间的关系未协调一致，而造成建设工程的施工不能顺利进行，直接影响施工进度。

5.3.3.1 会议协调法

会议协调法是矿山建设工程中最常用的一种协调方法，实践中常用的会议协调法包括调度例会、技术专题会和现场调度会等。

（1）调度例会。由建设方主持召开的协调会，是基建矿山维持正常建设的基本会议，是综合性的协调会，要求建设方、承包方和监理方负责人必须参加，参加的人员比较固定。每天早班前召开，汇报上一日建设过程中存在的问题，安排当天生产计划。在此基础上扩展有周、月调度例会。这个会议非常重要，是企业管理能力的综合体现，时间短、信息量大，一般都制定有调度会议管理制度。

（2）技术专题会。由建设方主管副总主持召开，以解决专项问题而召开的会议，如设计方案变更、设计交底、计划安排发布等，参加单位主要为问题相关方。定期或不定期召开，会后形成会议纪要。

（3）现场调度会。针对建设过程中存在的问题，需要及时和现场解决的、在工地召开的专项问题会议，由建设方主管副总主持，问题相关方参加，会后形成会议纪要。现场调度会方式可以促进问题的高效解决，防止互相推诿。

5.3.3.2 交谈协调法

在实践中，并不是所有问题都需要开会来解决，有时可采用"交谈"这一方法。交谈包括面对面的交谈和电话交谈两种形式。

无论是内部协调还是外部协调，交谈协调法使用频率都是相当高的。其作用在于：

（1）保持信息畅通。虽然交谈本身没有合同效力，但其具有方便性和及时性，所以建设工程参与各方之间都愿意采用这一方法进行协调。

（2）寻求协作和帮助。在寻求别人帮助和协作时，往往要及时了解对方的反应和意见，以便采取相应的对策。另外，相对于书面寻求协作，人们更难于拒绝面对面的请求。因此，采用交谈方式请求协作和帮助比采用书面方法实现的可能性要大。

（3）及时发布工程指令。一般都采用交谈方式先发布口头指令，这样，一方面可以使对方及时地执行指令，另一方面可以和对方进行交流，了解对方是否正确理解了指令。随后再以书面形式加以确认。

5.3.3.3 书面协调法

当会议或者交谈不方便或不需要时，或者需要精确地表达自己的意见时，就会用到书面协调的方法。书面协调方法的特点是具有合同效力，一般常用于以下几方面：

（1）不需双方直接交流的书面报告、报表、指令和通知等。

（2）需要以书面形式向各方提供详细信息和情况通报的报告、信函和备忘录等。

（3）事后对会议记录、交谈内容或口头指令的书面确认。

5.3.3.4 访问协调法

访问法主要用于外部协调中，有走访和邀访两种形式。走访是指在建设工程施工前或施工过程中，对与工程施工有关的各政府部门、公共事业机构、新闻媒介或工程毗邻单位等进行访问，向他们解释工程的情况，了解他们的意见。邀访是指邀请上述各单位代表到施工现场对工程进行指导性巡视，了解现场工作。因为在多数情况下，这些有关方面并不了解工程，不清楚现场的实际情况，如果进行一些不恰当的干预，会对工程产生不利影响。这个时候，采用访问法可能是一个相当有效的协调方法。

5.3.3.5 情况介绍法

情况介绍法通常是与其他协调方法紧密结合在一起的，它可能是在一次会议前，或是一次交谈前，或是一次走访或邀访前向对方进行的情况介绍。形式上主要是口头的，有时也伴有书面的。介绍往往作为其他协调的引导，目的是使别人首先了解情况。

组织协调是一种管理艺术和技巧，协调管理人员要掌握领导科学、心理学、行为科学方面的知识和技能，如激励、交际、表扬和批评的艺术，开会的艺术，谈话的艺术，谈判的技巧等，为矿山建设创造和谐高效的工作环境。

5.3.4 参考实例

某铁矿生产建设调度指挥管理规定

为加强我矿生产建设的日常管理，强化调度指挥功能，充分发挥调度室在日常生产建设中的龙头作用，特制订本规定。

一、总则

第一条 本规定是为适应我矿生产建设的需要，强化调度指挥功能，规范管理而制定。

第二条 本规定的内容包括：日常调度、指挥制度；重点工程日常管理制度；生产建设进展的班、日汇报制度；事故及灾害发生情况报告制度；事故及灾害抢救调度制度；生产建设调度例会制度；领导交办及调度指令完成情况考核制度。

二、日常调度指挥工作

第一条 根据矿下达的年、季、月生产计划，分解并下达周、日生产计划；根据周、日生产计划提出完成计划的措施。

第二条 深入现场，了解检查计划工作的落实情况，并根据需要及时调整计划及工作重点。

第三条 掌握和了解生产建设工作动态，发现和处理生产建设中出现的问题，确保生产建设的正常进行。

第四条 及时做好协调工作，协调好各施工单位与井区，科室及其监理公司之间的工作关系，以及各井区与科室之间的工作关系。

第五条 组织好风、水、电供应，确保通信畅通，做好后勤保障工作。

第六条 督促落实急需材料、备件的供应工作，满足生产建设的需要。

第七条 组织召开专门会议，协调解决生产、建设中出现的重大技术及其他问题。

三、重点工程（包括重点工作）日常管理制度

第一条 安排重点工程（包括重点工作）的周、日工作计划，落实重点工程的完成时间。

第二条 协调好重点工程与日常生产、建设工作的关系，解决重点工程与日常生产、建设工作的矛盾。

第三条　了解、掌握重点工程的进展情况，及时采取有效措施，保证重点工程计划顺利完成。

第四条　召开专题会议，解决制约重点工程计划完成的重大、关键性问题，提出解决问题的措施，并检查督促落实。

四、生产建设进展情况的日常汇报制度

第一条　生产建设进度情况日常汇报的内容：

（1）班、日的作业计划完成情况；

（2）重点工程进展情况，重点工作完成情况；

（3）工程质量；

（4）带矿的产量、质量；

（5）设备运转情况；

（6）产品外销情况；

（7）职工出勤情况；

（8）安全文明生产情况；

（9）有关技术经济指标完成情况：

（10）其他。

第二条　各井区、车间，各施工单位，各班必须如实向值班调度汇报当班生产建设进展情况。

第三条　调度室必须按要求向上级领导机关汇报全矿生产、建设进展情况。

第四条　调度必须认真填写调度台账，统计好生产、建设进展情况。

第五条　调度每日早8时前完成日生产、建设进度报表；每周二早8时前完成周生产、建设进度报表，全面反映生产、建设情况。

第六条　根据要求对某一项工程或工作进行口头或书面汇报。

五、事故及灾害发生情况报告

第一条　事故和灾害包括：

（1）人身伤亡事故；

（2）设备事故；

（3）重大未遂事故；

（4）交通安全事故；

（5）火灾事故；

（6）不可抗力灾害性事故。

第二条　事故及灾害发生或发现后，当事人必须在十五分钟内将事故及灾害发生或发现情况报调度室，汇报的内容为：

（1）事故发生的初步性质；

（2）事故发生的时间地点；

（3）事故的恶劣程度；

（4）事故的抢救和采取的措施；

（5）需要其他帮助解决的问题。

第三条　调度室要将所汇报的情况详细记录，并根据要求及时汇报给有关部门领导和上级主管单位：

（1）一般事故向有关科室、调度主任、主管矿长汇报；

（2）轻伤以上伤亡事故、重大设备事故、重大未遂事故、各类灾害，除向矿有关部门、领导汇报外，还应向上级公司有关处室汇报。

六、事故及灾害抢救和调度指挥制度

第一条　事故及灾害发生后，调度室自动转化为抢险救灾调度指挥中心，直接指挥抢救工作；根据需要可及时调动全矿所有力量满足抢险需要。

第二条　各单位、部门应严格按要求做好抢救工作。

第三条　对主管领导发布的抢险命令认真组织落实。

七、生产、建设调度例会制度

第一条　生产、建设调度例会的内容包括：

（1）有关上月生产建设工作总结暨下月生产建设任务，安排的月计划例会；

（2）周生产、建设调度例会，日生产、建设调度例会；

（3）生产、建设专题调度会。

第二条　生产、建设调度例会召开的时间：

（1）月末生产、建设工作总结暨下月生产计划安排的月例会召开的时间为每月25日至30日；

（2）周生产、建设调度例会召开的时间为每周二早8时整；

（3）每日生产、建设调度例会召开的时间为每日早8时整；

（4）生产、建设专题调度例会召开时间根据需要确定。

第三条　生产、建设调度例会总结的内容包括：生产、建设任务完成情况，重点工程计划完成情况，设备运转情况，产品质量情况，产品外销情况，安全工作情况，设备、备件、材料、物质供应情况，领导交办任务和调度指令执行情况。

第四条　生产、建设调度例会的程序：

（1）调度室全面总结、生产、建设及安全等情况；

（2）监理公司或地测科总结质量情况；

（3）技术计划科下达生产、建设计划和重点工程计划；

（4）各施工单位、井区总结各自的生产、建设任务完成情况及为完成下一步计划准备采取的措施，需矿有关部门解决的问题；

（5）各有关科室提出要求并答复解决与本部门相关的问题；

（6）调度室根据生产、建设需要对各单位所提出的问题通过指定责任人，指定完成时间的方法落实到各有关单位；

（7）矿领导根据生产、建设情况安排工作。

八、领导交办工作和调度指令完成情况的考核制度

第一条　领导交办工作是领导在调度例会上、其他会议中或通过调度室安排的工作。

第二条　调度指令是调度指挥根据生产、建设的需要所下达的指令或安排的工作。

第三条　领导交办工作和调度指令必须按时保质保量完成，调度室应随时督促、检查；各单位必须及时向调度室汇报完成领导交办工作和调度指令的进展情况，完成后及时将完成情况反馈给调度室。

第四条　调度室要认真记录完成领导交办工作和调度指令执行情况，每月公布各单位调度指令完成情况。

第五条　对无充分原因未完成领导交办工作和调度指令的单位和个人，由调度室向矿经营承包考核小组提交处罚通知，一次完不成扣单位领导300元，两次完不成扣单位领导者600元，三次完不成建议主管领导采取行政措施。

第六条　对较好完成领导交办工作和调度指令的单位和个人，向矿建议给予奖励。

5.4　工期考核

工期考核是工期管理的重要组成部分，是保证矿山建设工程按期投产的重要手段，本节将简述工期考核的必要性、变化因素、控制方法、合同执行等。

5.4.1　工期考核的必要性

工期考核的必要性为：

（1）工期考核是矿山建设施工中投资、进度和质量三大控制的重要组成部分，彼此相辅相成、相互制约。

（2）工期考核是确保计划按时完成的必要手段，是保证矿山各项建设活动高效顺利进行的基础。

（3）工期考核为矿山建设控制投资、合理投资创造条件。

5.4.2　工期变化的因素

在建设工程计划阶段所确定的工期目标，往往是综合考虑了各方面因素而确定的合理工期。因此，时间上的任何变化，无论是进度拖延还是超前，都可能造成其他目标的失控，必须严格进行控制，使其在计划偏差的范围内。造成工期变化的原因非常复杂，对此要有清楚的认识，以便为后续处理创造条件。

影响工期变化的因素有：

（1）工程建设相关单位的影响。影响矿山建设施工进度的单位不只是施工承包单位。事实上，只要是与工程建设有关的单位（如政府有关部门、业主、设计单位、物资供应单位、资金贷款单位，以及运输、通信、供电部门等），其工作进度的拖后必将对施工进度产生影响。因此，控制施工进度仅仅考虑施工承包单位是不够的。而对于那些无法进行协调控制的相关因素，在进度计划的安排中应留有足够的机动时间。

（2）物资供应进度的影响。施工过程中需要的材料、构配件、机具和设备等如果不能按期运抵施工现场，或者运抵施工现场后发现其质量不符合有关标准的要求，都会对施工进度产生影响。

（3）资金的影响。工程施工的顺利进行必须有足够的资金作保障，一般来说，资金的影响主要来自业主，或者是由于没有及时给足工程预付款，或者是由于拖欠了工程进度款，这些都会影响到承包单位流动资金的周转，进而殃及施工进度。

（4）设计变更的影响。在施工过程中，出现设计变更是难免的，可能是由于原设计有问题需要修改，或者是由于建设方提出了新的要求。无论何种原因产生的变更，都要慎重考虑。

（5）施工条件的影响。在施工过程中，一旦遇到气候、水文、地质及周围环境等方面的不利因素，必然会影响到施工进度。此时，应充分调动承包单位的积极性，利用自身的技术组织能力予以克服。甲方和监理公司等要积极协助承包单位解决那些自身不能解决的问题。

（6）各种风险因素的影响。风险因素包括政治、经济、技术及自然等方面的各种因素。政治方面的有战争、内乱、罢工等；经济方面的有延迟付款、通货膨胀、分包单位违约等；技术方面的有工程事故、试验失败、标准变化等；自然方面的有地震、洪水、极端天气等。必须对各种风险因素进行分析，提出控制风险、减少风险损失及施工进度影响的措施，并对发生的风险事件给予恰当的处理。

（7）承包单位自身管理水平的影响。施工现场的情况千变万化，如果承包单位的施工方案不当，计划不周，管理不善，解决问题不及时等，都会影响工程项目的施工进度。

上述各种因素的影响使得矿山建设工期必然发生变化，进而带来投资的变化，所以工期考核显得尤为重要。通过工期考核和管理，使得参加建设单位都能够积极处理以上可能发生的问题，确保矿山建设工期可控。

5.4.3　工期控制措施

进行工期控制的措施有：

（1）及时准确掌握工程实际进展情况。这主要包括：

1）承包单位要及时准确地向建设方和监理单位提供进度报表资料。报表的内容根据施工对象及承包方式的不同而有所区别，但一般应包括工作的开始时间、完成时间、持续时间、逻辑关系、实物工程量和工作量等。

2）建设方和监理单位相关人员应现场跟踪检查建设工程的实际进展情况。为了避免施工承包单位超报已完工程量，建设方和监理人员应进行现场实地检查和监督。检查的周期视建设工程的类型、规模及施工现场的条件等多方面的因素而定。可以每月或每半月检查一次，也可每旬或每周检查一次。如果在某一施工阶段出现较严重的影响工期的情况时，甚至需要每天检查。

（2）及时调整施工进度计划。通过检查分析，如果进度偏差比较小，应在分析其产生原因的基础上采取有效措施，解决矛盾，排除障碍，继续执行原进度计划。如果经过努力，确实不能按原计划实现时，应及时考虑对原计划进行必要的调整，即适当延长工期。计划的调整一般是不可避免的，但应当慎重，尽量减少变更计划性的调整。

实际施工过程中，由于受到外界环境条件、人为条件、现场情况等的限制，经常出现与承包人开工前编制施工进度计划时预计的施工条件有出入的情况，导致实际施工进度与计划进度不符。建设方和监理公司要及时通知承包人修改进度计划，以便更好地进行后续施工的协调管理。因承包人自身的原因造成工程实际进度滞后于计划进度，所有的后果都应由承包人自行承担。

5.4.4　工程延期的申报与审批

5.4.4.1　申报工程延期的条件

由于以下原因导致工程拖期，承包单位有权提出延长工期的申请，应按合同规定，批准工程延期时间：

（1）发出工程变更指令而导致工程量增加。

（2）合同所涉及的任何可能造成工程延期的原因，如延期交图、工程暂停等，对合格工程的剥离检查及不利的外界条件等。

（3）异常恶劣的气候条件。

（4）由业主造成的任何延误、干扰或障碍，如未及时提供施工场地、未及时付款等。

（5）除承包单位自身以外的其他任何原因。

5.4.4.2　审批工程延期时应遵循的原则

（1）合同条件：工程延期必须符合合同条件。也就是说导致工期拖延的原因确实属于承包单位自身以外的，否则不能批准为工程延期。这是审批工程延期的一条根本原则。

（2）影响工期：发生延期事件的工程部位，无论其是否处在施工进度计划的关键线路上，只有当所延长的时间超过其相应的总工时差而影响到工期时，才能批准工程延期。如果延期时间发生在非关键线路上，且延长的时间并未超过总工时差时，即使符合批准为工程延期的合同条件，也不能批准工程延期。应当说明，建设工程施工进度计划中的关键线路并非固定不变，它会随着工程的进展和情况的变化而转移。应以承包单位提交的、经建设单位审核后的施工进度计划为依据来决定是否批准工程延期。

（3）实际情况：批准的工程延期必须符合实际情况。为此，承包单位应对延期时间发生后的各类有关细节进行详细记载，并及时向建设方和监理工程师提交详细报告，与此同时，建设方和监理工程师也应对施工现场进行详细考察和分析，并做好有关记录，以便为合理确定工程延期时间提供可靠依据。

5.4.4.3　工程延误的处理

如果由于承包单位自身的原因造成工期拖延，而承包单位又未按照建设方和监理工程师的指令改变延期状态时，通常可以采用下列手段进行处理。

（1）拒绝签署付款凭证：当承包单位的施工进度滞后且又不采取措施时，建设方可以采取推后付款的手段制约承包单位。

（2）误期损失赔偿：误期损失赔偿是当承包单位未能按合同规定的工期完成合同范围内的工作时对其的处理。如果承包单位未能按合同约定的工期和条件完成整个工程，则应向建设单位支付投标书附件中规定的金额，作为该项违约的损失赔偿费。

（3）取消承包资格：如果承包单位严重违反合同，又不采取补救措施，建设单位为了保证合同工期，有权取消其承包资格。例如承包单位接到开工通知后，无正当理由推迟开工时间，或在施工过程中无任何理由要求延长工期，施工进度缓慢，又无视警告等，都有可能受到取消承包资格的处罚。取消承包资格是对承包单位违约的严厉制裁。因为建设单位一旦取消了承包单位的承包资格，承包单位不但要被驱逐出施工现场，而且还要承担由此造成的建设单位的损失费用。这种惩罚措施一般不轻易采用，而且在作出这项决定前，建设单位必须事先通知承包单位，并要求其在规定的期限内作好辩护准备。

5.4.5　工期的考核

进行工期考核时要注意以下问题：

（1）合同中对工期的描述要准确，既要有明确的开竣工日期，也要有工期时间长短。

在实际建设中，往往由于各种各样的原因，导致开工延后，而使以后工期管理形同虚设。

（2）工期是建立在工程量基础上的，要避免使用定性描述。准确描述该工程设计变更或其他因素增加工程量对工期的考核办法。

（3）对于已经延误的工期，要及时办理签证和工期分析，及时作出处理意见，以免时间长了人员变化、现场条件变化而带来争议。

（4）工期考核处理要及时通知乙方，合同付款进度要结合工期考核罚款，防止超付。

（5）建设方应加强管理，为工期考核创造条件。

工期考核不仅是对乙方的考核，同时也是甲方内部控制的重要指标，甲方要制定与乙一致的考核要求，以便目标一致，形成合力。实际工作中往往对自己比较宽松，对乙方严格，造成管理效果差。工期考核分析时，甲乙双方和监理都要参加，要公开公平公正，要及时处理。对建设初期工期延误的承包方必须如实按合同条款处理，否则以后执行起来会越来越困难。

工期考核是一件非常严肃的事情，要防止建设方和监理单位空口许诺，最好形成会议纪要，作为竣工结算的基本资料。

5.5 计划外工程

矿山建设工程的复杂性，决定了其计划外工程的产生是必然的，不断产生的计划外工程，严重影响矿山正常的建设活动。

5.5.1 计划外工程产生的原因和类型

计划外工程主要是由以下几个方面原因造成的：

（1）自然条件变化。矿山建设工程的复杂性决定了矿山建设过程中有许多不确定因素，如地质条件变化等，必须要对设计方案进行修改。

（2）技术进步带来的设计变更。科技发展，新技术、新工艺和新设备的应用促进了矿山建设水平的提高，需要修改设计。

（3）在建设过程中政府相关制度和标准的要求提高。如井下矿山安全验收新增的六大系统等。

（4）早期建设规划不全面，网络计划简单，招标或编制计划时缺项、漏项等。这些在实际建设过程中会逐渐暴露出来。或者规划中有，而当年计划中未安排，或当月计划中未安排而需要发生的工程，都是计划外工程。

（5）甲乙双方合同约定以外需要发生的工程，对乙方来讲也是计划外工程。

5.5.2 计划外工程对矿山正常建设的影响

计划外工程对矿山正常建设的影响主要体现在以下几个方面：

（1）计划外工程的出现扰乱了矿山正常建设的秩序，部分作业地点需要停工，有可能造成总工期延后和投资超概算。

（2）有可能造成建设方已经施工工程的报废或者材料设备的重新订购，造成投资损失并增加投资。

（3）涉及承包方由于停工造成误工赔偿。

（4）矿山建设的工作量增加，如设计修改、沟通协调等，较大的修改变更需要重新办理"准入或许可"手续，费用也要增加。

（5）有的计划外工程的出现，虽然对当前工期带来不利影响，长远上来看可以促进矿山建设越来越好，应鼓励和支持。

5.5.3　计划外工程的预防和应对

预防和减少计划外工程的措施主要有：

（1）提高设计质量是减少计划外工程的基础。设计方案是矿山建设的基础，完善而适用的设计可以很大程度上防止计划外工程的发生。为此应努力做到：

1）尊重技术人员的脑力劳动，为他们创造良好的工作和生活条件。设计人员的工作是创造性的劳动，他们要因时、因地根据实际情况解决具体的技术问题。体力劳动的时间是外在的、可以量度的，但脑力劳动的强度却是内在的、难以量度的。要鼓励他们设计出优秀的作品，为建设服务。

2）设计方案的确定，要经过多次不同范围、层次的审定，要做细致的调研和实验研究工作，设计方案的确定要慎重。

3）早发现、早优化，尽可能减少投资损失和对工期的影响。随着各阶段设计工作的进展，建设工程的范围、组成、功能、标准、结构形式等内容一步步明确，可以优化的内容越来越少，优化的限制条件却越来越多，在建设过程发现要优化的部位时，越早优化越好。

（2）编制切实可行的建设计划。为此，应努力做到：

1）要重视早期网络计划的编制，防止将网络计划狭隘地理解为施工进度计划的模糊认识。改变工程建设早期由于资料详细程度不够且可变因素很多而无法编制网络计划的错误观念。工程建设早期所编制总进度计划不可能也没有必要达到承包商施工进度计划的详细程度，但也应达到一定的深度和细度，而且应当掌握"远粗近细"的原则。越早进行控制，进度控制的效果越好。

2）详尽而可行的计划编制过程可以提早发现设计和管理的问题。计划是对实现总目标的方法、措施和过程的组织和安排，是建设工程实施的依据和指南。计划不仅是对目标的实施，也是对目标的进一步论证。

（3）加强有关矿山建设制度和标准的学习。为此，应努力做到：

1）近年来在矿山建设和生产管理上，国家对安全、环保、节能减排和职业卫生等方面的要求越来越高，标准也在不断修订，作为矿山建设单位要及时了解并认真执行。

2）矿山的管理者要高度重视，在实际工作中有的单位往往只注重眼前的进度和利益，而忽视对制度的执行。等到后期验收或被发现，不仅被处罚，还得重新施工，效果更差。

（4）制定内部计划外工程管理办法。在矿山建设过程中，计划外工程必不可少，与其在其发生或出现时临时应对，不如制定计划外工程管理办法，进行积极应对，做到：

1）通过制定管理办法，增强对计划外工程的认识，可以从系统上做好计划外的管理工作。

2）可以制度化、规范化地处理计划外带来的后续和遗留问题，如设计计划沟通问题、投资控制和合同条款的使用等。

3）防止人为出现计划外工程。有的单位由于各种原因，有时故意发生计划外工程；而有的施工单位也愿意发生计划外工程，制度可以有效地遏制这种现象。

（5）将计划外工程及时纳入计划内管理。计划外工程是矿山建设工程的一部分，应及时将计划外工程纳入计划内管理，在此基础上重新核定并修改总工期计划，并制定对应措施，保证矿山建设顺利进行。

5.5.4 参考实例

某铁矿零星工程管理暂行规定

为搞好我矿基本建设，合理利用和节约建设资金，加强零星工程管理，特制定本规定。

一、零星工程

零星工程是指《某铁矿建设实施方案》中未列项目和资金，也未在年度基本建设计划中补充列入的，但因客观需要必须进行的各种小型建安工程，如生活设施的完善，供水、供电设施的维护和抢修、塌方冒顶的处理等。

二、项目的确定

（1）各部门对本单位需建的零星工程项目提出书面申请，由矿主管领导同意，报技术计划部进行可行性研究和经济分析，确认该项目的必要性后，由技术计划部上报上级公司批准立项列入基本建设计划。书面申请应包括工程名称、工程内容及建设的理由、重要性等内容。

（2）对于具有抢修、抢建性质来不及立项的小型工程项目和零星用工，实施单位应经主管领导同意后，属工业场区范围的由调度室负责，属生活区范围的由工程管理部负责，根据实际需要，本着节约、合理、及时的原则拟订方案和安排施工，并同时做好书面施工方案、工程施工记录，以作为竣工验收和结算的依据。项目开工后必须及时报技术计划部备案。

三、施工管理

（1）已立项的小型工程，按矿有关规定由工程管理部负责通过招标或邀标方式确定施工队伍，工程施工现场管理原则上由工程管理部负责，对于专业性较强的设备电气安装内容，设备部应提供有关专业技术人员协助工程管理部工作。

（2）未立项的小型抢修、维修工程及使用零工的施工管理由工程归口部门负责，做好施工记录和现场签证，并及时与工程管理部、调度室联系沟通。

四、竣工验收

（1）已立项的小型工程，由工程管理部门组织使用部门、专业职能部门和部门主管领导，在工业场区的还应有调度室、地测部参加，会同施工单位进行验收。

（2）未立项的小型工程，生活区的由工程管理部组织，工业场区的由调度室组织使用部门及现场管理人员和施工单位参加验收。

五、工程结算

由施工单位依据竣工图、竣工报告、竣工验收手续、工程承包合同等编制工程结算书一式四份，报工程管理部审批。

六、其他规定

（1）对于各类小型建安、维修项目和临时用工，凡我矿有施工能力和人员安排的，一律不得外委。

（2）竣工验收的程序应按各级有关规定严格办理，出据完整的工程竣工验收资料，据以结算和及时归档。对于手续资料不全者，工程管理部不予结算。

（3）对于违反本规定擅自开工和擅自外委的工程项目，工程管理部一律不予结算，费用由责任部门自行承担，并追究其领导责任。

5.6　基建计划

矿山建设活动以计划为基础，建设过程就是落实计划的过程，计划在矿山建设过程中起着龙头作用，是矿山建设工期管理的基础。

矿山建设是一个复杂的系统工程，有多个子系统。根据矿山建设的不同时期，矿山建设计划有前期工作计划、总进度计划等，而总进度计划又包括工程施工计划、物资供应计划和资金使用计划等，在此基础上根据实施的不同时期分为年计划、季计划、月度计划和专项工程计划等。矿山建设总进度计划是核心计划，是其他计划编制的基础。

5.6.1　总进度计划

矿山建设项目总进度计划是指初步设计被批准后，在编制年度计划之前，根据初步设计对矿山建设从设计、施工准备至竣工投产全过程的统一部署而编制的，有时被称为矿山建设规划或基本建设计划。其主要目的是统筹安排各单位工程的建设进度，合理分配年度投资，严密组织各方面的协作，保证初步设计所确定的各项建设任务的完成。矿山建设总进度计划对于保证矿山建设的连续性，增强工程建设的预见性，确保矿山按时投产等具有非常重要的意义。矿山建设总进度计划是编报矿山建设年度计划的依据，包括文字和表格两部分。

文字部分：说明矿山建设的概况和特点，安排建设总进度的原则和依据，建设投资来源和资金年度安排情况，技术设计、施工图设计、设备交付和施工队伍进场时间的安排，道路、供电、供水等方面的协作配合及进度的衔接，计划中存在的主要问题及采取的措施，需要上级及有关部门解决的重大问题等。

表格部分包括：

（1）工程项目一览表：将初步设计中确定的建设内容，按照单位工程归类并编号，明确其建设内容和投资额，以便各部门按统一的口径确定工程项目投资额，并以此为依据对其进行管理。

（2）矿山建设总进度计划：是根据初步设计中确定的建设工期和工艺流程，具体安排单位工程的开工日期和竣工日期。

（3）投资计划年度分配表：是根据矿山建设总进度计划安排各个年度的投资，以便预测各个年度的投资规模，为筹集建设资金或与银行签订借款合同及制定分年用款计划提供依据。

（4）矿山建设进度平衡表：矿山建设进度平衡表用来明确各种设计文件交付日期、主要设备交货日期、施工单位进场日期、水电及道路接通日期等，以保证工程建设中各个环节相互衔接，确保工程项目按期投产或交付使用。

5.6.2 总进度计划的表示方法

矿山建设总进度计划的表示方法有多种，常用的有横道图和网络图两种。

5.6.2.1 横道图

横道图也称甘特图，是美国人甘特（Gantt）在 20 世纪 20 年代提出的。由于其形象、直观且易于编制和理解，因而长期以来被广泛应用于建设工程进度控制之中。但是利用横道图表示工程进度计划也有许多缺点，如：

（1）不能明确地反映出各项工作之间错综复杂的相互关系，因而在计划执行过程中，当某些工作的进度由于某种原因提前或拖延时，不便于分析其对其他工作及总工期的影响程度，不利于建设工程进度的动态控制。

（2）不能明确地反映出影响工期的关键工作和关键线路，也就无法反映出整个工程项目的关键所在，因而不便于进度控制人员抓住主要矛盾。

（3）不能反映出工作所具有的机动时间，看不到计划的潜力所在，无法进行最合理的组织和指挥。

（4）不能反映工程费用与工期之间的关系，因而不便于缩短工期和降低工程成本。

由于横道图计划存在上述不足，给建设工程进度控制工作带来许多不便。特别是当工程项目规模大、工艺关系复杂时，横道图就很难充分暴露矛盾。因此，使用横道图编制工程进度计划有较大的局限性。

5.6.2.2 网络图

网络计划技术自 20 世纪 50 年代末诞生以来，已得到迅速发展和广泛应用，其种类也越来越多。但总的说来，网络计划可分为确定型和非确定型两类。如果网络计划中各项工作及其持续时间和各工作之间的相互关系都是确定的，就是确定型网络计划，否则属于非确定型网络计划。矿山建设工程计划编制主要应用确定型网络计划。国内外实践证明，网络计划技术是用于控制建设工程进度的最有效工具。无论是建设工程设计阶段的进度控制，还是施工阶段的进度控制，均可使用网络计划技术。对于确定型网络计划来说，除了普通的双代号网络计划和单代号网络计划以外，还根据工程实际的需要，派生出下列几种网络计划：

（1）时标网络计划：是以时间坐标为尺度表示工作进度安排的网络计划，其主要特点是计划时间直观明了。

（2）搭接网络计划：是可以表示计划中各项工作之间搭接关系的网络计划，其主要特点是计划图形简单。常用的搭接网络计划是单代号搭接网络计划。

（3）有时限的网络计划：是指能够体现由于外界因素的影响而对工作计划时间安排有限制的网络计划。

（4）多级网络计划：是一个由若干个处于不同层次且相互间有关联的网络计划组成的系统，它主要适用于大中型和复杂矿山建设项目，用来解决工程进度中的综合平衡问题。

5.6.2.3 网络计划的特点

利用网络计划控制建设工程进度，可以弥补横道计划的许多不足。与横道图计划相比，网络计划具有以下主要特点：

（1）网络计划能够明确表达各项工作之间的逻辑关系。对于分析各项工作之间的相互影响及处理它们之间的协作关系具有非常重要的意义，同时也是网络计划比横道图计划先进的主要特征。

（2）通过网络计划时间参数的计算，可以找出关键线路和关键工作。关键线路是指在网络计划中从起点节点开始，沿箭线方向通过一系列箭线与节点，最后到达终点节点为止所形成的通路上所有工作持续时间总和最大的线路。关键线路上各项工作持续时间总和即为网络计划的工期，关键线路上的工作就是关键工作，关键工作的进度将直接影响到网络计划的工期。通过时间参数的计算，能够明确网络计划中的关键线路和关键工作，也就明确了工程进度控制中的工作重点，这对提高建设工程进度控制的效果具有非常重要的意义。

（3）通过网络计划时间参数的计算，可以明确各项工作的机动时间。除关键工作外，其他各项工作均有富余时间。这种富余时间可视为一种"潜力"，既可以用来支援关键工作，也可以用来优化网络计划，降低单位时间资源需求量。

（4）网络计划可以利用电子计算机进行计算、优化和调整。对进度计划进行优化和调整是工程进度控制工作中的一项重要内容。如果仅靠手工进行计算、优化和调整是非常困难的，必须借助于电子计算机。而且由于影响建设工程进度的因素有很多，只有利用电子计算机进行进度计划的优化和调整，才能适应实际变化的要求。网络计划就是这样一种模型，它能方便进度控制人员利用电子计算机对工程进度计划进行计算、优化和调整。正是由于网络计划的这一特点，使其成为最有效的进度控制方法，从而受到普遍重视。不足的是网络计划不能像横道图那样直接明显地表现问题。

5.6.3 使用网络图编制总进度计划

当应用网络计划技术编制建设工程进度计划时，其编制程序如下。

5.6.3.1 计划准备阶段

A 调查研究

调查研究的目的是为了掌握充分、准确的资料，从而为确定合理的进度目标、编制科学的进度计划提供可取依据。

调查研究的内容包括：

（1）工程任务情况、实施条件、设计资料；

（2）有关标准、定额、规程、制度；

（3）资源需求与供应情况；

（4）资金需求与供应情况；

（5）有关统计资料、经验总结及历史资料等。

调查研究的方法有：

（1）实际观察、测算、询问；

（2）会议调查；

（3）资料检索；

（4）分析预测等。

B 确定网络计划目标

网络计划的目标由工程项目的目标所决定，一般可分为以下三类：

（1）时间目标：即工期目标，是指建设工程合同中规定的工期或有关主管部门要求的工期。工期目标的确定应以建筑设计周期定额和建筑安装工程工期定额为依据，同时充分考虑类似工程实际进展情况、气候条件以及工程难易程度和建设条件的落实情况等因素。

（2）时间－资源目标：资源是指在工程建设过程中所需要投入的劳动力、原材料及施工机具等。在一般情况下，时间－资源目标分为两类，一类是资源有限，工期最短，即在一种或几种资源供应能力有限的情况下，寻求工期最短的计划安排；另外一类是工期固定，资源均衡，即在工期固定的前提下，寻求资源需用量尽可能均衡的计划安排。

（3）时间－成本目标，是指以限定工期寻求最低成本或寻求最低成本时的工期安排。

5.6.3.2 绘制网络图阶段

绘制网络图阶段主要进行以下工作：

（1）进行项目分解：将工程项目由粗到细进行分解，是编制网络计划的前提。如何进行工程项目的分解，工作划分的粗细程度如何，将直接影响到网络图的结构。对于控制性网络计划，其工作划分得相对粗一些，而对于实施性网络计划，工作应划分得细一些。工作划分的粗细程度，应根据实际需要来确定。

（2）分析逻辑关系：分析各项工作之间的逻辑关系时，既要考虑施工程序或工艺技术过程，又要考虑组织安排或资源调配需要。对施工进度计划而言，分析其工作之间的逻辑关系时，应考虑：

1）施工工艺的要求；

2）施工方法和施工机械的要求；

3）施工组织的要求；

4）施工质量的要求；

5）当地的气候条件；

6）安全技术的要求。

（3）绘制网络图：根据已确定的逻辑关系，即可按绘图规则绘制网络图。既可以绘制单代号网络图，也可以绘制双代号网络图。还可根据需要，绘制双代号时标网络计划。

5.6.3.3 计算时间参数及确定关键线路阶段

这一阶段主要进行以下工作：

（1）计算工作持续时间：工作持续时间是指完成该工作（工程）所花费的时间。其计算方法有多种，既可以凭以往的经验进行估算，也可以通过试验推算。当有定额可用时，还可利用时间定额或产量定额并考虑工作面及合理的劳动组织进行计算。

时间定额是指某种专业的工人班组或个人，在合理的劳动组织与合理使用材料的条件下，完成符合质量要求的单位产品所必需的工作时间，包括准备与结束时间、基本生产时间、辅助生产时间、不可避免的中断时间及工人必需的休息时间。

产量定额是指在合理的劳动组织与合理使用材料的条件下，某种专业、某种技术等级的工人班组或个人，在单位工日中应完成的质量合格的产品数量。产量定额与时间定额成反比，二者互为倒数。

（2）计算网络计划时间参数：网络计划时间参数一般包括：工作最早开始时间、工作最早完成时间、工作最迟开始时间、工作最迟完成时间、工作总时差、工作自由时差、节点最早时间、节点最迟时间、相邻两项工作之间的时间间隔、计算工期等。应根据网络计划的类型及其使用要求选算上述时间参数。网络计划时间参数的计算方法有：图上计算法、表上计算法、公式法等。

（3）确定关键线路和关键工作：在计算网络计划时间参数的基础上，便可根据有关时间参数确定网络计划中的关键线路和关键工作。

5.6.3.4　确定网络计划

这一阶段主要进行以下工作：

（1）优化网络计划：当初始网络计划的工期满足所要求的工期，资源需求量能得到满足而无需进行网络优化时，初始网络计划即可作为正式的网络计划。否则，需要对初始网络计划进行优化。根据所追求的目标不同，网络计划的优化包括工期优化、费用优化和资源优化三种。应根据工程的实际需要进行优化。

（2）编制网络计划说明书：网络计划说明书的内容应包括：编制原则和依据，主要计划指标一览表，执行计划的关键问题，需要解决的主要问题及其主要措施，以及其他需要说明的问题。

5.6.4　计划的监测与跟踪

计划的执行过程中需要经常地、定期地对计划的执行情况进行跟踪检查，发现问题后，要及时采取措施加以解决。这一过程中要注意解决以下问题：

（1）实际进度数据获得方法：

1）要求完成单位按规定时间填写进度报表，及时掌握进度信息。

2）计划管理人员要深入现场掌握工程实际进度的第一手资料，使获取的数据更加及时、准确。

3）定期召开现场会议，从不同方面了解施工进度信息，解决协调施工过程中存在的问题。

（2）实际进度数据的加工处理。为了进行实际进度与计划进度的比较，必须对收集到的实际进度数据进行加工处理，形成与计划进度具有可比性的数据。例如，对检查时段实际完成工作量的进度数据进行整理、统计和分析，确定本期累计完成的工作量、本期已完成的工作量占计划总工作日的百分比等。

（3）实际进度与计划进度的对比分析。将实际进度数据与计划进度数据进行比较，可以确定建设工程实际执行状况与计划目标之间的差距。从而得出实际进度比计划进度超前，滞后还是一致的结论。

5.6.5　计划的调整

在矿山建设计划执行过程中，一旦发现实际进度偏离计划进度，必须认真分析产生的原因及其对后续工作和总工期的影响，必要时采取合理、有效的进度计划调整措施，确保进度总目标的实现。具体做法如下：

（1）分析进度偏差产生的原因：通过实际进度与计划进度的比较，发现进度偏差时，为了采取有效措施调整进度计划，必须深入现场进行调查，分析产生进度偏差的原因。

（2）分析进度偏差对后续工作和总工期的影响。分析进度偏差对后续工作和总工期的影响程度，以确定是否应采取措施调整进度计划。

（3）确定后续工作和总工期的限制条件。当出现的进度偏差影响到后续工作或总工期而需要采取进度调整措施时，应当首先确定可调整进度的范围，主要指关键节点、后续工作的限制条件以及总工期允许变化的范围，这些限制条件往往与合同条件有关，需要认真分析后确定。

（4）采取措施调整进度计划。采取进度调整措施，应以后续工作和总工期的限制条件为依据，确保要求的进度目标得到实现。

（5）实施调整后的进度计划。进度计划调整之后，应采取相应的组织、经济、技术措施并能够严格执行，并继续监测其执行情况。

5.6.6　细分计划编制和管理

5.6.6.1　计划细分的几种形式

在矿山建设过程中，总进度计划是纲领，需要细分为不同的时间段来落实，从区域上分解为不同的部位，从合同上落实到不同的施工单位，这样才能保证建设顺利进行。计划一般分为如下几种形式：

（1）年度计划：来源于总进度计划，要经过上级公司的审批，作为二级单位年度考核的基础，既定性也要定量。

（2）半年计划：以年计划为基础编制的计划，时间上为全年的一半，但是工作量受到气候、节假日等影响，上下半年作业量往往差别很大。

（3）季度计划：以年度和半年计划为基础编制，要求的准确性较高。

（4）月度计划：在季度计划的基础上编制，是对季度计划的落实，也对季度计划进行修订，在通常情况下是最小的时间计划单元。

（5）单项计划和重点工程：为了解决关键线路中严重影响工期的工程，通常还会下达单项计划。计划编制会更加周密，落实和考核上一般会制定特殊的措施和办法，是保证建设计划完成的有效手段。

5.6.6.2　计划编制的原则

计划能不能够执行，主要看计划是不是切合实际，编制计划不能够主观臆断，随心所欲。在计划编制过程中要坚持以下原则：

（1）要有明确计划目标，要以完成总进度计划指标为基础，根据变化的情况不断修订计划指标。

（2）要深入实际了解情况。不能闭门造车，纸上谈兵。要与施工单位和监理公司相结合，更要深入现场了解施工因素的变化对工程的影响，情况变化较大时，在计划编制时要予以考虑，但是在总体上要可控。

（3）要确保计划的全面性。考虑问题要全面，合同、图纸上没有考虑到，但实际肯定要发生的事项也要计划在内。不能丢项、落项，防止计划外工程的发生。

（4）要确保计划的系统性。要理顺工程发生的先后顺序，使各项子工程紧密地结合在一起，减少相互矛盾，做好过程分析。

（5）要确保计划留有余地。既要保证计划指标的先进性，又要结合实际，不能好大喜功，冒险冒进，这可能带来安全风险，也会在任务不完成时挫伤工作人员的信心和热情。

5.6.6.3 各系统、各部门都要参加计划编制

计划编制工作需要各系统、各部门共同参与，计划的编制过程也是各系统明确任务，理清自己责任的过程。要纠正以下错误认识：

(1) 计划编制是技术计划部门的事，编好了其他部门执行就是了；

(2) 只关心自己部门和系统的计划，而不关心其他部门的计划；

(3) 计划编制是计划员的事，领导知道就行了不用参与。

5.6.6.4 计划下发前需要解读和说明

计划的编制过程参与人员有限，参与计划编制的人清楚，没有参与的人不一定清楚，部门之间也如此。有些单位计划的编制和落实由不同的人来完成。所以计划编制完成后要解读和说明，其优点在于：

(1) 广而告之有利于计划的落实；

(2) 明确重点和难点，使大家及早采取措施和对策；

(3) 对计划目标容易形成共识；

(4) 有利于考核，防止奖罚时出现纠纷。

5.6.6.5 计划的审批程序

严格的计划审批程序是保证计划质量的必要手段，每个参与计划编制的人和不同级别的管理人员对计划目标有不同的看法，在计划编制中应得到体现，所以要严格计划汇报和审批程序。这是实现计划完整性和严肃性的要求。

5.6.6.6 计划修订和动态控制

计划赶不上变化，矿山建设更是如此。所以在计划执行过程中往往因为这样或那样的原因而导致计划不能够完成，考核可能会影响相关人员的经济利益。因此要制定基建矿山计划运行管理办法，其中要明确计划修订的条件和要求，这也是实现计划动态控制和事中控制的办法。

5.6.6.7 计划的考核和管理

计划的编制、落实和考核，是计划运行的闭环，没有了考核的计划不可能得到落实。

(1) 计划考核要与合同结合起来，以合同为基础，实现甲乙双方的相互尊重。

(2) 计划考核要公开、公平、公正，避免人为操作。

(3) 计划考核要制定考核办法，避免领导说了算。

(4) 计划考核及时，不要拖拉，奖罚要兑现，防止干打雷不下雨。

5.6.7 参考实例

某公司生产计划考核管理办法

第一章 总 则

第一条 为确保公司基建、生产计划目标的实现，提高计划编制的准确率和执行率，充分发挥项目部在计划执行过程中的积极性，特制订本管理办法。

第二章 计划编制

第二条 计划编制原则以安全生产、高效生产为目的。效率指标以合同及公司下达的

年度计划为基础并适度调整，特殊部位根据现场实际情况以工程联系单形式重新确定。

第三条 生产技术部是计划编制的主管部门，在当月 24 日前，由生产技术部根据公司生产目标要求，确定各项目部及各车间的主要计划指标。各车间和项目部进行配合。

第四条 计划指令是公司在月度计划执行过程中为了解决具体问题而制定的单项生产计划，是保证计划正常运行的必要措施，计划指令内容包括工程名称、工程内容和考核办法等。

第五条 技术业务联系单是生产计划的必要补充，主要内容包括设计变更、计划调整和有关报告批复，是保证计划顺利执行的手段。技术业务联系单应详细列明项目部、工程内容、工程量、安全措施、施工工期等。

第六条 重点工程是指某一时间段内必须完成的重要工程。

第三章 相关部室职责

第七条 服务职能：及时解决生产过程中的技术问题，确定技术方案，为生产顺利进行提供技术支撑。

第八条 监督和管理职能：经常深入现场了解生产实际，进行分析比较，对执行过程中存在的问题进行沟通，并督促改正。通过调度会或技术专题会对重要计划指标进行总结，对重点工程执行情况进行阶段监督。

第四章 项目部职责

第九条 项目部主管技术（或生产）的副经理，在每月 18 日至 22 日期间要积极协助甲方相关部室进行现场确认及下月计划的编制工作。

第十条 严格按公司下发的月计划组织施工，确保重点工程的完成，确保计划指标的完成。

第十一条 在计划执行过程中，由于生产条件变化或生产单位本身以外的原因，对该单位的生产活动产生较大影响，致使原定计划难以完成，应进行计划调整。调整单位应及时写出书面申请，报生产技术部，由生产技术部组织相关处室进行确认，报公司主管领导批准后执行。

第五章 考核细则说明

第十二条 计划总量完成率：指每个项目部当月实际完成合格掘砌米数、掘砌方量、采出矿石量与计划掘进米数、掘砌方量、采出矿石量之比。计划总量完成率考核按掘砌和采矿分别进行。

第十三条 作业地点完成率：指每个项目部完成的当月计划中的独立施工项目个数与当月计划总独立施工项目数之比。

第十四条 作业地点启动率：指每个项目部按当月计划已实施的独立施工项目个数与总独立施工项目数量之比。

第十五条 重点工程要求主要作业内容完成率100%。计划指令按照指令要求考核。

第十六条 各项目部要严格按计划作业地点施工，计划外施工工程不予验收。

第六章 考核方式

第十七条 考核周期：月考核、月结算。

第十八条 考核依据：当月计划、计划变更、验收报表和单项验收单等。

第十九条 考核内容：计划总量完成率、作业地点完成率、作业地点启动率、重点工程和计划指令等。考核详细内容见附表。

第二十条　考核部门：生产技术部牵头，相关部室配合，主管经理参加。以单个项目部为考核单位。

第二十一条　每月考核结果经总经理签字后执行。

第二十二条　如当月出现重大安全事故或质量事故的单位不得奖励。

第七章　附　则

第二十三条　本办法在公司与各单位签订的合同的前提下制定。

第二十四条　本办法适用于考核在公司施工的项目部。

第二十五条　本办法由公司生产技术部负责解释，自××年×月×日起开始执行。

5.7　基建统计

统计学是一门通过搜索、整理、分析数据等手段，以达到推断所测对象的本质，甚至预测对象未来的一门综合性科学。统计工作在矿山基建中非常重要，及时而又准确的统计数据反映了矿山建设的实际进展情况，是对计划运行管理的真实反应，是计划管理不可或缺的一部分。我们处于信息高度发达的时代，信息管理与过去相比已经发生了天翻地覆的变化，统计作为矿山建设信息管理的重要组成部分，应重视利用现代信息管理技术，推进矿山建设信息化发展。

5.7.1　数据、信息的基本概念

数据是客观实体属性的反映，是一组表示数量、行为和目标，可以记录下来加以鉴别的符号。数据有多种形态，包括文字、数值、语言、图表、图形、颜色等，计算机对此类数据都可以加以处理，例如施工图纸、管理人员发出的指令、施工进度的网络图、管理的直方图、月报表等。

信息是对数据的解释，反映了事物（事件）的客观规律，为使用者提供决策和管理所需要的依据。信息和数据是不可分割的。信息来源于数据，又高于数据，信息是数据的灵魂，数据是信息的载体。要得到真实的信息，要掌握事物的客观规律，需要提高数据处理人的素质。传统的管理是定性分析，现代的管理则是定量管理，定量管理离不开系统信息的支持。

信息具有下列特点：

（1）真实性：真实性是信息的基本特点，也是信息的价值所在。我们就是要千方百计找到事物的真实的一面，为决策和管理服务。不符合事实的信息不仅无用而且有害，真实、准确地把握好信息是我们处理数据的最终目的。

（2）系统性：在工程实际中，不能片面地处理数据，片面地产生，使用信息。信息本身就需要全面地掌握各方面的数据后才能得到。要求我们从系统的观点来对待各种信息，才能避免工作的片面性。

（3）时效性：由于信息在工程实际中是动态的、不断变化的、不断产生的，要求我们要及时处理数据，及时得到信息，才能做好决策和工程管理工作，避免事故的发生，真正做到事前管理，信息本身有强烈的时效性。

（4）不完全性：由于使用数据的人对客观事物认识的局限性、不完全性是难免的，我们应该认识到这一点，提高我们对客观规律的认识，避免不完全性。

（5）层次性：信息使用者具有不同的对象，不同的决策、不同的管理需要不同的信息，因此，针对不同的信息需求必须分类提供相应的信息。一般把信息分成决策级、管理级、作业级三个层次，不同层次的信息在内容、来源、精度、使用时间、使用频度上是不同的。决策级需要更多的外部信息和深度加工的内部信息，例如对设计方案、新技术、新材料、新设备、新工艺的采用，工程完工后的市场前景；管理级需要较多的内部数据和信息，例如在编制月报时汇总的材料、进度、投资、合同执行的信息；作业级需要掌握工程各个分部分项、每时每刻实际产生的数据和信息，该部分数据加工量大、精度高、时效性强，例如：土方开挖量、混凝土浇筑量、浇筑质量、材料供应保证性等具体事务的数据。

5.7.2 建设工程信息管理

5.7.2.1 建设工程项目信息的构成

由于建设工程信息管理工作涉及多部门、多环节、多专业、多渠道，工程信息巨大，来源广泛，形式多样，主要信息形态有下列形式：

（1）文字图形信息：包括勘察、测绘、设计图纸及说明书、计算书、合同，工作条例及规定，施工组织设计，情况报告，原始记录，统计图表、报表，信函等信息。

（2）语言信息：包括口头分配任务、作指示、汇报、工作检查、介绍情况、谈判交涉、建议、批评、工作讨论和研究、会议等信息。

（3）新技术信息：包括通过网络、电话、电报、电传、计算机、电视、录像、录音、广播等现代化手段收集及处理的一部分信息。

5.7.2.2 建设工程项目信息的分类原则和方法

在大型工程项目的实施过程中，处理信息的工作量非常巨大，必须借助于计算机系统才能实现。统一的信息分类和编码体系的意义在于使计算机系统和所有的项目参与方之间具有共同的语言，一方面使得计算机系统更有效地处理、存储项目信息，另一方面也有利于项目参与各方方便地对各种信息进行交换与查询。项目信息的分类和编码是工程建设信息管理实施时所必须完成的一项基础工作，信息分类编码工作的核心是在对项目信息内容分析的基础上建立项目的信息分类体系。根据国际上的发展和研究，建设工程项目信息分类有两种基本方法。

（1）线分类法。线分类法又名层级分类法或树状结构分类法。它是将分类对象按所选定的若干属性或特征（作为分类的划分基础）逐次地分成相应的若干个层级目录，并排列成一个有层次的、逐级展开的树状信息分类体系。在这一分类体系中，同一层面的同位类目间存在并列关系，同位类目间不重复、不交叉。线分类法具有良好的逻辑性，是最为常见的信息分类方法。

（2）面分类法。面分类法是将所选定的分类对象的若干个属性或特征视为若干个"面"，每个"面"中又可以分成许多彼此独立的若干个类目。在使用时，可根据需要将这些"面"中的类目组合在一起，形成一个复合的类目。面分类法具有良好的适应性，而且十分利于计算机处理信息。

在工程实践中，由于工程项目信息的复杂性，单独使用一种信息分类方法往往不能满足使用者的需要。在实际应用中往往是根据应用环境组合使用，以某一种分类方法为主，辅以另一种方法，同时进行一些人为的特殊规定以满足信息使用者的要求。

5.7.2.3 建设工程项目信息的分类

建设工程项目施工过程中，涉及大量的信息，这些信息依据不同标准可划分如下。

A 按照建设工程的目标划分

（1）投资控制信息：是指与投资控制直接有关的信息。如各种估算指标、类似工程造价、物价指数；设计概算、概算定额；施工图预算、预算定额；工程项目投资估算；合同价组成；投资目标体系；计划工程量、已完成工程量、单位时间付款报表、工程量变化表、人工、材料调差表；索赔费用表；投资偏差、已完成工程结算；竣工决算、施工阶段的支付账单；原材料价格、机械设备台班费、人工费、运杂费等。

（2）质量控制信息：与建设工程项目质量有关的信息，如国家有关的质量法规、政策及质量标准、项目建设标准；质量目标体系和质量目标的分解；质量控制工作流程、质量控制的工作制度、质量控制的方法；质量控制的风险分析；质量抽样检查的数据；各个环节工作的质量（工程项目决策的质量、设计的质量、施工的质量）；质量事故记录和处理报告等。

（3）进度控制信息：指与进度相关的信息，如施工定额；项目总进度计划、进度目标分解、项目年度计划、工程总网络计划和子网络计划、计划进度与实际进度偏差；网络计划的优化、网络计划的调整情况；进度控制的工作流程、进度控制的工作制度、进度控制的风险分析等。

（4）合同管理信息：指建设工程相关的各种合同信息，如工程招投标文件；工程建设施工承包合同，物资设备供应合同，咨询、监理合同；合同的指标分解体系；合同签订、变更、执行情况；合同的索赔等。

B 按照建设工程项目信息的来源划分

（1）项目内部信息：指建设工程项目各个阶段、各个环节、各有关单位发生的信息总体。内部信息取自建设项目本身，如工程概况、设计文件、施工方案、合同结构、合同管理制度；信息资料的编码系统、信息目录表；会议制度；监理班子的组织；项目的投资目标、项目的质量目标、项目的进度目标等。

（2）项目外部信息：来自项目外部环境的信息称为外部信息。如国家有关的政策及法规；国内及国际市场的原材料及设备价格、市场变化；物价指数；类似工程造价、进度；投标单位的实力、投标单位的信誉、毗邻单位情况；新技术、新材料、新方法；国际环境的变化；资金市场变化等。

C 按照信息的稳定程度划分

（1）固定信息：指在一定时间内相对稳定不变的信息，包括标准信息、计划信息和查询信息。标准信息主要指各种定额和标准，如施工定额、原材料消耗定额、生产作业计划标准、设备和工具的耗损程度等。计划信息反映在计划期内已定任务的各项指标情况。查询信息主要指国家和行业颁发的技术标准、不变价格、工作制度等。

（2）流动信息：是指在不断变化的动态信息。如项目实施阶段的质量、投资及进度的统计信息；反映在某一时刻，项目建设的实际进程及计划完成情况；项目实施阶段的原材料实际消耗量、机械台班数、人工工日数等。

D 按照信息的层次划分

（1）战略性信息：指该项目建设过程中的战略决策所需的信息、投资总额、建设总工期、承包商的选定、合同价的确定等信息。

（2）管理型信息：指项目年度进度计划、财务计划等。

（3）业务性信息：指的是各业务部门的日常信息，较具体，精度较高。

E　按照信息的性质划分

将建设项目信息按项目管理功能划分为：组织类信息、管理类信息、经济类信息和技术类信息四大类，每类信息根据工程建设各阶段项目管理的工作内容又可进一步细分。

5.7.2.4　建设工程信息管理工作的原则

建设工程信息管理工作的原则是：

（1）标准化原则。要求在项目的实施过程中对有关信息的分类进行统一，对信息流程进行规范，产生控制报表则力求做到格式化和标准化，通过建立健全的信息管理制度，从组织上保证信息生产过程的效率。

（2）有效性原则。所提供的信息应针对不同层次管理者的要求进行适当加工，针对不同管理层提供不同要求和浓缩程度的信息。例如对于项目的高层管理者而言，提供的决策信息应力求精练、直观，尽量采用形象的图表来表达，以满足其战略决策的信息需要。这一原则是为了保证信息产品对于决策支持的有效性。

（3）定量化原则。建设工程产生的信息不应是项目实施过程中产生数据的简单记录，应该是经过信息处理人员的比较与分析。采用定量工具对有关数据进行分析和比较是十分必要的。

（4）时效性原则。考虑工程项目决策过程的时效性，建设工程的成果也应具有相应的时效性。建设工程的信息都有一定的生产周期，如月报表、季度报表、年度报表等，这都是为了保证信息产品能够及时服务于决策。

（5）高效处理原则。通过采用高性能的信息处理工具，尽量缩短信息在处理过程中的延迟，并加强对处理结果的分析和控制措施的制定。

（6）可预见原则。建设工程产生的信息作为项目实施的历史数据，可以用于预测未来的情况，相关人员应通过采用先进的方法和工具为决策者制定未来目标和行动规划提供必要的信息。如通过对以往投资执行情况的分析，对未来可能发生的投资进行预测，作为采取事先控制措施的依据，这在工程项目管理中也是十分重要的。

5.7.3　基建矿山统计体系建设

5.7.3.1　建立完善的统计体系并制定统计管理办法

（1）建立完善的统计管理体系，使统计工作伴随着矿山的建设和发展，也让统计和分析结果，指导矿山建设，促进矿山发展。

（2）要明确统计岗位，根据企业的规模设立相应的统计机构，配备专职或兼职统计人员，统计员要参加培训，持证上岗。

（3）健全矿山企业原始记录和统计台账。原始记录和统计台账是统计工作的基础，使其管理规范化、科学化、制度化。

（4）加强矿山企业信息建设，实现统计信息网络化，提高数据传递工作的高速、高质、高效。

5.7.3.2 做好统计数据的分析利用，促进矿山建设发展

（1）统计数据真实地反映了矿山各系统的建设进度，通过一定时期进度和消耗指标的分析，可以对某个单位或工序施工能力重新评价，反过来可以更切合实际地指导施工组织。

（2）统计数据要及时，过时的数据虽然反应工程建设实际，但是不能及时解决问题，统计数据就有可能变成记录。

（3）统计数据要真实，切忌编造；有时候施工单位某些统计人员偷懒，不到现场去，凭感觉推断数据，如巷道施工进尺，到月底验收时，差别很大，造成问题发现滞后，措施也滞后，影响整个工程的工期。

（4）统计数据要根据实际需要，进行合理分类统计，尽可能详细，属性特征参数要全面，为分析打下基础。

（5）要让统计数据真正地发挥作用。有的单位不重视统计工作，仅仅为了统计而统计，不能将统计分析应用于矿山建设中，仅仅作为报表或汇报材料使用，降低了统计作用和价值。

5.7.4 参考实例

某公司关于规范计划统计工作运作程序的通知

为进一步加强我公司的基本建设计划和统计工作，及时准确地反映基本建设完成情况，安排好工程衔接和材料供应，根据我公司《基本建设计划管理办法》、《统计工作管理办法》，现将我公司计划、统计工作运作程序有关事宜通知如下。

一、工程计划

（1）各施工单位在每月23日前将下月施工计划报公司技术计划部，计划中必须配以必要的文字说明，写清预计本月完成情况，下月安排和存在的问题。

（2）各部门所分管的地面建筑工程安装工程、设备订货等，在每月23日前由各部门提供预计完成情况和下月计划，报技术计划部。

（3）季度计划在季度前一个月的23日前报技术计划部。

（4）所有工程计划均由技术计划部汇总调整后上报基建处，经审批后及时下发。

二、材料计划

（一）三大材和其他材料使用计划

（1）矿属各有关部门、各施工单位在报送下月（季）工程施工计划的同时，将材料使用计划按三大材和其他材料分类列出报工程管理部审核，核实后在当月26日前报技术计划部。

（2）矿属各部门、各施工单位报送的材料使用计划，经工程管理部审核后，由技术计划部审阅汇总报基建处，审批后按不同供应渠道分送各供应部门落实执行。

（二）火工材料

所有火工材料使用计划均报公安分处办理。

三、统计报表

（1）矿地测部每月25日前完成各井区工程进度快报，报技术计划部。正式统计报表由施工单位按验收合格的工程量汇总完成，并经监理公司和地测部核实签证后，在每月27

日前报技术计划部。

（2）矿属各部门所分管的工程，均在每月 25 日前将统计报表报技术计划部。

（3）统计报表必须配以必要的文字说明，说明本月计划的完成情况。作出统计分析，讲清完不成计划的原因和完成计划的经验。

（4）统计报表应写明当月完成情况，投资和累计完成情况（井巷工程要注明延米、立方米、支护形式、毛断面等）。

5.8 公共关系

矿山建设是一项非常复杂而又系统的工程，分为勘察、设计、施工和验收多个环节，涉及地方政府环保、国土、安全、质检、城建等多个部门。由于矿山行业的特殊性，在施工过程中有爆破、噪声、用水、用地等，必然给附近的村民带来影响。在以往矿山的建设中，因工农关系处理不善，而使得矿山停建、方案修改和工期滞后的有很多案例，影响了矿山企业建设，也给社会效益带来了负面影响，必须予以高度重视。

5.8.1 公共关系的通常表现形式

公共关系通常的表现形式有：

（1）第一种是与地方政府或相关部门之间的关系，表现为不能与他们进行沟通，也不能得到他们的支持，实际表现为违规和违法，不时受到他们的停产和停工指令和罚款，影响工期。

（2）第二种是与当地村民或附近企业之间的关系，表现为土地占用、特权施工、施工影响、安排就业等围堵施工工地，导致停工等。

（3）第三种由于甲方或者乙方内部拖欠施工人员工资带来的罢工等，导致工程停工。

5.8.2 依法依规办矿

（1）要依法办矿，某些矿山为了加快工程建设进度，往往采取边建设边办理手续的方式，某些地方政府也采取默认的态度，但是在建设过程中往往出现意料之外的问题，如重大安全事故和环境污染事故等，不得不停产治理，严重影响矿山建设工期。

（2）要加强与矿山建设相关的国家和地方政府有关标准的学习和执行。不要有侥幸心理，这表现在有的矿山管理者不知道有哪些标准，还有的虽然知道了有哪些标准，但是降低标准或者按照自己想象去做，再就是标准变了还用旧标准。等到矿山建成验收时才发现没有达标，需要重新改正，必然延后工期。

5.8.3 正确处理与当地村民的矛盾和纠纷

处理与当地村民的矛盾和纠纷过程中应注意以下几方面：

（1）把握工农纠纷解决原则。在解决工农纠纷过程中，要坚持以人为本的工作理念。一是依照法律法规及有关政策规定办理的原则；二是公平公正、合情合理调解的原则；三是尊重历史、面对现实、顾及长远的原则；四是促进和谐，不激化矛盾的原则；五是顾全大局，兼顾国家、集体和个人利益的原则。

（2）规范解决工农纠纷程序，原则上应按照下列程序进行：

1）建设单位和农民群众发生纠纷时，可以口头或书面形式及时向企业主管领导及政府工农关系协调部门报告。

2）应及时组织工作人员进行实地调查。在查明原因、弄清事实的基础上，依据解决工农纠纷的原则进行协调，力促纠纷双方达成一致意见。

3）技术鉴定。解决工农纠纷过程中涉及技术问题时，委托有资质的鉴定机构进行技术鉴定，出具书面鉴定报告。

4）在工农纠纷双方意见一致的基础上，签署调解意见书或印发协调会议纪要。调解意见书和协调会议纪要，应明确表述纠纷双方的一致意见和落实意见的具体方法、期限，确保工农纠纷得到有效解决。

（3）健全完善工作制度。建立工农共建制度，以经济联合、双向服务、共建和谐为主要内容，以签订工农共建协议为主要形式，开展工农共建和谐矿区，促进工农和谐相处，合作共赢。

（4）加强组织领导。要建立健全工农关系协调工作办事机构，对人员编制、办公经费和办公用房、用车等，应根据工作需要予以保障。对于重大疑难工农纠纷，矿山主要领导和主管领导要参加，加大工农矛盾纠纷协调工作力度。

（5）提高工作效能。自觉增强服务意识和责任意识，不断提高工作效能。对突发的工农矛盾纠纷，要立即协调解决；要充分利用工农共建平台，加强工农联系，增进工农友谊，把一般矛盾纠纷化解在萌芽状态。

第6章 财务与预决算管理

6.1 基本建设财务的特殊性

6.1.1 基本建设财务的概念

基本建设财务（以下简称基建财务），顾名思义，其财务管理主体是基本建设投资项目，这个项目的资金运动就是其核算对象。基本建设单位财务是应用于基本建设领域的一种专业财务，它以货币为计量单位，以国家的方针、政策和财经制度为依据，运用专门的方法，对基本建设过程和在此过程中发生的经济活动进行完整、系统地核算，对项目投资情况实施监督，并对投资效果进行分析评价，目的是强化基建管理，提高投资收益。要想充分用好基建资金，进一步提高基建项目的投资效益，就必须充分发挥基建财务在项目建设过程中的核算、监督和分析评价作用。

6.1.2 基建财务管理的基本任务

除了履行一般工矿企业的财务职能外，基建财务的主要任务如下：
（1）依法筹集和使用基本建设项目（以下简称项目）资金，防范财务风险。
（2）合理编制项目基本建设资金预算，严格预算执行。
（3）加强项目核算管理，规范和控制建设成本，减少资金损失和浪费。
（4）及时准确编制项目竣工财务决算，全面反映基本建设财务状况。
（5）加强对基本建设活动的财务控制和监督，实施绩效评价。
各级项目主管部门需加强对本行业基本建设财务的管理和监督，指导、督促项目建设单位做好基本建设财务管理工作。

6.1.3 基建财务管理的内容

基建财务管理以基本建设投资项目为管理主体，以项目资金运动作为核算对象，具体内容包括：
（1）参与项目立项和可行性研究。项目立项和可行性研究是基本建设程序中非常重要的阶段。长期以来，建设项目的立项和可行性研究一般委托专业设计部门实施，而财务人员很少参与，财务管理作用无从发挥。正是这一弊端的存在，造成了部分建设项目出现预算超概算、投资超规模、基建超工期的"三超"现象，项目建成后运营困难，效益不佳。因此，在建设项目规划设计阶段应充分发挥财务管理的作用，让财务人员广泛参与项目的立项和可行性研究，从财务的角度来规避建设项目的投资风险。
（2）参与基建项目投资预算管理。基建项目投资预算是以货币形式，综合反映工程项目设计标准和设计质量的经济价值指标。设计完成后的工程造价，就是通过计算工程数量和各项费用，然后以基建投资预算的形式得以反映。财务人员通过参与项目预算管理，可以进一步理清基建项目的投资结构，为基建财务核算、项目资金筹集和财务收支计划的编制奠定坚实基础。另外，建设项目投资预算一旦编制完成，就可以利用预算中的有关指标（如单位建筑面积造价指标、三大材料耗用指标、单位生产能力造价指标等）对设计的标准和质量进行经济分析和评价，也为建设项目完成后的效益评价提供准确依据。

（3）制定基建财务制度。制度最基础的含义就是，要求大家共同遵守的办事规程或行动准则。因为实践行动中每个个体都有其自身的行动规律，如果能够将这些行动规律协调一致，那么实践行动的整体效率就会大大提高。为此，要确保项目建设财务管理的运行顺畅，就必须制定相应的财务制度对其加以规范。

（4）编制基建财务收支计划。基建项目投资预算是项目建设的整体规划和目标，由于基建项目建设周期较长，单纯依靠投资预算总体指标，很难把握。因此，必须把项目投资预算总体指标分解成年度计划，以便于企业各职能部门对其实施具体管控，管控的具体指标将体现到财务收支计划中，可以说，年度基建财务收支计划是基建预算的分解和细化。

（5）筹措基建项目资金。资金筹集是指企业通过各种方式和法定程序，从不同的资金渠道，筹措所需资金的全过程。无论其筹资的来源和方式如何，其取得途径不外乎两种：一种是接受投资者投入的资金，即企业的资本金；另一种是向债权人借入的资金，即企业的负债。对于基建工程项目来说，目前的资金筹措方式主要也是两种，一是项目资本金，二是银行融资。在筹措项目资金过程中，财务管理的作用主要体现在：监督项目资本金的按时到账；项目融资和基建后期铺底资金融资方案的优选、确定和及时到位。

（6）监督基建款项使用。财务管理在监督基建款项使用方面的主要作用是监督建设单位和施工单位按工程进度合理地使用建设资金。在这一过程中，需要监督各种内控制度的严格执行，把好内部控制结点；严格控制预付款项，杜绝无合同的预付款项发生；加强票据管理力度，切实履行票据管理流程，充分发挥资金监管职能。

（7）实施建设单位会计核算。基建会计核算就是以货币为主要计量尺度，通过对基本建设活动施加影响，对其资金运动进行反映、分析，对基建资金支出的合理性实行监督，及时掌握工程进度，定期进行财产物资清查；按规定向上级主管部门报送基建财务报表。及时、准确地做好建设单位会计核算，有利于做好项目后评价工作，有利于对项目投资的实施过程、结果与决策时的目标进行对比分析。

（8）其他有关基建财务事项。在基建项目中，相关工程的招投标工作和监督工程合同的执行等，也属于基建财务的内容范畴。在此过程中，财务人员将从风险控制的角度，参加审核投标单位的资质、经营范围、经营业绩；从资金管理的层面上监督基建工程合同的执行。

6.1.4　非煤基建矿山财务管理的特殊性

在非煤矿山基建施工管理过程中，财务管理是基础。这就要求建设单位要充分意识到财务管理的重要性，针对每一环节加强财务管理，从而促进基本建设能够快速、顺利地完成。非煤矿山基建财务管理既有一般基建工程的共性，也有其自身的特殊性，主要表现为以下几个方面：

（1）基建项目投资较高。作为非煤矿山基本建设来说，由于其自身的特殊性，须在前期基本建设中投入大量资金。如何有效筹措资金，合理、高效利用资金，是确保工程顺利完成的必要前提。

（2）投资回收周期较长。非煤矿山建设周期通常在 2～5 年，回收周期一般在 5～10 年。在项目建设过程实施有效的财务管理，能够最大限度地节约基建成本、缩短基建周期，对矿山的基本建设来说，有着极其重要的意义。

（3）资金来源渠道多。随着经济投资主体的多元化，非煤矿山基本建设的资金来源也呈现出多样性的特质，在资金来源方面多种形式并存，不但有投资者投入的注册资金，还有银行机构的信贷资金等。如何正确区分这些形式，对企业股权认定和国有产权确认、登记有着重要的作用。

（4）会计核算具有专业性。非煤矿山基建会计核算，除遵守国家通用会计准则外，还要遵循其特有的原则。因此，在确定会计核算内容时，需将二者充分结合，切实体现会计核算的真实性与合理性。例如，矿山企业属于国家规定的高危行业，高危行业企业要按照国家规定提取安全生产费用，安全费用提取时，应当记入相关产品的成本或当期损益，同时记入"专项储备"科目。企业使用提取的安全费用形成固定资产，应当通过"在建工程"科目归集所发生的支出，待安全项目完工达到预定可使用状态时确认为固定资产；同时，按照形成固定资产的成本冲减专项储备，并确认相同金额的累计折旧。该项固定资产在以后期间不再计提折旧。

6.2　基建财务管理和会计核算

6.2.1　基建财务管理中存在的一般问题

随着国家经济发展对矿产资源需求量的增大，最近十几年来类似矿山建设项目较多，各单位基本建设财务管理中存在着不同的问题，主要表现在：

（1）建设项目的前期立项、可行性研究及投资预算的编制工作，财务人员参与较少。基建财务管理是项目建设当中一项综合性极强的管理活动，它渗透到基建项目的各个方面，如果财务人员对工程进度管理工作参与不多，不仅不能有效防范经营风险的发生，还会导致在工程款项支付时处于被动地位。

（2）财务管理制度不健全。建设单位未制订行之有效的基建财务管理制度和管理办法，而企业通用财务管理制度又难以满足项目基建进程的要求，在工程建设的诸多方面存在空白或可操作性差的问题，致使财务监管无章可循，许多财务行为不规范，手续不完备，使财务对基建工程的管理职能不能有效发挥，不能最大限度地提高基建投资效率。

（3）资金管理不到位。资金来源方面，大多数建设项目在筹建时，资金来源尚未落实，从自筹资金中列支了前期可行性研究费用、勘察设计、管理费等费用。项目正式开工设立账户时，该类项目的资金支出未列入项目的投资总支出中，结果造成概算中已安排的勘察设计等支出在建设单位的会计决算资料中没有体现；资金使用方面，由于企业基建项目管理部门疏于费用支出管理，致使费用支出远远超过预算编制的数额，甚至存在违规使用建设资金的现象，进而导致基建成本难以得到有效控制。

（4）会计核算不规范。由于基建业务对于大部分单位而言属于不经常发生业务，因此有些单位的主管财务人员对基建业务核算比较陌生。例如，有些工程已开工并支付了首期工程款，而财务人员对该项目的工程批复、概算、施工合同等却了解甚少，因此对工程项目的会计核算只是凭经验进行，等到竣工决算做"工程概预算执行情况表"时，才发现平常的核算分类与概算的项目划分不能完全匹配，严重影响了决算报表的质量。再比如，制度和办法都规定应在"在建工程"一级科目下直接设置"建筑工程"、"安装工程"、"在安装设备"、"待摊支出"以及单项工程等二级明细科目来核算建设工程的实际成本，而核算单位却未增加辅助核算项目，导致"建筑工程"、"安装工程"、"在安装设备"等科目余额是几个建设项目发生数的汇总，而不能反映一个建设项目的总支出情况，不便于完工后建设成本的结转，二级明细科目核算出的数据不具备实际应用的现实意义。

（5）项目结算手续不齐全。单位的基建工程进度款支付仅凭项目负责人的签字进行支付；支付工程款中收款单位与合同签订单位不一致时，也未要求相关单位出具证明予以证实，而采取直接支付，以致在工程中出现往来账纠纷。

6.2.2　提高基建财务管理水平的措施

针对基建财务中存在的各种问题，各建设单位要在以下几个方面引起重视：

（1）财务人员要积极参与建设工程管理。首先财务人员要多渠道、多形式地进行工程建设方面的业务培训。现阶段最需培训的内容包括基本建设财务管理，以及基本建设的一般程序和招投标、概（预）算等相关知识，通过业务培训，更新知识结构，提高财务管理水平，进一步适应新形势下基建财务管理的需要。按现行制度要求，基建项目的批准程序应该是：首先应有经批准的项目建议书，然后编制可行性研究报告，该报告呈报给有权批准的政府部门批准，建设单位再委托设计部门编制初步设计任务书、施工设计图，申请开工报告，由上级批准后，基建前期程序完成，才能进行项目建设实施阶段。基建会计部门必须掌握这一程序中各个批准文件及明细附表，特别是要将最终批准确认的基建投资计划作为基建财务筹资、使用资金、会计核算的依据。在理顺建设程序的基础上，介入涉及项目建设的各个阶段工作，如项目设计、招投标、合同的签订、预算编制，以此达到对建设项目事前、事中、事后全过程的管理、控制与监督。另外财务人员还需要重点关注项目的合法性，对不合法、不合规的项目要促使其办理合规合法手续，方可列支基建费用，不可超前筹资和用款。

（2）建立健全基建财务管理制度。包括实物资产管理制度、工程合同管理制度、工程价款结算制度、成本核算制度、物资采购管理制度、费用报销制度、财务会计人员岗位职责制度等，通过制度的制定，对资金使用的各环节进行相互制约和监督，避免财务风险。

（3）严格管控基本建设资金。项目建设资金是确保工程能够顺利施工的重要前提，在基建过程中，财务人员首先要对自有资金的到账情况做好监督；要及时做好项目融资，确保建设资金链的安全；付款前，会计人员需审查所付款项是否已列入批复项目计划中，其付款事项是否属于所签经济合同的事项。同时，还要验证收款单位所开收据是否与合同签约单位一致，进一步杜绝基建支出的违规。财务人员需对工程建设所投入的全部资金实施有效管理，从而确保投资项目反映的完整性、准确性。

（4）结算手续要齐全。为确保基建项目核算的准确性、完整性，工程结算时，提交到财务部门的结算手续必须齐全，除工程部门所需的结算资料外，在财务环节要求增加的资料包括两部分：

1）施工单位开具的结算发票。纳税人提供建筑业劳务的，施工单位应到基建项目所在地的主管税务机关开具发票，发票开具的营业额包括工程所用材料物资和动力价款在内，即所开发票营业额包括甲方供料部分，但不包括甲方提供设备的价款，且工程结算发票上应加盖与合同签约单位名称相符的印鉴。

2）建设过程中的往来账务核对。建设单位要定期与往来单位进行账务核对，并相互签字确认，以保证所有付出款项均由签约单位进行管理。对于已竣工工程，要求施工单位及时办理工程决算，工程决算发票开具前，施工单位必须出具本项工程的进度结算清单，并加盖与合同签约单位名称相符的印鉴，以确保项目建设的甲乙双方账务核对完全一致。

（5）其他事项控制。一般施工合同签订后施工队伍便以"项目部"名义办理日常事务，对此建设单位应明确要求施工合同的签订单位对所成立的"项目部"出具授权委托书，明确本项目部的职权范围，以免双方因为职权范围问题引起不必要的纠纷。

6.2.3　规范会计核算

所有基建经济活动要有文件及合同，凡是在基建会计上入账的款项，包括基建所需工程预付款项、土地征购、勘测设计、监理费等，都需要有文件及合同提供给财务人员，在付款时据以实施监督。会计科目设置要规范，对于工程建设量不大、工期短、财务核算相对简单的建设项目，建议企业通过设置"在建工程"科目进行核算。首先应按在建项目名称设置二级明细科目，然后再根据每个项目的概算批复类别设置三级明细科目。这种科目级次的设置，可使企业通过二级明细科目数量和二级明细科目余额对在建项目的个数和每个项目的支出情况一目了然，既便于日常管理又便于完工后决算的编制和建设成本的结转。由于三级明细科目是按照概算类别设置的，可及时比较概算批复与实际支出的差异，做到工程成本的事中控制，发挥基建财务核算的重要职能。对于企业内生产与基建并行，且基建工程内容多、涉及面广、工期长、财务核算复杂的情况，建议企业另立账簿进行核算，会计期末将基建账的科目余额整理、分类后并入企业报表。具体核算内容有外购固定资产成本、自行建造的固定资产成本和其他方式取得的固定资产成本。

6.2.3.1　外购固定资产成本

企业外购固定资产的成本，包括购买价款、相关税费，使固定资产达到预定可使用状态前所发生的可归属于该项资产的运输费、装卸费、安装费和专业人员服务费等。外购固定资产是否达到预定可使用状态，需要根据具体情况进行分析判断。如果购入不需要安装的固定资产，购入后即可发挥作用，因此，购入后即可达到预定可使用状态。如果购入需要安装的固定资产，只有安装调试后，达到设计要求或合同规定的标准，该项固定资产才可以发挥作用，才意味着达到预定可使用状态。在基建过程中，企业可能一笔款项同时购入多项没有单独标价的资产。如果这些资产均符合固定资产的定义，并满足固定资产的确认条件，则应将各项资产单独确认为固定资产，并按照各项固定资产公允价值的比例对总成本进行分配，分别计算出各项固定资产的成本。如果一笔款项购入的多项固定资产中包括固定资产以外的其他资产，也需按类似的方法予以处理。

企业购入的固定资产成本分为不需要安装的固定资产和需要安装的固定资产两种。前者的成本组成内容为购买价款、包装费、运杂费、保险费、专业人员服务费和相关税费（不包括一般纳税人可抵扣的增值税），账务处理为借记"固定资产"，贷记"银行存款"、

"应付账款"、"应付票据"等；后者的成本组成内容在前者的基础上加上安装调试成本等，先在"在建工程"科目对费用进行归集，安装完毕交付使用时再转入"固定资产"科目。

企业外购固定资产通常在正常信用条件期限内付款，但有时也会发生超过正常信用条件购买固定资产的经济业务，例如，采用分期付款方式购买固定资产，且合同中规定的付款期限比较长，超过了正常信用条件。这种情况下，该项购买业务实质上属于融资性质，购入的固定资产成本不能以各期所付款项的合计金额进行确定，而应以各期所付款项现值的合计金额进行确定。固定资产购买价款的现值，应当按照各期支付的价款乘以合适的折现率后确定，折现率就是反映当前市场货币时间价值和延期支付债务所存风险的利率。各期实际支付的价款合计与其现值合计金额之间的差额，在固定资产达到预定可使用状态前符合资本化条件的，记入"在建工程"成本，否则记入信用期间的"财务费用"。账务处理为购入固定资产时，按照价款现值，借记"固定资产"或"在建工程"等科目，按应付款金额，贷记"长期应付款"科目，差额记入"未确认融资费用"。

6.2.3.2　自行建造的固定资产成本

由建造该项资产达到预定可使用状态前发生的必要支出构成。包括工程用物资成本、人工成本、交纳的相关税费、应予资本化的借款费用以及应分摊的间接费用等。企业自行建造的固定资产包括自营建造和外包建造两种方式。无论采用何种方式，所建工程都应该按实际发生的支出确定工程成本。

A　自营方式建造固定资产

企业以自营方式建造固定资产，即企业自行组织工程物资采购，自行组织施工人员进行施工，其成本应当包括直接材料、直接人工、直接机械施工费用等。企业为建造固定资产购置的各种物资应当按照实际支付的买价、运输费、保险费等相关税费作为实际成本，并按照各种专项物资的种类进行明细核算。在建工程完工后，剩余的工程物资作为企业存货的，按照实际成本或计划成本进行结转。基建期间发生的物资盘亏、报废及毁损，减去残料价值以及保险公司、过失人等赔偿后的净损失，记入所建工程项目的成本；盘盈的工程物资或处置净收益，冲减所建工程项目的成本。工程完工后发生的工程物资盘盈、盘亏、报废及毁损等，按照相关程序审批后，记入当期损益。基建工程领用工程物资、原材料或库存产品，应按实际成本转入在建工程成本。自营方式建造固定资产应负担的职工薪酬，辅助生产部门为之提供的水、电、运输等劳务，以及符合资本化条件的利息费用等也应记入所建工程项目的成本。所建工程项目已达到预定可使用状态，但尚未办理竣工决算的，应当自达到预定可使用状态之日起，根据工程预算、造价和工程实际成本等，按暂估价值转入固定资产，并按有关规定，计提固定资产折旧。待办理竣工决算手续后再调整原来的暂估价值，但不需要调整原已计提的折旧。

企业自营方式建造固定资产，发生的工程成本应先在"在建工程"科目归集成本，工程完工达到预定可使用状态后，从"在建工程"科目转入"固定资产"科目。

B　外包方式建造固定资产

在外包方式下，企业通过招标方式将工程项目发包给建造承包商，由其组织项目施工。企业需与建造承包商签订建造合同，企业是建造合同的甲方，负责筹集资金和组织管理工程建设。建造承包商是建造合同的乙方，负责建筑安装工程的施工。在这种方式下，建造成本由建造该项固定资产达到预定可使用状态前所发生的必要支出构成，内容包括发生的建筑工程支出、安装工程支出以及需分摊记入固定资产价值的待摊支出。建筑工程支出、安装工程支出，如人工费、材料费和机械使用费等由建造承包商核算。对于发包企业来说，建筑工程支出、安装工程支出是构成在建工程成本的重要内容，发包企业按照合同约定的结算方式和工程进度，定期与建造承包商办理价款结算，结算价款记入在建工程成本。待摊支出是指在建设期间发生的，不能记入某项固定资产价值、而应由所建造固定资产共同负担的相关费用，包括为建造工程发生的管理费用、可行性研究费、临时设施费、公证费、监理费、应负担的税金、符合资本化条件的借款费用、建设期间发生的工程物资盘亏、报废及毁损净损失以及负荷联合试车费等。企业为建造固定资产通过出让方式取得土地使用权而支付的土地出让金不记入在建工程成本，应确认为无形资产——土地使用权。

在外包方式下，"在建工程"科目主要是企业与建造承包商办理价款的结算科目，企业支付给建造承包商的工程价款，作为工程成本通过"在建工程"科目核算，企业应按合理估计的工程形象进度和合同规定办理进度结算，借记"在建工程—建筑工程—××工程"、"在建工程—安装工程—××工程"科目，贷记"银行存款"、"预付账款"等科目。工程完工时，按合同规定补付工程款，借记"在建工程"，贷记"银行存款"等科目。企业将需安装设备运抵现场安装时，借记"在建工程—在安装设备—××设备"科目，贷记"工程物资—××设备"科目；企业为建造固定资产发生的待摊支出，借记"在建工程—待摊支出"科目，贷记"银行存款"、"应付职工薪酬"、"长期借款"等科目。

在建工程达到预定可使用状态时，第一步要计算分配待摊支出，待摊支出的分配率按照以下公式计算：

$$待摊支出分配率 = \frac{累计发生的待摊支出}{建筑工程支出 + 安装工程支出 + 在安装设备支出} \times 100\%$$

××工程应分配待摊支出 = (××工程的建筑工程支出 + ××工程安装工程支出 + ××工程在安装设备支出) × 待摊支出分配率

第二步计算确定已完工工程成本：

井巷、房屋、建筑物等固定资产 = 建筑工程支出 + 应分摊的待摊支出

需安装设备的成本 = 设备成本 + 为设备安装发生的基础、支座等建筑工程支出 + 安装工程支出 + 应分配的待摊支出

第三步进行相应账务处理，借记"固定资产"科目，贷记"在建工程—建筑工程"、"在建工程—安装工程"、"在建工程—待摊支出"科目。

6.2.3.3 其他方式取得的固定资产成本

企业取得固定资产的其他方式包括：接受投资者投资、非货币性资产交换、债务重组、企业合并等。

(1) 投资者投入固定资产的成本。投资者投入固定资产的成本，应当按照投资合同或协议约定的价值确定，但合同或协议约定价值不公允的除外。如果合同或协议约定价值不公允，应按照该项固定资产的公允价值作为入账价值。

(2) 通过非货币资产交换、债务重组、企业合并等方式取得的固定资产成本，遵照企业会计准则相关规定执行。

（3）盘盈固定资产成本。盘盈的固定资产，作为前期差错处理，在按管理权限报经批准处理前，先通过"以前年度损益调整"科目核算。

6.3　全面预算管理

全面预算管理是利用预算将企业内部的各种财务及非财务资源在部门之间进行分配、控制和考核，以便有效地组织和协调企业经营活动，完成既定经营目标。也可以说，全面预算管理是在企业内部推行的一种全过程、全方位及全员参与的管理模式。著名管理学家戴维·奥利曾说过："全面预算管理是为数不多的几个能把企业的所有关键问题融合于一个体系之中的管理控制方法之一。"

6.3.1　全面预算管理的意义

施行全面预算管理的意义如下：

（1）全面预算能够有效提升企业战略管理能力。战略目标通过全面预算加以固化与量化，预算的执行与企业战略目标的实现成为同一过程，对预算的有效监控，能够确保企业最大程度地实现既定战略目标。

（2）全面预算可以发现未能预知的机遇和挑战。首先，通过全面预算的编制，可以把企业多方信息整理成完整的系统体系，反映到决策层，经过决策层的经营决策来动态地调整战略规划，进一步提升企业战略管理应变能力。其次，全面预算的编制在企业总部和各部门之间设定了包括业绩指标在内的全面信息，同时预算执行结果是业绩考核的重要依据。将预算与执行情况进行对比、分析，可以体现出企业总部、各部门、各参加建设单位使用资源的效率以及对各种资源的需求状况，为经营者实施有效管理提供可靠依据。全面预算是调度与分配企业资源的起点。通过全面预算的编制和平衡，企业可以对有限的资源进行最佳的安排使用，避免资源浪费和经营效率的低效运行。

（3）全面预算可以初步揭示企业下一年度的经营和建设情况，使可能存在的问题提前暴露。参照预算结果，公司决策层可以发现潜在的风险所在，并预先采取相应的防范措施，从而达到规避与化解风险的目的。

（4）全面预算可以有效节约成本。全面预算管理通过相应的考核、奖惩机制，可以激励并约束企业追求尽可能高的收入增长和尽量低的成本费用；编制全面预算过程中，企业相关人员要对所处环境的变化情况作出理性的分析，从而保证企业的收入增长和成本节约切实可行；预算执行的监控过程关注收入和成本这两个关键指标的实现和变化趋势，这迫使预算执行主体对市场变化和成本节约造成的影响作出迅速有效的反应，进而提升企业的应变能力。

6.3.2　全面预算管理的特点

全面预算管理的特点如下：

（1）全面预算是企业对未来投资经营情况的精确规划。

（2）全面预算以提高经济效益为出发点。全面预算管理将企业管理的职能化整合为企业管理的整体化，讲究联合管理、联合行动，大大提高了管理效率，从而增进企业经济效益。

（3）全面预算以市场为导向。在企业全面预算的编制、监督、控制与考核中必须始终牢牢树立以市场为导向的管理意识，注意把握市场的特点和变动，揣摩市场规律，并在实际工作中较好地运用这一规律为企业创造效益。

（4）全面预算以全员参与为保障。只有企业全体人员重视并积极参与预算编制工作，企业制定的预算才易于被员工接受，才能减少企业管理层和一般员工之间由于信息不对称而造成的负面影响，才能为顺利实现企业的预算管理目标提供保障。

（5）全面预算是以价值为主的全额预算。企业全面预算不仅包括财务预算，还包括业务预算和资本预算。不仅关注日常经营活动，还关注投资和资本运营活动；不仅考虑资金的供给、相关成本的控制，还要考虑市场需求、生产能力等资源间的协调和配置。

（6）全面预算是以财务信息为载体的全程控制。《企业财务通则》第十一条规定："企业应当建立财务预算管理制度，以现金流为核心，按照实现企业价值最大化等财务目标的要求，对资金筹集、资产营运、成本控制、收益分配、重组清算等财务活动，实施全面预算管理。"预算的编制、执行、控制和考评等一系列环节，以及众多信息的搜集、传递工作都体现到财务信息当中。预算管理不能仅停留在预算指标的下达、预算的编制和汇总上，更重要的是要通过预算的执行和监控、预算的分析和调整、预算的考核与评价，真正发挥预算管理的权威性和对经营活动的指导作用，这就要求企业的预算管理和会计信息系统密切配合，预算执行过程中的任何反常现象都应该通过会计信息系统地体现出来，通过预算中的预警制度，及时发现和解决预算执行过程中出现的经营问题或预算目标问题，并通过预算的考核和评价制度，有效地激励经营活动按照预期的计划顺利进行。

6.3.3 全面预算的编制方法

在预算管理的不断发展过程中，人们积累了丰富的预算管理经验，其中表现最明显的是预算方法的不断完善，已经形成了丰富多彩的预算管理方法体系。下面主要介绍固定预算、弹性预算、滚动预算、零基预算等几种方法。

6.3.3.1 固定预算

预算按是否可随业务量变动而进行调整，分为固定预算和弹性预算。固定预算（fixed budget），又称为静态预算（static budget），是按固定业务量编制的预算，一般按预算期的可实现水平来编制。固定预算的主要优点是编制较为简便；缺点是实际业务水平与预算业务水平相差较大时，就难以发挥预算应有的作用，难以进行控制，考核，评价等，因此，在市场变化较大或较快的情况下，不宜采用此法。

6.3.3.2 弹性预算

弹性预算（flexible budget），顾名思义，是一种具有伸缩性的预算。在不能准确预测预期业务量的情况下，根据成本性态及业务量、成本和利润之间的依存关系，按预算期内可能发生的业务量编制的一系列预算。弹性预算主要被用于弹性成本预算和弹性利润预算。

编制弹性预算的基本程序（以成本预算为例）一般为：

（1）选择业务量的计量单位。根据项目的具体情况来选择业务量计量单位，如机械化程度高的项目，更宜采用机器工时而非人工工时，此外还要注意计量单位应易取得和易理解。

（2）确定业务量的范围。业务量的范围就是预期业务量变动的相关范围，应根据项目的具体情况来定，但应使将来可能发生的业务量不超过此范围。

（3）按成本形态将成本分为固定成本、变动成本、混合成本。

（4）确定预算期内各业务活动水平。

（5）编制弹性预算。

6.3.3.3 滚动预算

滚动预算（rolling budget）又称永续预算（perpetual budget），其基本精神就是它的预算期永远保持12个月，每过1个月，都要根据新的情况进行调整，在原来预算期末再加1个月的预算，从而使总预算经常保持12个月的预算期。滚动预算的编制，可采取长计划、短安排的方式进行，也就是在编制预算时，先按年度分季，并将其中第一季度按月划分，建立各月的明细预算，以便监督预算的执行。其他三季可以粗略一些。到第一季结束后再将第二季的预算数按月细分，依此类推。

滚动预算与其说是一种预算编制方法，还不如说是一种预算编制思想。与传统预算方法相比，滚动预算具有以下优点：

（1）保持预算的完整性、持续性，从动态预算中把握企业的未来。

（2）能使各级管理人员始终对未来12个月的生产经营活动有所考虑和规划，从而有利于生产经营稳定而有序地进行。

（3）由于预算不断修整，使预算与实际情况更相适应，有利于充分发挥预算的指导和控制作用。但在实际中，采用滚动预算，必须有与之相适应的外部条件，如材料供应时间等。

此外，不足之处在于预算的自动延伸工作比较耗时，代价太大。

6.3.3.4 零基预算

零基预算是指不考虑过去预算项目和收支水平，以零为基点编制的预算。零基预算能克服长期沿用的"基数中增长"的预算编制方式中的不足，不受既成事实的影响，一切都从合理性和可能性出发，讲究必要性和成本效益原则。实行零基预算由于不受上年因素的影响，所以，可以细化预算，提前编制预算。零基预算作为一种预算模式，能够提高费用使用效益，目前已被西方国家广泛运用于费用预算。企业可以灵活运用零基预算，充分调动各级管理人员积极性，根据具体情况制订工作方案。在企业项目发生变动的情况下，推行零基预算是非常有效的。

6.3.3.5 作业基础预算

作业基础预算是以作业成本管理为基础，以企业价值增值为目的的一种新型预算管理方法。它是在作业分析和业务流程改进的基础上，结合企业战略目标和据此预测的作业量，确定企业在每一个部门的作业所发生的成本，并运用该信息在预算中规定每一项作业所允许的资源耗费量，实施有效的控制、绩效评价和考核。建立在作业层次上的预算制度是支持持续改进和过程管理的有效工具。与传统预算不同，作业基础预算在战略与预算之间增加了作业和流程分析及可能的改进措施，并在改进的基础之上预测作业的工作量以及相应的资源需求，通过预算来满足。作业预算程序是一个动态过程，其目的是追求持续的改进。

6.3.4 非煤矿山基建期间的预算管理

由于非煤矿山的基建具有投资较高，回收周期长，资金来源渠道多的特点，因此，在矿山基建期实施预算管理就显得愈加重要。

基建矿山的预算管理主要是对基建项目的工程造价实施管理和控制。目前，随着各项技术水平的不断提高，矿山基建项目的工艺流程也不断得以优化，这也要求对基建项目的预算管控要及时跟上流程优化的步伐，只有这样，才能切实提高整个项目的投资效益。非煤矿山基建期对造价进行管控的主要内容包括。

6.3.4.1 决策阶段工程预算控制内容

项目决策对整个项目的建设至关重要，决策的正确与否，直接决定着未来一系列工程建设的造价问题，可以说，项目决策是实施投资的基础。项目决策阶段矿山工程造价控制的内容主要有三个方面：

（1）对待建矿山项目进行准确、详细的经济评价。包括确定项目的合理规模，确定合适的建设标准，确定先进适用、经济合理的生产工艺和平面布置方案，选择技术上可行、经济上合理的建设方案，调动各方面积极因素，科学编制可行性研究报告，这是做好整个项目决策的基础工作。

（2）在优化建设方案的基础上，立足大量的工程数据，结合建筑市场，选择最优方案来最大限度降低估算成本。建设项目的投资估算包括固定资产投资估算和流动资金估算两部分，为提高投资估算的准确性，应按照项目的性质，根据已掌握的技术、数据资料情况合理选择科学的计算分析方法，准确地编制投资估算。

（3）通过对建设项目的经济效果组织分析后，继而用这组优化后的估算成本，来总体控制矿山项目投资，使其充分发挥出指导矿山工程总投资的作用。

6.3.4.2 设计阶段工程预算控制内容

投资项目决策完成后，控制工程造价的关键阶段——设计阶段随之到来。据资料显示，设计阶段的成本费用虽然只占到整个工程投资额度的百分之一，但其对矿山工程造价的影响却达到了百分之七十五以上。由此可以推断，待建矿山项目的质量、进度是否有足够的"安全"保证，关键在于设计阶段。在本阶段一定避免"纸上谈兵"、"空中楼阁"似的设计，而要有真正懂设计、精技术的人员亲自动手抓设计，只有这样，才能确保项目设计的严肃性、客观性和科学性，有效防止项目成本的"先天不足"。在项目设计过程中，要以矿山工程质量为核心，对设计方案严格审核、认真优化，一旦发现不合理、不安全、不标准的工程设计，需及时补救；要作出囊括各专业，详尽而科学的建筑安装造价估算书，重点在于分析测算成本，进而真正优选出功能齐全、技术先进及经济合理的设计方案；应当根据技术设计图纸、说明书及概算定额等，编制初步设计以修正总概算。同时根据施工图和安全说明书的内涵，设计出具体、翔实的施工图纸，因为施工图预算是工程招标的基础。另外设计阶段的造价控制是一个系统工程，要力求施工图预算不超概算，必须要合理地运用经济、行政和技术相结合的方法完成设计阶段的造价控制。例如，非煤矿山企业的采矿方法，在项目设计阶段，需结合现场地质条件，对初步设计所推荐的采矿方法进行详细研究，从理论结合实际的角度，对巷道布置和未来采矿方案的可行性进行再次确认，以防止设计阶段导致的未来生产成本巨大浪费。

6.3.4.3 施工阶段工程预算控制内容

施工阶段是把矿山工程设计变成现实建筑实体的过程。在这一阶段中，工程项目将要经历从施工图模型转换到工程修建完毕的巨大变化。因此，在施工过程中，要综合考虑以下因素：

（1）综合考虑当地自然条件，做到不破坏当地珍贵的自然资源，如若遇到不合理的规划，需要及时修正再重新加以技术评估；本阶段也是最复杂的执行历程，要克服各种环境条件的限制，最终实现矿山工程设计的总目标。

（2）考虑本阶段所耗费的工程造价成本，比如人力、物力和财力，做到用尽可能小的造价换取最安全、可靠、标准的矿山工程；要注意选择资质高、行业内信誉好、施工能力强和设备先进的投标单位作为中标单位，以保证降低矿山工程造价成本和质量成本。例如，非煤矿山企业可以走自动控制之路，通过岗位智能化，合理配备人力资源，最大限度降本、增效。

（3）加强质量监督，防范矿山工程施工中出现的质量瑕疵和纰漏。监理单位、质量监督部门等会同施工人员需对施工过程的每个环节严格把关，切实保证零失误、零风险隐患；建筑企业的审计部门也要对每一项施工进程准确预算，如果造价预算成本偏高，则要对超出部分实施翔实论证、技术改进，使之符合工程原定预算标准；监理单位和施工人员要经常与审计人员座谈，各部门相互协作，及时沟通工作进度，交换作业中出现的未解难题，审计人员要亲自深入现场了解矿山工程完成动态情况，准确实施造价管控；当出现任何故障时，要由各部门配合协同解决，否则会因为技术的局限性而影响整个工程质量和造价成本；为防止在施工图设计中产生漏洞，在图纸审核时要严格把关，应该在双方图纸会审中，切实把漏洞消灭在项目施工之前。

6.3.4.4 竣工阶段工程预算控制内容

竣工阶段是指建设项目按批准的建设内容和建设要求全部完成，办理竣工决算的阶段。竣工阶段的预算需根据施工期间所完成工程量的实际进度，针对每个环节逐一审核。在核对工程量时，要求工程验收人员有高度责任感和较强专业技术水准，还要对整个工程项目图纸和设计规划具有宏观认识，熟悉施工计划，具备对整个工程的外观、结构、材料和质量等进行全面考核的能力。在这一过程中，主要查验工程是否有质量漏洞和设计不合理的问题。同时，在去除费率、税金和其他不可预见费用的基础上，计算出工程总造价，然后针对数据资料反复审核，确保工程总造价的准确性和完整性。另外财务部门也要以设计概算和工程预算为依据，认真审查建设项目的投资完成情况和交付使用资产情况，审查建设成本、费用开支等，全面分析工程项目的投资效果。

6.4 基建期管理费用

6.4.1 管理费用的概念

管理费用是指企业为组织和管理生产经营活动而发生的各项费用。

建设单位管理费是指建设单位从项目开工之日起至办理竣工决算之日止发生的管理性质的开支。包括不在原单位发工资的工作人员工资、基本养老保险费、基本医疗保险费、失业保险费、办公费、差旅交通费、劳动保护费、工具用具使用费、固定资产使用费、零星购置费、招募生产工人费、技术图书资料费、印花税、业务招待费、施工现场津贴、竣工验收费和其他管理性质的开支，建设单位管理费是工程预算中其他费用的组成部分。

6.4.2 管理费用的提取比例

根据财政部 2002 年颁发的财建（2002）394 号《基本建设财务管理规定》，国有建设单位和使用财政性资金的非国有建设单位，建设单位管理费的总额控制数以项目审批部门批准的项目投资总概算为基数，并按投资总概算的不同规模分档计算，具体见表 6-1。

表 6-1　建设单位管理费费率控制表　　　　（万元）

工程总概算	费率/%	算例	
		工程总概算	建设单位管理费
1000 以下	1.5	1000	$1000 \times 1.5\% = 15$
1001~5000	1.2	5000	$15 + (5000 - 1000) \times 1.2\% = 63$
5001~10000	1	10000	$63 + (10000 - 5000) \times 1\% = 113$
10001~50000	0.8	50000	$113 + (50000 - 10000) \times 0.8\% = 433$
50001~100000	0.5	100000	$433 + (100000 - 50000) \times 0.5\% = 683$
100001~200000	0.2	200000	$683 + (200000 - 100000) \times 0.2\% = 883$
200000 以上	0.1	280000	$883 + (280000 - 200000) \times 0.1\% = 963$

6.4.3 管理费用的使用

基建期间的管理费用主要包括以下内容：

（1）管理人员工资。管理人员工资指企业管理部门职工的各种工资、奖金、工资性津贴、补助及其他工资性费用。

（2）职工福利费。职工福利费指按管理部门职工工资总额及福利费开支的职工工资总额的 14% 提取的职工福利费。

（3）折旧费。折旧费指企业管理部门使用的各种固定资产计提的折旧费。

（4）办公费。办公费指企业管理部门发生的各项办公费用。

（5）差旅费。差旅费指企业管理部门职工出差而实际发生的车、船、飞机、市内交通费、住宿费、住勤补助费、误餐补助、司机出车补助和单位核定的差旅费包干费用等。

（6）运输费。运输费指企业管理部门使用内部、外部运输车辆的运输费用和租用交通车的租用费，过桥费、养路费，市内交通费，以及企业职工上下班使用的交通车辆所发生的费用和职工为上下班办理的乘车证费用等。

（7）保险费。保险费指企业管理部门使用的房屋、设备及其他资产向保险机构投保而应支付的保险费用。

（8）租赁费。租赁费指企业管理部门采用经营租赁方式租入各类管理用资产而支付的租金，包括办公用房租赁费、生活用房租赁费等。不包括融资性租赁固定资产的租赁费。

（9）修理费。修理费指企业管理部门使用的房屋、日常办公用品修理发生的人工费及材料费等。

（10）咨询费。咨询费指企业因业务需要向有关咨询机构进行生产技术咨询和经营管理咨询所支付的费用或支付企业经济顾问、法律顾问、技术顾问等发生的费用。

（11）诉讼费。诉讼费指企业向法院起诉或应诉而支付的各项费用。

（12）排污费。排污费指企业根据环保部门的规定交纳的排污费用，以及超标准排污加收的排污费。

（13）绿化费。绿化费指企业对生产经营场所进行绿化而发生的零星费用。不包括纳入基本建设预算进行的配套绿化费用。

（14）物料消耗。物料消耗指企业管理部门领用或购买的消耗性物料的费用，包括电脑软盘、色带、配件、办公用设备配件等。购买的复印纸、打印纸、传真纸和财会部门购买和印制的账簿、凭证、报表的费用也在本科目核算。

（15）低值易耗品摊销。低值易耗品摊销指企业管理部门领用的低值易耗品。

（16）无形资产摊销。无形资产摊销指企业无形资产的摊销费，包括专利权、商标权、著作权、土地使用权和商誉等的摊销费。

（17）技术开发费。技术开发费指企业每年分摊核定的开发费和企业研究开发新产品、新技术、新工艺所发生的费用，包括新产品设计费、工艺规程编制费、设备调试费、原材料和半成品的实验费、技术图书资料费、未纳入国家计划的中间试验费、研究人员的工资、研究设备的折旧、与新产品和新技术研究有关的其他经费、委托其他单位进行科研试制的费用以及试制失败损失等。

（18）技术转让费。技术转让费指企业为使用他人的非专利技术而支付的费用。

（19）业务招待费。业务招待费指企业因业务经营的合理需要招待客人而支付的费用等。

（20）工会经费。工会经费指按企业职工工资总额的2%提取并拨交给工会专门用于工会活动的专项经费。

（21）职工教育经费。职工教育经费指按企业职工工资总额的1.5%提取的职工教育经费。

（22）社会统筹保险费。社会统筹保险费指按国家规定为企业职工提取的基本社会统筹保险基金，包括统筹养老保险、医疗保险、失业保险、工伤保险等。

（23）劳动保险费。劳动保险费指支付给离退休人员的工资、补贴、医药费、活动经费以及为职工支付的丧葬费、抚恤金等。

（24）税金。税金指企业按规定交纳的房地产税、车船使用税、印花税、土地使用税。

（25）土地使用费。土地使用费指企业按规定交纳的土地使用费。

（26）土地损失补偿费。土地损失补偿费指企业在生产经营过程中破坏其他单位使用的国有土地或者国家不征用的集体所有土地，除负责土地复垦外，还应当向遭受损失的单位支付的土地损失补偿费。土地损失补偿费，分为耕地的损失补偿费、林地的损失补偿费和其他土地的损失补偿费。

（27）存货跌价及盘亏损失。存货跌价及盘亏损失指库存物资在清查盘点中，发现物资盘亏、毁损和定额内损毁造成的损失，以及提取的存货跌价准备。

（28）水电费。水电费指企业的管理部门耗用的水费、电费。

（29）取暖费。取暖费指企业的管理部门发生的取暖费用。

（30）仓库经费。仓库经费指企业实际发生的仓库清理、倒运、装卸等费用。

（31）会议费。会议费指企业管理部门因业务需要而举办或参与的各种发生在本埠及外地的会议支出，包括会议期间租用的场地费用、车辆费用、资料印刷费用、住宿费、往返交通费、补贴费用等。不包括企业股东大会和董事会的有关会议费。

（32）审计费。审计费指企业聘请会计事务所等中介机构进行审计、验资、资产评估等发生的各项费用。不包括企业内部审计部门发生的费用。

（33）董事会费。董事会费指董事会发生的包括董事会员津贴、会议费和差旅费等费用。

（34）上级管理费。上级管理费指企业按照上级核定的金额上缴的管理费。

（35）住房公积金。住房公积金指按国家规定为管理部门职工提取的住房公积金。

（36）其他费用。其他费用指企业发生的除上述费用以外的其他管理费用。

6.5 资金管理

资金管理是对基建非煤矿山建设资金的来源和使用进行计划、控制、监督、考核等各项工作的总称。资金管理是财务管理的重要组成部分，其内容包括对固定资金管理、流动资金管理和专项资金的管理。

6.5.1 资金筹措的管理

项目建设开工前，建设单位应按照国家关于项目资本金制度的规定，自行筹集一定比例的非负债资金作为项目资本金。项目建设筹集的资本金到达账户后，须聘请中国注册会计师验资并出具验资报告；投资者以实物、工业产权、非专利技术、土地使用权等非货币资产投入项目的资本金，必须经过有资格的资产评估机构依照法律、行政法规评估作价。建设项目收到投资者投入项目的资本金，要按照投资主体的不同，分别以国家资本金、法人资本金、个人资本金等单独反映。对于项目资本金，在项目建设期间和生产经营期间，投资者除依法转让外，不得以任何方式抽走。另外，对于建设项目在建设期间的存款利息收入计入待摊支出，冲减工程成本。如果项目在建设期间存在财政贴息资金，作冲减工程成本处理。

6.5.2 资金使用的管理

6.5.2.1 基建项目资金使用应遵循的原则

（1）专款专用原则。基本建设资金必须按规定用于经批准的非煤矿山基本建设项目，不得截留、挤占和挪用，基本建设资金按规定实行专户存储。

（2）归口分级管理原则。基本建设资金按资金来源渠道和使用内容，实行归口管理、分级负责。

（3）成本－效益原则。基本建设资金的使用管理，必须厉行节约，最大限度降低工程成本，防止损失浪费，提高资金使用效益。

6.5.2.2 资金使用管理具体规定

（1）各种款项的支付必须列入项目建设资金使用计划，无计划的资金使用原则上不予支付。

（2）资金使用计划包括年度资金使用计划（年度预算）及月度资金使用计划，由项目资金使用部门结合工程进度提前上报财务部门，再由财务部门负责汇总编制。

（3）资金计划编制时间要求有：

1）年度资金使用计划编制时间：资金使用归口部门一般在预算年度上一年的12月10日前将预算年度资金使用计划上报财务部门，由财务部门审核汇总后于12月20日前形成公司预算年度资金使用计划。

2）月度资金使用计划编制时间：资金使用归口部门一般在每月28日前将次月资金使用计划上报财务部门，由财务部门审核汇总后于每月2日前形成公司本月资金使用计划初稿。

（4）列入资金使用计划的付款项目必须符合下列要求：

1）列入资金使用计划的物资款项必须符合下列条件之一方可上报：物资采购合同约定；物资已经验收入库，已办理财务挂账手续；物资质保金的质保期已满且无质量问题，并且有使用单位出具的无质量问题证明。

2）列入资金使用计划的外委工程款项必须符合下列条件之一方可上报：预付款项须有工程合同约定；工程进度款项须有工程合同约定、工程预算、工程进度结算单据且已结算挂账；除质保金外剩余工程款须有工程验收单、工程结算（决算）单且已办理财务挂账手续；工程质保金支付须质保期已满且无质量问题，同时有使用单位出具的无质量问题证明。

3）列入资金使用计划的外委检测项目要有相关人员同意签字的外委检测合同或申请，且已办理财务挂账手续。

4）列入资金使用计划的科研项目须有技术服务合同，且合同已履行完或依合同规定支付。

5）列入资金使用计划的工资、奖金、各种劳动保险费、福利、培训费必须符合公司和上级部门的有关规定。

6）列入其他税费开支的项目须有充分的依据，有相关文件规定。

7）资金使用部门上报的支付款项计划须经分管部门的公司领导签字同意，方可上报财务部门。

（5）资金使用计划中物资付款计划应标明挂账单位、未付金额、本月付款金额、付款形式、是否质保金等相关说明。临时急用计划，原则上必须列入资金使用计划，方可按合同付款，列入临时计划的急用物资由公司结合建设情况据以确定。

（6）资金使用计划中外委工程付款计划应标明挂账单位、工程名称、合同签订日期、合同价款（结算总额）、未付金额、本月付款金额、付款形式、是否质保金等相关说明。

（7）资金使用计划中薪酬、税金、利息、电费等相关支出要列出项目、标准、金额等。

（8）资金使用计划中的日常零星支出项目，金额要控制在一定范围内。

（9）资金使用计划的核定程序。资金使用计划编制完毕后，上报公司总会计师。每月3日前，由总会计师组织财务、审计、工会、物资管理、工程管理、生产技术等部门进行审核，审核确定后的资金计划提交公司领导审批并作为当月付款的依据。

（10）资金支付时间。工程结算款、物资采购款付款时间由公司结合实际情况具体确定；其他款项根据工作需要实际支付。

（11）对挂账票据的要求有：

1）到财务部门挂账或报销的票据，必须为依照实际业务而取得的合法票据，发票必须有地方税务局、国家税务局监制章，行政性收费票据必须有财政部票据监制章，往来收据不能作为报销的合法票据。

2）所有入账的合法票据必须有部门负责人、主管领导和总经理签批同意后方到财务办理结算手续。

3）根据增值税发票抵扣时间的要求，业务经办人员必须在发票到期抵扣日的 30 天前到财务办理挂账手续，否则将导致增值税进项税不能抵扣的损失。

4）日常零星支出、招待餐饮费、住宿费、外出加油费、会务费等支出，必须是合法的各类普通发票，方可报销，不合法的往来收据（即白条）不得报销。工程结算发票必须是施工单位开具的或税务机关代开的建筑业普通发票。

（12）挂账（付款）签批程序是：

业务经办人→部门负责人→财务审核→主管副总经理→总经理

审核挂账或报销的购入物资，事先需纳入物资采购计划，签订物资采购合同且比价程序完毕，办理财务挂账手续时需入库单据齐全方可。一次性支出金额 5000 元以上的项目必须挂账。

（13）业务招待费、过桥过路费、外出加油费、差旅费等的报销规定：

1）业务招待费是指因公司业务需要，用于招待相关人员而发生的接待费、餐费等，业务招待费各有关部门遵循"先申请，后执行"的原则，申请时应说明招待客人的级别、人数、费用标准。一般情况下，只有各机构负责人、招待事项所涉相关人员有权出面接待客户。如遇特殊情况，如各机构负责人、部门领导均不在的情况下，需经办人员接待的，应先向各机构负责人提出口头申请，经同意后方可接待。业务招待费发生后，必须及时报账，并在业务招待费审批单（内部核算）上注明接待理由，明确接待对象、时间、地点、参加人数、接待规格，否则财务人员有权拒绝报销。审批程序：

业务经办人→部门经理→办公室主任审核→主管副总经理→财务审核→总经理

2）过桥过路费、外出加油费和差旅费报销签批程序（其中，差旅费按公司制定的相关标准执行）：

出差人员持报销单→部门负责人→主管副总经理→财务审核→总经理→财务报销

（14）预付款项支付。在项目建设阶段，为防范企业风险，强化债权性资金管理，企业必须对预付款项的支付严把关，包括合同约定的支付条件和账款结算时预付款项的核销时间，并且在财务结算时严格执行。预付款项签批程序如下：

业务经办人（持合同）→部门负责人→主管副总经理→总经理→财务经理

（15）各类质保金的支付程序：

业务经办人（持职能部门提交的已批复返还质保金申请）→部门负责人→主管副总经理→总经理→财务经理

（16）个人借款规定：

1）借款人必须有借款申请或出差审批单；

2）前款不清，不予借款；

3）借款要严格按规定限额，超额不借；

4）借款一般必须在1个月内及时冲账，否则从个人工资中扣除；

5）外调人员在调出前必须还清借款，否则不予办理相关手续。

个人借款签批程序如下：

借款人→部门经理→主办会计审核（是否存在未清欠款）→主管副总经理→总经理→财务经理

（17）各职能部门需配合财务部门积极做好企业资金管理，严格把关，不符合规定的一律不得支付。同时，针对已支付的款项，及时做好资金跟踪的监管，进一步提高资金使用效率。

6.5.3 预付账款管理

基建预付账款是指在基建前期及基建过程中，企业按照工程（购货）合同约定，预先支付给施工（供货）单位的款项，该款项在工程进度分期结算或设备等验收付款时收回，属于企业的短期性债权。

基建期间的预付账款，主要包括工程预付款、设备预付款等。

6.5.3.1 预付账款管理的原则

预付账款管理的原则为：

（1）严格按照合同约定。在预付款的支付中，一定要严格按照合同规定，凡合同没有预付款条款的原则上一律不予支付。如果合同中包括预付款条款，一定要明确其冲销时间。根据用户的要求不同，冲销的时间一般有两个时间点。通常来说，预付工程款项在每次结算时按比例进行冲销，冲销时间最长为3个月；预付购货款在生成应付账款时一次冲销。

（2）不得连续支付预付款。在上次预付款尚未扣除前，不得重新支付新的预付款。

（3）明确预付账款的支付比例。在合同签定时，甲乙双方必须明确约定预付账款的支付比例，以确保在项目施工过程中不超过相应的比例，进而最大限度降低企业的资金占用。

6.5.3.2 预付账款管理工作流程及规定

（1）合同生成前期流程。在与施工单位（供应商）合作之前，建设单位职能部门应对施工单位（供应商）的资信状况和财务经营状况进行充分、科学的调研分析，客观评定出信用风险程度，然后根据本企业对预付账款周转速度的要求，合理确定预付账款的支付比例与冲销时间，并组织实施招标。

（2）签订合同及施工（生产）流程。招标程序结束后，根据招标文件签订合同，企业财务部门按照合同办理支付预付款，施工单位（供应商）收到预付款后组织工程施工（生产制作），建设单位相关部门应及时掌握供货商的工程施工（生产制作）进度，适时指派专人到现场进行施工（生产）过程监制与确认，确保在预付款时效期内完成各自职责任务。

（3）工程（设备物资）验收流程。工程（设备物资）等涉及预付款项目阶段性完工（送达）时，使用单位需组织相关单位、部门做好验收工作，合格后办理接收确认，办理结算手续冲销预付账款。

（4）预付账款冲销流程。通常情况下，预付账款的支付要严格遵照所签订的工程合同、设备物资合同中有关规定比例，严格执行，不准超付。如遇特殊情况，事故及大量设计外工程或其他不可抗力等引起的突发事件，不能及时结算时，由施工单位提出申请，建设单位根据现场人员、监理单位等签署意见后，为了保证工程进度顺利进行，酌情给予少量预付账款，待办理结算时及时扣除。

6.5.4 质保金管理

6.5.4.1 项目决算质保金定义

项目决算质保金是指为落实项目工程在缺陷责任期内的维修责任，建设单位与施工企业在项目工程建设承包合同中约定，从应付的工程款中预留，用以保证施工企业在缺陷责任期内对已通过竣工验收的项目工程出现的缺陷（即项目工程建设质量不符合工程建设强制性标准、设计文件，以及承包合同的约定）进行维修的资金。由此可见，项目决算质保金能够对施工单位施工质量形成有效的约束。

6.5.4.2 项目决算质保金的比例与支付时间

项目决算质保金按项目工程价款结算总额乘以合同约定的比例（一般为5%～10%），由建设单位从施工企业工程拨款中直接扣留，且一般不计利息。施工企业应在项目工程竣工验收合格后的缺陷责任期（一般为12个月）内，认真履行合同约定的责任，缺陷责任期满后，及时向建设单位申请返还工程质保金。建设单位应及时向施工企业退还工程质保金，若缺陷责任期内出现缺陷，则扣除相应的缺陷维修费用。

6.5.4.3 决算质保金的付款管理制度

在非煤矿山基建施工过程中，由于项目建设具有投资额度高、服务时间长的特性，因此，建设项目的质量问题成为影响投资效益的重要因素，作为对施工单位工程质量进行约束的决算质保金，在整个建设项目的管理中起到了重大的作用。

缺陷责任期满后，如果所建工程无质量问题，承包人就会向发包人提出申请，要求返还决算质保金。具体程序如下：

（1）施工单位按照公司统一表格，如实填写付款内容，明确依据合同第几条（款）进行付款，付款内容一定要清楚详细，以便核对。

（2）监理单位对施工单位提交的付款申请，必须根据合同的各项要求明确其质量、工期意见并签字，若只有签字而无意见则认为质量合格、工期进度按时完成，监理单位签字必须有总监或总监代表签字并盖监理项目专用章。

（3）工程管理部门根据合同及施工现场进度，结合使用单位，对工程是否达到合同付款节点，质量、工期施工是否达到要求提出明确意见。同时，有工程管理部门将批复后的申请和签批完毕的付款审批单一并提交财务部门，办理决算质保金付款手续。

6.5.5 竣工结算管理

基本建设项目竣工阶段是指建设项目按批准的建设内容和建设要求全部完成，办理竣工决算阶段，也是项目建设的最终阶段。基本建设项目竣工时，应编制基本建设项目竣工财务决算。建设周期长、建设内容多的项目，单项工程竣工，具备交付使用条件的，可编制单项工程竣工财务决算，建设项目全部竣工后应编制竣工财务总决算。

在此阶段中，各编制单位要认真执行有关的财务核算办法，严肃财经纪律，实事求是地编制基本建设项目竣工财务决算，做到编报及时，数字准确，内容完整。财务部门要以设计概算和工程预算为依据，认真审查建设项目的投资完成情况和交付使用资产情况，审查建设成本、费用开支等，全面分析投资效果。基本建设项目竣工财务决算的依据，主要包括：可行性研究报告、初步设计、概算调整及其批准文件；招投标文件（书）；历年投资计划；经财政部门审核批准的项目预算；承包合同、工程结算等有关资料；有关的财务核算制度、办法；其他有关资料。在这一阶段财务管理的内容主要包括以下方面：

（1）竣工项目财产物资、债权债务的清理。建设项目完工后，财务人员要会同相关部门对各种物资、设备、债权债务对照台账进行逐一清理。对于投产后能够继续使用的工程物资，抵扣增值税后记入原材料价款；对报废工程则按规定程序报批后分别处理。

（2）项目竣工决算材料的审核。工程决算工作可利用合同管理台账，对照项目投资概算，以财务资料为依据，认真核对预决算书，审核材料用量、价格，审核有无甲方供料重复结算的情况，并在此基础上进行财务分析，全面评价建设项目投资效果，并及时反馈到建设单位相关部门。

（3）运用现代化手段，做好项目竣工决算。由于项目竣工决算资料多，工作量大，为此，建设单位要充分利用企业信息传输平台，有效实现信息共享，切实提高基建财务管理的工作效率。

6.6 基建代矿管理

基建代矿主要指巷道掘进过程附属带出的原矿产品或附产品。由于这部分矿产品在基建过程中产生，属于基建过程的附带产品，没有投入相应的生产成本。因此，基建企业应做好对这部分产品的监管，包括产品收集、入库和后期进入生产过程的业务管理等。

基建代矿的管理主要包括基建代矿的收集、基建代矿的入库和基建代矿进入试生产阶段的处理三个方面。

6.6.1 基建代矿的收集

由于基建代矿属于巷道掘进过程附属带出的原矿产品，而巷道掘进通常由施工单位来完成。针对这一客观条件的存在，首先要求建设单位的工程、技术部门强化工程设计管理，对巷道周边的地质赋存条件全面掌握，永久巷道设计最大限度避开矿体部位；其次，要求施工单位能够对原矿和岩石进行明确分辨；并要求施工单位具备较强的责任意识，能够将原矿和岩石分装分运。同时，建设单位相关部门要做好现场监督，督导施工单位对基建代矿的收集、整理和运输。

6.6.2 基建代矿的入库

基建代矿是巷道掘进的产物，往往在此期间，企业生产尚未开始。因此，原矿产品需要进行暂时的入库存放。为确保矿石质量，原矿存放应采取相应的防护措施，减少原矿数量和质量的损耗。

6.6.3 基建代矿进入试生产阶段的处理

在负荷试车或试生产阶段，基建代出的原矿经过洗选、过滤等生产流程，加工为本企业产品，通过销售，一旦符合收入的确认条件，就可以作为在建工程试运行收入进行确认。

针对基建试运行收入的账务处理，目前存在不同的观点。笔者认为在建工程试运行如同正常生产产品一样，也要投入一定的原材料、辅助材料、燃料动力费用、人工成本，这些投入最终将构成产品实体，随同产品售出实现价值，收入和成本能够对应和计量。唯一不同的是，试运行期间由于各种手段的不足，无法如同正常生产一样可以保证产品质量的稳定性，或许将全部作为废品损失处理。但即便是废品收入，一样符合收入的确认条件，理应按收入处理。其次，根据国税发〔2009〕79号文《企业所得税汇算清缴管理办法》第三条，凡在纳税年度内从事生产、经营（包括试生产、试经营），或在纳税年度中间终止经营活动的纳税人，无论是否在减税、免税期间，也无论盈利或亏损，均应按照企业所得税法及其实施条例和本办法的有关规定进行企业所得税汇算清缴。据此，在建工程试生产产品的收入和成本也应计入当期应纳税所得额，而不能直接冲减在建工程成本。

建设项目的财务管理，其目标是投资效益最大化，而不仅仅是财务管理中的合规性、有效性。在建设项目的实施过程中，如果能够将财务管理切实贯穿于项目的每一实施环节，真正发挥财务管理的监督作用。那么，对建设项目的事前、事中和事后控制的效果就能从投资效益上直接体现出来。同时，建设项目的投资成本、投资风险将大大降低，建设项目投产后的经营效益也将极大提高。

第7章 设备物资采购及管理

7.1 设备及物资的招标

矿山基建期间，设备、材料采购的种类繁多，数量较大，物资到货时间必须满足建设进度的需要，采购程序也需满足有关规章制度及设备物资招投标管理办法的要求，绝大多数物资需按程序进行严格的招标。

7.1.1 招标范围

基建中所需要的各种设备、材料原则上都需要招标。物资采购部门应根据国家及本单位的有关规定划分招标范围，一般按照物资金额划分单台设备、大宗材料两类，具体金额应符合有关法律、法规和本单位规定。

7.1.2 招标形式

招标分为公开招标和邀请招标两种形式。公开招标的优点是可以较大范围地进行选择，缺点是手续较为复杂，耗时较长，公开招标可委托有招标资质的招标公司或自行组织；邀请招标耗时较短，缺点是选择范围较窄，必须熟悉相关生产厂家的情况。

自行组织招标时，应将招标物资的名称、型号、数量、招标单位、地址、联系人、联系方式、招标时间、公示时间等信息在网上或其他媒体上公告，便于有意向的单位联系了解情况参与投标。

招标文件的公告期即招标文件的发售期，自招标文件公告之日起至投标截止日止，不得少于20日，对大型设备或成套设备不得少于50日。

邀请招标时可依据企业规模和资质、知名度、地域等选择单位发邀标函，邀标函应注明招标物资的名称、型号、数量、招标单位、地址、联系人、联系方式、取得标书时间、招标时间等信息。

自行招标或邀请招标时，矿山建设单位应成立招标领导小组，组长应由矿山建设单位主要领导担任，副组长由主管采购的副职担任，招标准备工作由物资采购部门负责，在上级主管部门或领导的监督下进行，经济审核由财务部门负责，监察由单位纪检部门负责。

7.1.3 评审专家

7.1.3.1 评审专家的条件

委托招标公司招标的项目，招标公司负责按照国家有关规定组织评审专家，自行组织招标或邀请招标的项目，招标单位可邀请专家或组织本单位的人员进行评审，评审专家人数为单数且不能少于5人，评审专家名单应保密，参加评审的专家应符合下列条件：

（1）熟悉矿山建设及现场情况的相关专业的技术人员；

（2）熟悉国家有关招标投标的法律、法规、政策；

（3）有良好的政治素质和职业道德，遵纪守法；

（4）具有大学本科或同等以上学历；

（5）具有高级技术、经济职称或同等专业水平，并从事相关领域工作八年以上；

（6）熟悉本专业领域国内外技术水平和发展动向。

7.1.3.2　评审专家职责

评审专家职责为：

（1）承担招标中招标文件的审核工作；

（2）承担评标委员会的评标工作，评标专家应当分别填写评标意见并对所提意见承担责任；

（3）参加对质疑问题的审议工作；

（4）向有关部门反映招标项目评审过程中的问题，提出意见和建议。

专家对所评审的招标内容负责，并承担相应的责任。

对于同一招标项目，每位专家只能参加其招标文件审核和评标两项工作中的一项。凡与该招标项目或投标人及其制造商有利害关系的专家，不得确定其为被选专家。

7.1.3.3　评审专家工作守则

（1）认真贯彻执行国家有关招标投标的法律、法规和政策；

（2）恪守职责，严守秘密，廉洁自律；

（3）客观、公正、公平地参与招标评审工作；

（4）与招标项目或投标人及其制造商有利害关系的应主动回避。

7.1.4　公开招标工作流程

7.1.4.1　招标文件编制及公布

首先要编制招标物资说明书及技术条款、商务条款，明确招标物资的使用环境、名称、型号、数量、技术要求、付款方式、工期要求、到货时间等信息。

若委托招标公司招标，应先选择有资质的招标公司，并经有关部门审核和领导批准后签订委托合同，将招标物资说明书及技术、商务条款交付委托招标公司进行后续招标工作。

若自行组织公开招标，应首先根据招标物资说明书及技术、商务条款编制招标文件，并请专家审核及有关领导批准后，在网上或其他媒体上公告招标信息。

招标文件包含如下内容：

（1）投标邀请书；

（2）投标人须知；

（3）招标产品的名称、数量、技术规格；

（4）合同条款；

（5）合同格式；

（6）评标依据；

（7）附件：

1）投标书格式；

2）开标一览表；

3）投标分项报价表；

4）产品说明一览表；

5）技术规格偏离表；

6）商务条款偏离表；

7）投标保证金保函格式；

8）法定代表人授权书格式；

9）资格证明格式；

10）履约保证金保函格式；

11）预付款银行保函格式；

12）信用证样本；

13）投标人业绩；

14）其他所需资料。

7.1.4.2 质疑澄清

投标人取得标书后如有以下问题，招标机构需对投标人的质疑进行澄清：

（1）如果投标人认为已公开发售的招标文件含有歧视性条款或不合理的要求，应当在开标日五日以前以书面形式向相应的主管部门提出异议，同时提交相应的证明资料。

（2）对投标人所提问题，招标机构或主管部门应当在开标前进行处理并将处理结果通知相应的投标人。

（3）投标人在规定投标截止时间前，将投标文件送达投标地点。投标人可以在规定投标截止时间前对已提交的投标文件进行补充、修改或撤回。补充、修改的内容应当作为投标文件的组成部分。投标人不得在投标截止时间后对投标文件进行补充、修改。

（4）两家以上投标人的投标产品为同一家制造商或集成商生产的，按一家投标人计算。对两家以上集成商使用同一家制造商产品作为其集成产品一部分的，按不同集成商计算。

7.1.4.3 评标办法

评标办法一般采用低价评标法或综合评价法。采用低价评标法评标的，在商务、技术条款均满足招标文件要求时，评标价格最低者为推荐中标人；采用综合评价法评标的，综合得分最高者为推荐中标人。

7.1.4.4 开标及评审

（1）当到达投标截止时间时，投标人少于三家的应停止开标，并依照本办法重新组织招标。

（2）招标机构应当按照招标公告规定的时间、地点进行开标。开标时，应当邀请招标人、投标人及有关人员参加。

（3）投标人的投标方案、投标声明（价格变更或其他声明）都要在开标时一并公布，否则在评标时不予承认。投标总价中不得包含招标文件要求以外的产品或服务，否则在评标时不予核减。

（4）招标人或招标机构应在开标时制作开标记录，并在开标后两日内备案。

（5）评标由依照本办法组建的评标委员会负责。评标委员会由技术、经济等相关领域专家、招标人和招标机构代表等五人以上单数组成，其中技术、经济等方面专家人数不得少于成员总数的三分之二。

（6）开标前，招标机构及任何人不得向评标专家透露其即将参与的评标项目内容及招标人和投标人有关的情况。

（7）评标成员名单在评标结果公示前必须保密。招标机构应当采取措施保证评标工作在严格保密的情况下进行。在评标工作中，任何单位和个人不得干预、影响评标过程和结果。

（8）评标专家应严格按照招标文件规定的商务、技术条款对投标文件进行评审，招标文件中没有规定的任何标准不得作为评标依据，法律、行政法规另有规定的除外。评标委员会的每位成员在评标结束时，必须分别填写评标成员评标意见表，评标意见表是评标报告必不可少的一部分。

（9）在商务评标过程中，有下列情况之一者，应予废标，不再进行技术评标：

1）投标人未提交投标保证金或保证金金额不足、保函有效期不足、投标保证金形式或出具投标保函的银行不符合招标文件要求的；

2）投标文件未按照要求逐页签字的；

3）投标人及其制造商与招标人、招标机构有利害关系的；

4）投标人的投标书、资格证明未提供或不符合招标文件要求的；

5）投标文件无法定代表人签字，或签字人无法定代表人有效授权书的；

6）投标人业绩不满足招标文件要求的；

7）投标有效期不足的；

8）投标文件符合招标文件中规定废标的其他商务条款的。

除非另有规定，前款所列文件应当提供原件，并且在开标后不得澄清、后补，否则将导致废标。

（10）技术评标过程中，有下列情况之一者，应予废标：

1）投标文件不满足招标文件技术规格中要求的主要参数或主要参数无技术资料支持的；

2）投标文件技术规格中一般参数超出允许偏离的最大范围或最高项数的；

3）投标文件技术规格中的响应与事实情况不符或虚假投标的；

4）投标人复制招标文件的技术规格相关部分内容作为其投标文件中一部分的。

7.1.4.5 中标通知

（1）评标结束三日内向中标人发出中标通知书，并将结果在网上通知其他投标人。

（2）中标通知书发出后，不得擅自更改中标结果。如因特殊原因需要变更的，应当重新组织评标，并报相应的主管部门备案。

7.1.4.6 合同签订

招标人和中标人应当自中标通知书发出之日起30日内，按照招标文件和投标文件签订供货合同。招标人或中标人不得无故拒绝或拖延与另一方签订合同。

7.1.5 邀标工作流程及注意事项

招标单位应了解邀请投标企业情况，如有需要应对邀请企业进行考察，邀请参标企业不得少于三家，确定邀请企业后发送邀标函，后续流程和公开招标相同。对于在矿山建设中的小型与小批量设备、零星用材料、二类机电物资等金额较小的采购，应采用比质比价方式。参加比质比价的企业也不得少于三家，参加比质比价的企业可不必到采购企业当面报价和澄清，通过传真或邮寄方式即可，工作流程参照公开招标要求进行。

7.1.6 附表

相关附表见表7-1～表7-15。

表7-1 招标文件购买登记表

招标编号：

项目名称：

序号	单位名称	联系人	手机	电话	传真	地址	邮编	电子邮箱
1								
2								
3								

表7-2 投标人签到及递交文件表

招标编号：

项目名称：　　　　　　　　　　　　　　　　　　　　　　　　　递交截止时间：

序号	投标人名称	投标人法定代表人或授权代表			投标文件数量/套			密封情况确认（授权代表签字）
		姓名	身份证号	电话	正本	副本	电子文档	

接收人：　　　　　　　　　　　　　　　　　　　　　　　　　　　监督人：

表7-3 业主及来宾签到表

招标编号：

项目名称：

开标时间：

序号	姓名	性别	工作单位	职务	专业	身份证号	电话

表7-4 开标记录

招标编号：

项目名称：

开标时间：

序号	投标人名称	投标总价/元	交货期	交货地点	投标保证金	投标声明	投标人签字
1							
2							
3							
开标过程中须说明的问题							

唱标人：　　　　　　　　　　　　　　　　　　　　　　　　　　　记录人：

监督人：

表7-5 评标专家签到表

招标编号：

项目名称：   评标时间：

序号	姓名	工作单位	专业	职称	身份证号	电话
1						
2						
3						

表7-6 投标保证金

招标编号：

项目名称：   评标时间：

序号	投标单位名称	交款单位名称	递交方式	票号	投标报价/元	应交金额/元	实交金额/元	是否足额	备注
1									
2									
3									
4									

注：开户名称：

　　开户银行：

　　账号：

表7-7 符合性审查表

招标编号：

项目名称：   评标时间：

序号	内容	投标人			
1	按照招标文件要求提供投标文件				
2	投标人提交投标保证金符合招标文件要求				
3	未超出经营范围投标				
4	资格证明文件齐全				
5	投标文件未出现"关键内容字迹模糊、无法辨认"的情况				
6	投标书具有投标单位公章、法定代表人签字，或者签字人有法定代表人有效委托书				
7	资格标准、业绩满足招标文件要求				
8	投标有效期符合招标文件要求				
9	满足"货物技术规格、参数与要求"中主要参数或者未超出偏差范围				
10	投标人投标报价唯一				
11	投标文件未附有招标方不能接受的条件				
结　论					

注：1. 投标文件由法人代表签署时可不提供法人代表授权书；

　　2. 表中只需填写"√"或"×"；

　　3. 在结论栏中填写"合格"或"不合格"。

评委全体签字：

表7-8 报价评审表

招标编号：

项目名称：   评标时间：

序号	投标人	投标报价/元	是否有效投标报价	评标基准价/元	投标报价得分
1					
2					
3					

注：投标报价的评审过程如下：

（1）首先对投标人的投标报价进行评审。

1）如果评标委员会怀疑其报价低于其成本价而对其进行质疑，投标人应对其作出合理解释。如评标委员会不接受投标人的解释理由，该投标人的报价将被判为低于其成本价，其投标报价为无效报价。

2）被评定为无效报价的投标人的报价不进入下一步的第（2）、（3）、（4）条的评标基准价及价格得分的计算。

（2）确定评标基准价：评标基准价＝满足招标文件要求的最低投标报价。

（3）计算投标报价得分：

1）投标人的投标报价等于评标基准价的，其价格得满分45分；

2）其他投标人价格得分＝（评标基准价/投标人投标报价）×45。

（4）需要说明的是，这里的45分不是一个定值，根据所招标的设备或物资在技术、价格、性能、时间、后期维修和财务的要求确定。表7-8～表7-10所列的报价分商务分、技术分，可以适当调整。

评委全体签字：

表7-9 商务评审表

招标编号：

项目名称：   评标时间：

序号	评审因素	分值	投标单位名称		
1	企业实力（注册资本、近三年营业额、相关技术人员力量等）	0~3			
2	企业财务状况及履约能力	0~2			
3	银行资信证明状况	0~1			
4	近三年同类产品业绩（每1项合同加0.5分，最高4分）	0~4			
	合　　计	10			

注：投标人提供的同类产品销售业绩证明以加盖投标人公章的合同复印件或中标通知书作为依据。

评委全体签字：

表 7 - 10 技术评审表

招标编号：

项目名称：评标时间：

序号	评审因素		分值	投标单位		
1	满足招标文件"货物技术规格、参数与要求"的要求	完全满足	10			
		部分满足	1～9			
		不满足	0			
2	投标货物的主要性能指标以及技术先进性、可靠性、安全性	先进、可靠、安全	25			
		比较先进、比较可靠、比较安全	1～24			
		不先进、不可靠、不安全	0			
3	设备可操作性及维护难易程度，零部件通用互换性		1			
4	投标货物零部件、备品备件供应情况		1			
5	项目实施方案（包括但不限于指导安装、调试、质量控制、与其他项目单位的配合衔接等）		3			
6	投标人制造厂的设备能力及工艺手段		2			
7	质保期及售后服务的保证措施		2			
8	技术培训措施		1			
得分总计			45			

注：评分精确到小数点后一位。

评委全体签字：

表 7 - 11 综合评分汇总表

招标编号：

项目名称：评标时间：

评审项目	评委	投标单位		
商务评审				
	平均得分			
技术评审				
	平均得分			
报价得分				
综合得分				
排　　序				

全体评委签字：

表 7 – 12 评标意见及情况说明

项目名称	
招标编号	
评标委员会评标意见及对中标候选人的推荐理由	评标委员会根据招标文件规定的程序和标准，对各投标文件进行了认真的评审，具体情况如下： 　　首先对各投标文件进行了符合性审查。经审查，A 有限公司、B 有限公司没有提供有效的全国工业产品生产许可证书，C 有限公司提交投标保证金金额不符合招标文件要求而未通过符合性审查，　D　　E　　F　　G　四家投标人的符合性审查均合格。 　　随后，评标委员会对通过符合性审查的　四　家投标人的投标文件的商务、技术、报价进行了详细评审。经各评委独立打分，根据评审得分由高到低的排序，评标委员会推荐中标候选人情况如下： 　　第一中标候选人：D 　　第二中标候选人：F
	评委全体签字： 　　　　　　　　　　　　　　　　　　　　　　　　　　　年　月　日

表 7 – 13 招投标情况书面报告

工程名称				
招标编号				
评标委员会评审结果	投标人名称	投标报价/元	评标得分	排名次序

推荐中标候选人	次序	中标候选人名称
	1	
	2	

评标委员会全体成员签字	兹确认上述评标结果属实，有关评审记录见附件： 　　　　　　　　　　　　　　　　　　　　　　　　　　　年　月　日
招标人决标意见	根据招标文件中规定的评标办法和评标委员会的推荐意见，兹确定： 为中标人。 招标人：（盖章）　　　　　　　　　法定代表人或授权代表：（签字或盖章） 　　　　　　　　　　　　　　　　　　　　　　　　　　　年　月　日
监督人	年　月　日

表7-14 评标委员会书面澄清文件

项目名称	
招标编号	
评标委员会对投标文件中不明确部分要求澄清的内容	评标委员会全体成员签字: 年 月 日
投标人对以上要求澄清内容的答复（可另附纸）	

表7-15 投标资料移交表

招标编号:
项目名称:
开标时间:

序号	投标人名称	投标文件		招标文件/套	备注
		副本	电子文档		
1					
2					
3					
4					

移交人: 接收人:

7.2 永久设备管理

基建矿山的设备管理包括基建项目所设计的永久设备的采购、安装、调试和验收管理，以及为保证基建工作能够正常进行的临时设备的运行管理。

7.2.1 永久设备管理的基础工作

为了抓好基建期设备管理的基础工作，设备管理人员必须首先了解、掌握施工图的设计意图，并依据初步设计对其进行审查、核对，确保选择设备的合理性、先进性和施工的可行性，同时还需检查设计中是否给出或给全设备的型号、参数和技术要求等。施工图的审核应侧重以下几个方面：

（1）首先应熟悉、掌握施工图中的设备原理、安装配置，了解整个生产系统的工艺及其技术要求。

（2）应核对施工图中设备、电缆的布置是否便于基建时的安装和运行中的检查维护。

（3）由于施工图设计与设备订货有一定的间隔时间，因此应审核所选用的设备型号是否已陈旧或将要淘汰。

（4）需核对施工图设备材料表中的设备、材料的型号、数量、参数是否与安装施工配置图中所标注的一致。

（5）设备、电缆安装所需的预留沟、孔、预埋件是否已委托土建专业等。

在施工图审核中有任何疑问，均应与设计单位联系进行设计修改或设计变更。

7.2.2 设备到货后的工作

新设备到货后，由设备管理部门（购置单位）会同监理公司、使用单位（或接收单位）进行开箱验收，检查设备在运输过程中有无损坏、丢失，附件、随机备件是否齐全，专用工具、技术资料等是否与合同、装箱单相符，并填写设备开箱验收单，存入设备档案。若有缺损及不合格现象应立即向有关单位交涉处理，索取或索赔，同时办理设备的入库和出库手续。

7.2.3 设备安装施工

7.2.3.1 质保和工期控制系统

首先应建立施工单位、设备制造厂家现场服务机构、项目业主、监理公司四个主体单位的项目质量保证体系，同时随时监控施工单位建立健全质量保证体系，严格推行三级质检制度，实行质量一票否决制，在质量和进度发生矛盾时，进度服从质量。

为保障工程安装质量，施工单位应认真编写详细的施工组织措施、设备安装工程施工工艺及进度网络图，并由业主组织进行仔细审查；监理单位编写监理细则，制定工程实施过程中的关键控制点，并采用全过程的质量和工期控制。

7.2.3.2 设备安装注意事项

（1）根据设计院所绘制的设备工艺平面布置图及安装施工图、基础图、设备轮廓尺寸以及相互间距等要求画线定位，组织基础施工及设备搬运就位。设备定位应考虑以下因素：

1）适应工艺流程的需要；

2）方便工件的存放、运输和现场的清理；

3）设备及其附属装置的外尺寸、运动部件的极限位置及安全距离；

4）保证设备安装、维修、操作安全的要求；

5）厂房与设备工作匹配，包括门的宽度、高度，厂房的跨度，高度等。

（2）按照机械设备安装验收有关规范要求，做好设备安装找平，保证安装稳固，减轻震动，避免变形，保证加工精度，防止不合理的磨损。

（3）安装前要进行技术交底，组织施工人员认真学习设备的有关技术资料，了解设备性能、安全要求和施工中注意事项。

（4）安装过程中，对基础的制作，装配链接、电气线路等项目的施工，要严格按照施工规范执行。安装工序中如有恒温、防震、防尘、防潮、防火等特殊要求时，应采取措施，条件具备后方能进行该项工程的施工。

7.2.3.3 设备试运转

设备试运转一般可分为单机空负荷运转试验、联动（空）负荷试验、精度试验三种。

A 单机空负荷运转

为了校验设备的安装精度和稳固性，设备的传动、操纵、控制、润滑、液压等系统是否正常，以及灵敏可靠性等各项有关参数和性能，要对单台机械设备和电气设备安装后进行整体检验。单台机电设备安装完毕，电力室低压柜通电的条件下，可以单机试车。

设备空负荷试运转前应编制试运转方案，建立试运转组织机构，参加人员应熟悉设备构造性能原理，管道施工完成试验吹扫合格，润滑、液压、冷却、水、电、气、汽、电气、仪表等均检验合格，设备及其润滑、液压、气、汽、冷却、加热和电气及控制系统均应单独调试并符合要求。

为保证试车安全，在设备试车之前，一定要注意试车过程中的安全工作，基本内容包括：

（1）要分工明确，统一指挥，参加试运转的工作人员必须具备丰富的安装及运行经验和有关的试车安全知识；

（2）试运转中发现机电设备有不正常的情况，在停车检查调整期间，必须相互联系，不得随意开停设备，避免事故发生；

（3）在试运转设备的电气控制柜及试运行设备周边挂有明显的"设备试车勿动"的警示牌；

（4）电力室和设备现场必须安置相应的试运转人员，经通信联系，统一调度；

（5）试运转人员必须坚守岗位，不得擅自离岗，随时注意运行设备的状态，及时发现问题；

（6）试车区域必须清理干净，试运行的设备内部、外部不得存有杂物，夜间试运行时试车区域要有足够的照明。

对机械设备要注意以下问题：

（1）按照国家规定的机械设备验收标准、技术要求及运行条件，对应不同的设备，列出相应的检查内容，逐项进行检验；

（2）主要检查设备的水平、垂直、轴承间隙、振动、联轴节间隙、外观等；

（3）对于润滑站则检查油质、牌号、油量、流速、管路是否漏油等，需要冷却的设备在试运行前应检查冷却系统完好；

（4）按照验收规定，对不同的机械设备根据要求不同保证空运转时间，同时检查设备的轴承温度，诊听声音，检查振动、润滑等情况，按照事先制作的检查表格，逐项填写，根据设备实际运行出现的问题进行整改。

对电气设备要注意以下问题：

（1）所有的电气元器件、盘柜的加工制作，均应符合相关标准和国家的规定，主要检查盘柜、控制箱等接线是否牢固、线号是否清晰、低压柜控制箱操作是否灵活可靠等；

（2）检查电动机安装是否符合要求，有润滑系统的电动机应检查润滑系统是否正常；

（3）设备试运行前，检查电动机的热元件设置是否正确，接触器是否灵活；

（4）电动机或机械设备在试运行前必须手动盘车，确认无障碍后方可通电试车；

（5）如电动机与带动的机械设备不能脱离，电动机与机械设备可同时进行试车，试车时间以机械设备为主；

（6）变频器、软启动装置在试运行前，针对不同的设备负载，提前设定参数，试运行完毕，将设定参数整理后，交与甲方保存备查，待试生产时参考；

（7）大型或重要部位的电动机必须经过空载试运转合格后，方可带动机械设备进行试运转；

（8）设备启动时，应先点动开车，确认运转方向无误后才能正式通电试运行；

（9）设备运行后检查电动机的起动电流、正常运行电流、轴承温度、振动、温升等情况，按照事先制作的检查表格，逐项填写，根据设备的实际运行所出现的问题进行整改。

B 联动（空）负荷试运转

设备联动试运转目的是综合检验施工质量，发现缺陷，以便做最后的调整和修理，试运转一般按先空负荷后负荷；先附属设备、后主机；先单机、后联动；先低速、后高速的原则进行。

（1）试运转由施工单位或总承包单位组织，业主、设计单位、设备供应商参加，方案由施工单位或总承包单位负责编制，由业主、设计单位、设备供应商审核签字后生效。

（2）联动空负荷运转应在单机试运转合格，各辅助系统（水、电、气）试验合格的基础上进行。先将水、电、气供应到现场，按生产投料顺序自前向后逐台启动，单机正常后进行联动调试和联动试车，应先部分后全部，先低速后高声，先手动后自动进行。

（3）联动负荷试验设备在负荷工况下进行，应按规范检查轴承的温升，考核液压系统、传动、操纵、控制、安全等装置工作是否达到出厂的标准，是否正常、安全、可靠，并通过磨合试验校验设备的质量。

C 设备的性能试验

空负荷试运转合格后，由设备安装单位向建设单位提交竣工验收报告或中间验收报告，建设单位接收后，以建设单位为主进行设备性能测试（即设备的负荷试运转和试生产）。如为总承包，则应由总承包单位为主组织，但建设单位的操作工和相关技术管理人员应上岗工作。设备安装单位的责任是保障设备的正常运行，协助建设单位做好负荷试运转和试生产的工作。试验目的是考查设备和各种装置的性能和协调性，成套设备设计的合理性，考察各种资源的保障能力，考查产品的产量和质量是否达到设计要求等。

a 设备性能试验的一般程序

建立试生产组织机构，制定试生产方案，此方案应由生产工艺技术人员和设备安装技术人员共同制定、审核，由建设单位的最高技术负责人批准。要组织所有试生产人员学习生产工艺，学习设备操作规程；试生产要由低速到高速，生产量要由低到高，投料要循序渐进；系统调试应从前到后分部调试，而后系统调试。

b 设备性能试验的标准要求

设备运行良好，工作稳定，设备性能符合设计要求。各辅助系统、控制系统工作稳定，性能良好。所生产的产品质量（精度）稳定并符合设计要求，产量能达到设计要求。生产的环境符合国家有关法规的要求，废弃物的排放符合国家标准。

D 设备试运行后的工作

首先断开设备的总电路和动力源，然后做好下列设备检查、记录工作：

（1）做好磨合后对设备的清洗、润滑、紧固，更换或检修故障零部件并进行调试，使设备进入最佳使用状态；

（2）做好并整理设备几何精度、加工精度的检查记录和其他性能的试验记录；

（3）整理设备试运转中的情况（包括故障排除）记录；

（4）对于无法调整的问题，分析原因，从设备设计、制造、运输、保管、安装等方面进行分析；

（5）对设备运转作出评定结论，处理意见，办理移交的手续，并注明参加试运转的人员和日期。

E　设备的精度试验总结

应在负荷试验后按说明书的规定进行，既要检查设备本身的几何精度，也要检查工作（加工产品）的精度。这项试验大多在设备投入使用两个月后进行。

7.2.4　设备安装工程的验收与移交使用

7.2.4.1　设备安装工程的验收

A　验收应具备的条件和要求

设备（成套设备）在试生产期内运行稳定，符合设计要求和国家有关规范、标准的规定。所有交工文件和技术资料均已整理完成并编制出设备最终验收报告书。

B　预验收

由建设单位和总承包单位组织施工、设计、监理等单位进行预验收，必要时请专家参加，对检查出来的问题进行整改。

C　正式验收

业主单位（建设单位）接到最终验收报告书后，经审查符合验收条件，安排验收，并组成有关专家、部门代表参加的验收组，对各种资料和设备进行分析和审查，认为合格后，提出最终验收鉴定书。

7.2.4.2　设备验收工作的步骤及分工

（1）设备基础的施工验收由业主单位指定的主管部门质量检查员会同土建施工员进行验收，填写施工验收单。基础的施工质量必须符合基础图和技术要求。

（2）设备安装工程的验收在设备调试合格后进行。由设备管理部门和工艺技术部门会同其他部门，在安装、检查、安全、使用等各方面有关人员共同参加下进行验收，做出鉴定，填写安装施工质量、精度检验、安全性能、试车运转记录等凭证和验收移交单，由参加验收的各方人员签字认可。

（3）设备验收合格后办理移交手续，设备安装移交验收单及随设备带来的技术文件、设备运转试验记录单要由参加验收的各方人员签字后，由设备管理部门纳入设备档案管理，随设备的配件、备品应填写备件入库单，送交设备仓库入库保管。安全管理部门应就安装试验中的安全问题建档。

（4）设备移交完成，由设备管理部门签署设备投产通知书，并将副本分别交设备管理部门、使用单位、财务部门、生产管理部门，作为存档、通知开始使用、固定资产管理凭证、考核工程计划的依据。

7.3　临时设备的运行管理

为保障基建工作按计划进行，建设单位必须为施工单位创造良好的施工条件，供电、排水、供风、供水、通风、提升、运输等环节都要得到保障。其中供电和排水是最基本的保障，保证供电系统和排水系统的安全、高效运行，是保障基建矿山顺利、有序进行的重中之重。要保障供电系统和排水系统的安全、高效运行就必须制定完善的规章制度并严格遵照执行。

7.3.1 供电系统设备管理制度

7.3.1.1 停送电联系制度

（1）各项目部、车间必须规定两名停送电联系人，只有停送电联系人才能联系、办理停送电的有关手续，联系人的姓名、联系方式报到调度室、动力管理部门、动力车间备案。

（2）项目部、车间等部门停送电必须办理停送电联系单，在联系单上注明申请停送电的线路名称或部位、预计停电时间等信息。

（3）联系单首先由调度室批准是否允许操作，再由动力管理部门签字并注明影响线路或部位、注意事项等，最后交由动力车间签字执行；申请停送电联系人到变电站签字确认可以操作后，变电工方可操作，操作完成后变电工要确认设备运行是否正常。

（4）每项操作完成，设备正常运行后，动力车间应向调度室、动力管理部门反馈信息。

（5）在上级供电部门要求停送电时，动力管理部门应提前下达停送电通知，安全环保部安排通知有关单位按照以上程序办理停送电手续。

7.3.1.2 交接班制度

（1）交接班双方应按规定时间进行交接班。交班人员须办理交接手续并签字后方可离去。

（2）交接班双方应严肃认真地按照交接班内容进行交接。

（3）遇有事故处理或在倒闸操作过程中，不得进行交接班。在交接班过程中，发生事故或异常情况需及时处理时，应由交班人员负责处理。接班人员在交班班长或正值指挥下可协助工作。

（4）交班人员应提前做好以下交班准备工作：

1）整理好表报及设备缺陷、检修情况、异常情况等记录。

2）核对并整理好消防器材、安全用具、工具钥匙、仪表、接地线及备品材料等。

3）做好清洁卫生。

（5）交接班时交清下列内容：

1）设备检修、改进等工作情况及结果。

2）巡视管理的缺陷和处理情况。

3）继电保护、自动装置的运行及动作情况。

4）当值已完成和未完成的工作及有关措施。

（6）接班人员应提前 10～15min 到达现场，详细了解情况并做好以下工作：

1）查阅各项记录，检查负荷状况、音响、信号装置等是否正常。

2）巡视检查设备、仪表等，了解设备运行状况及检修安全措施布置情况。

3）了解倒闸操作及异常、事故处理情况，一次设备变化和保护变更状况。

4）核对安全用具、消防器材等，检查一般工具、仪表等的完好状况及接地线、钥匙、备品材料是否齐全。

5）了解后台机的运行情况，运行状态是否正常。

6）了解蓄电池工作情况。

7）检查周围环境及室内外清洁卫生状况。

（7）遇以下情况不准交接班：

1）接班人员在接班前饮酒或精神异常。

2）发生事故或正在处理事故时。

3）设备发生异常，危及人身或设备安全而未查清原因时。

4）正处于倒闸操作中。

5）接班人员未到，交班人员不得离去。

7.3.1.3 值班人员岗位责任制度

变电室（站）负责人职责为：

（1）熟悉设备规范、性能、操作及维护方法，掌握设备运行状况。

（2）负责变电所安全运行的各项组织工作。

（3）组织贯彻各项安全规程制度，做好思想教育工作，组织安全活动。

（4）建立健全正常运行工作秩序，按时检查各种设备运行管理状况。

（5）加强设备管理，及时组织推动设备缺陷的处理。

（6）对复杂重大倒闸操作进行现场监护。

（7）负责文明生产，保持环境清洁。

变电室（站）值班人员应具备下列条件：

（1）身体健康，经医生鉴定无妨碍工作的疾病。

（2）具备必要的电气知识且按其职务和工作性质熟悉国家的有关规程及本单位的有关规定，并经主管部门考试合格。

（3）必须会触电急救法以及电气防火和救火方法，还应熟悉所管范围内电气设备性能，一、二次结线图，并能熟练地进行操作与事故的处理。

变电室（站）值班人员职责是：

（1）严格执行安全规程和有关规程制度，做好当值设备安全和人身安全工作。

（2）值班人员在值班时间内不得喝酒，不得睡觉，不得擅自离开（除买饭、去厕所外）工作岗位，不得做与工作无关的事。

（3）按时巡视检查设备，认真填写各项表报和记录。

（4）根据上级部门命令，负责倒闸操作工作，正值受令，副值填写倒闸操作票，正值审核和现场监护。

（5）负责当值异常情况和事故的处理，并立即向上级领导部门报告。与电力网连接的高压系统发生事故，应同时通知电力部门。

（6）按施工班组工作要求，布置安全措施。严格履行工作许可和终结制度。

（7）发现检修、试验人员危及人身和设备安全时有权制止，待符合安全条件后方可许可重新工作。

（8）按照规定做好交接班工作。

（9）做好各种图纸、资料、安全用具、工具、仪表消防器材等的管理工作。

高压设备工作的基本要求为：

（1）值班人员必须熟悉电气设备。单独值班人员或值班负责人还应有实际工作经验。

（2）单独值班人员不得进入高压设备室内设有隔离遮拦的设备区域。

（3）单独值班人员不得操作没有用墙或金属板隔离的开关。

（4）单独值班人员不得单独从事修理工作。

（5）不论高压设备带电与否，值班人员不得单独移开或越过遮拦进行工作；若有必要移开遮拦时，必须有监护人在场。

（6）高压设备发生接地时，室内不得接近故障点 4m 以内，室外不得接近故障点 8m 以内。进入上述范围人员必须穿绝缘靴，接触设备的外壳和架构时，应戴绝缘手套。

此外，还应有倒闸操作票制度、设备缺陷管理制度、巡视检查制度、安全保卫制度、工器具管理制度、检修工作票制度、电气设备预防性试验管理等。

7.3.2　排水系统设备管理制度

7.3.2.1　排水系统管理责任制

（1）水泵操作工须经过专门的安全作业和操作技能培训，考核合格并取得特种作业操作资格证后方可上岗，上岗时随身佩戴特种作业操作资格证。

（2）主排水泵房须配备合理的人员，保证操作人员的稳定，保证24h 有值班人员。

（3）必须建立试泵制度，由设备管理部门、车间组成试泵小组定期对每台水泵进行试验，并认真填写试泵记录，发现问题及时检修，保证各台水泵状况良好。

（4）确立主次排水泵，主排水泵常开，次排水泵定期试泵，防止水泵电机受潮，保证水泵完好。主排水泵检修，次排水泵转换为主排水泵。

（5）岗位工应熟练掌握水泵的操作和维护知识，严格执行操作维护规程，认真填写各种记录，精心操作设备，发现问题及时汇报或处理，保证设备安全高效运行。

（6）维修工努力学习业务知识，提高技术水平，严格执行维护检修规程，认真点巡检，经常向岗位工了解设备运转情况，发现问题及时处理，重大问题立即向车间领导汇报，精心维护设备，保证设备安全高效运行。

（7）车间负责井下排水泵的全面管理，组织主管技术人员和操检人员，认真落实各项管理制度，进行分级点巡检，发现问题及时整改，并加强职工的培训和教育，保证井下排水设备安全平稳运行。

（8）设备管理部门负责公司排水系统的全面管理，定期组织有关车间和人员的培训教育，按规定进行点巡检，定期对公司排水系统的技术状况、维修和运转情况进行检查，发现问题及时研究实施改造方案，保证排水设备安全平稳运行。

（9）主管副总经理（副矿长）对公司的排水系统负有全面的领导责任，负责检查、督促设备管理部门和机电车间认真执行有关规章制度，审批排水系统的重大技术改造方案。

7.3.2.2　水泵工操作规程

（1）水泵岗位工必须熟悉掌握排水系统的构成、性能、技术特征、动作原理，做到会使用、会保养、会排除一般性故障。严格遵守有关规章制度，严格执行本岗位的操作规程。

（2）主排水泵司机应按巡回检查线路图进行巡回检查，每小时巡查一次，每2 小时记录一次，具体内容如下：

1）各紧固件及防松装置是否齐全，有无松动。

2）各发热部位的温度是否超限（滑动轴承不大于65℃，滚动轴承不大于75℃，电机温度不大于规定温度）。

3）盘根松紧是否适度（不进气，滴水不成线）。

4）电动机、水泵有无异状、异响或异振。

5）压力表、真空表、电流表、电压表指示是否正确。

6）认真填写水泵运行日志。

7）闸板阀、逆止阀、环形反路等附件有无漏水、损坏等现象。

（3）井筒与泵房之间的斜巷内（安全出口）必须保持畅通，不得存放杂物。

7.3.2.3 排水泵维护规程

（1）主排水系统维修工必须经过专业技术培训，考试合格，持证上岗。

（2）对各种保护装置和安全设施定期进行检查试验，达到灵敏可靠。

（3）应针对每台泵及系统的实际情况做好"三化"工作，即维护检查周期制度化、维护内容规律化、维护保养程序工艺化。

（4）做好维护检查记录，内容包括检查项目、时间、对发现问题的处理意见。车间技术负责人应每月检查签字。

（5）检查轴承润滑油质是否符合规定，禁止不同牌号的油混杂使用。

（6）盘根磨损、老化后应及时更换。

（7）每班一次清除吸水井杂物，每旬检查一次吸水井积淤情况，积泥面距笼头距离应不小于0.5m。定期清挖吸水井积淤，清刷笼头罩。

（8）检查水泵逆止阀、闸阀、底阀的运行状态，做到不漏水。

（9）每周检查泵房配水闸门、防水门的密封性。各转动部位及时加注润滑油，开关灵活，防腐良好。

（10）排水管路固定牢固、不漏水，定期防腐，当水垢厚度超过管内径的2.5%时及时清垢（原则上每两年清垢一次）。

（11）每月检查水仓的淤积情况，及时清挖，经常保持原设计容积3/4。雨季前必须清挖一次，水仓的空仓容积必须经常保持在总容量的50%以上。

（12）每天检查电动机运转是否正常，电动机的碳刷、滑环是否有烧伤、磨损过限和发生火花的现象。

（13）每月检查电动机绕组（指可见部分）和电源引入线（指可见部分）有无松散、碰伤和灼伤等。

（14）每月检查高压启动柜动作机构。

（15）每年按有关规定检查高压启动柜断路器的触头灼损情况，动、静触头的接触面积。做三相同期试验。

（16）每季清扫电动机、电气控制设备，保持各部清洁，每年摇测绝缘值一次。

（17）每天对高低水位报警和显示装置检查试验，做到显示正确，报警清晰。

（18）每天检查试验引水装置和备用引水装置，并能在5min内启动水泵。

7.3.2.4 排水泵检修规程

要根据实际情况制定水泵的检修周期图表，确定小、中、大检修内容和周期，并做好检修记录，检修后必须验收。

（1）小修内容：清洗调整轴承、平衡装置、后轴套、各部螺钉、销和健等，更换填料和润滑油，检查处理漏水、漏气，解体清扫底阀以及吸水管，更换联轴器螺栓、垫圈以及调整间隙。

（2）中修内容：除小修的内容外，还应检查、清洗、修理或更换轴承、轴套、平衡盘、平衡环，检查修理各阀、串水管。

（3）大修内容：除中修的内容外，还应将水泵全部解体检查和清洗，更换已磨损超限或腐蚀不能用的零件，必要时应修理泵体，调整机座和更换泵轴。

（4）每年雨季前全部工作水泵和备用水泵进行一次联合试运转，运转的时间不少于20min。

7.3.2.5 主排水泵汛期管理制度

（1）运行台时超过500h的主排水泵逐台解体检查，过流件磨损较大的，予以更换。

（2）水泵闸阀、逆止阀逐个检查，做到开闭灵活可靠。

（3）泵房及井筒内管路全面检查，对锈蚀部位要做防腐处理。锈蚀严重的部位应进行壁厚检查，必要时予以修补或更换。

（4）汛期来临前，由设备主管副总参加对主排水泵逐台进行全面试泵，保证排水系统的各环节完好。

（5）检查井下水沟、水仓、沉淀池、配水巷淤泥沉积情况，如需清理，要在汛期来临前彻底清理完毕，保证蓄水容积，水仓水位应保持在最低水位。

（6）对每台水泵的供电设备和电缆按照有关规定进行预防性试验。

（7）对主排水泵的备品备件的消耗和库存进行统计、清查，在汛期来临前把备品备件补足。

（8）车间在每年汛期来临前将各水泵的检查报告以书面形式报设备管理部门。

（9）车间主任及技术人员要经常性的检查，发现设备及管理上的缺陷，及时纠正。

（10）设备管理部门每周组织一次检查，准确掌握排水泵的运转情况、技术状况和备品备件的消耗、供给情况。

（11）职工应熟练掌握应急预案，在汛期来临前应进行一次应急预案的演练。

此外，还应有排水设备润滑管理办法、点检定修管理制度、交接班管理制度等。

7.4 物资管理

做好物资管理工作是保证矿山建设顺利进行的重要前提之一，只有按时保质供应相关物资，才能保证建设进度。物资的资金投入在矿山建设中占有较大比重，只有严格按规定采购物资，管好物资，才能确保投资不超概算。为此，必须加强物资管理，合理采购所需物资，减少浪费，降低资金占用，同时加强采购物资质量管理，及时了解市场行情，掌握市场动态，降低库存水平，提高库存周转率。

按施工单位的承包性质分为总承包和劳务承包，其用料性质和方式也不相同。

7.4.1 总承包方式的物资管理

7.4.1.1 计划

由施工单位依据项目的施工图纸，并根据图纸中给出的设备材料表，进行认真的审查、核对，确保设备材料表所给出的设备及材料的型号和数量的准确性，根据审查结果制定该项目的设备材料计划。

7.4.1.2 审批与采购

将设备材料计划报甲方相关部门核对、确认后，上报甲方主管领导签字、确认，转至甲方工程预算部门，工程预算部门根据签订的施工合同条款进行认真核对，确认后返回项目施工单位。施工单位依据审批结果自行安排采购、存放和使用。

7.4.2 劳务承包方式的物资管理

7.4.2.1 计划与预算

由施工单位依据项目的施工图纸，并根据图纸中给出的设备材料表，进行认真的审查、核对，确保设备材料表所给出的设备及材料的型号和数量的准确性，根据审查结果制定该项目的设备材料计划，同时需根据计划，按科别编制"设备材料预算明细表"拟定用料预算。

7.4.2.2 审批与采购

将设备材料计划及设备材料预算明细表报甲方相关部门核对、确认后，上报甲方主管领导签字，转至甲方工程预算部门，工程预算部门根据签定的施工合同条款进行认真核对，确认后转至甲方物资采购管理部门，物资采购管理部门依据工程预算部门审核结果安排采购。

7.4.2.3 物资领用

(1) 设备材料的领用，需使用材料管理表，填表时表内应清楚地填上工程名称、工程编号、施工单位，经甲方代表人员签名批准，并盖有工程部工程材料专用章，交由物资部计划组办理计划审核，盖上计划审核章，仓库才办理领料手续。

(2) 在填写工程材料管理表或货仓取货申请单时，领取数量一栏必须要用规定字体填上领取的数量。如果需将原数量修改，应由授权人确认签名，否则物资管理部门有权不给办理审核发料。

(3) 坚持工程材料专项专用的原则，不允许将工程材料用在其他工程上。

(4) 施工单位要严格按本单位拟定的材料计划进行领料。对无计划和超计划领料，物资管理部门有权不给予审核发料。

(5) 工程施工材料的领用由工程部审批，领用工程材料时，领料单上必须完整地填写工程编号，连同工程管理表一齐交物资供应部计划室审核后，方可办理领料手续。

7.4.2.4 设备材料的出入库管理

A 材料备件实物入库

(1) 物料入库时，仓库管理员必须凭送货单、检验合格证等办理入库手续，拒绝不合格或手续不齐全的物资入库。

（2）入库时，仓库管理员必须严格执行入库验收，应做到三不入库：不合格（或无合格证）的不入库；不符合质量标准的不入库；计划外或未经领导批准的不入库。认真查点物资的数量、规格型号、合格证件等项目，如发现物资数量和质量不符，单据等不齐全时，不得办理入库手续，经检验不合格的物资一律退回。

（3）物资验收合格，填写入库单。入库单一式三份，入库单填写必须正确完整，并且字迹清楚。供应单位名称应填写全称并与发票单位一致，填写时要写清物资名称、规格、数量，入库日期等。入库单上必须有采购员、验收人员、仓库管理员签字。

B　材料备件实物出库

（1）各类材料备件的发放，原则上采用先进后出法。物料（包括原材料、半成品）出库时必须办理出库手续，领用物料必须由部门指定人员统一领取。

（2）根据计划采购的物资，原则上由上报计划的部门领取，不得随意向其他部门出库，除非领用单位、上报计划单位、主管部门三方协调好后，方可出库。

（3）领、发料时，领料员和仓管保管员应核对物品的名称、规格、数量、质量状况，核对正确后方可领、发料；仓管员应开具出库单，出库单上写清物品的名称、规格、数量，字迹清楚，出库单一式三份，必须有领用单位领导、领用人、仓库保管员签字。出库单办理完成，材料备件才能离开仓库。

实例：某矿业公司副井安装期间，施工单位领用物资，未认真核对物品规格型号，导致在安装至液压站齿轮油泵时，发现油泵连接法兰孔距不符，导致返厂更新，造成整个试车工期推迟 15 天。教训：物品出库一定要当面点清物品，核对好数量、规格型号。

C　材料备件账物入库

（1）一切原材料的购入都必须用专用发票方可入库报销，同时要注意审查发票的有效性，发票章是否清晰，与实物、合同是否相符等，不合格的发票应及时退回给供应商。

实例：某矿业公司物资入库后，发票章未盖清晰，采购员一时疏忽没有注意，结果入库、挂账手续、冲账手续均已完毕，但是财务认证时未能通过，财务管理系统不录入该发票，一切手续全部作废了，供应商重新开票，重新录入，造成人力物力浪费，货物未能及时入库。

（2）发票检验合格，方可凭发票办理入库手续，由采购员办理入库手续。根据发票，采购员向入库系统录入物资的名称、规格型号、数量、单价、金额、供应商等相关信息，并将这些信息打印出来，一式四份。最后由采购单位领导、采购人员、仓库保管员、验收人员签字。

实例：某矿业公司有一采购员录入某一杂品时，输错了编码，本来是 023，输成了024，结果设备材料管理部门记账时和财务部门记账时都未发现，到下月，另一采购员录入几十个杂品，均录在了 024 编码页，设备材料管理部门出库时，发现了这一情况，导致这几十个杂品全部重新录入。

（3）采购员根据发票和入库单粘贴挂账审批单，由报销人、部门主管、主管副总、财务审核人、单位负责人签字方可在财务进行挂账。

（4）当月到货并开发票的物资，挂账手续完成后，由设备材料管理部门及时向系统办理发票记账手续。

（5）当月到货未开发票的物资，办理暂估入库，根据实物办理入库单，无需办理挂账手续。但要办理入库手续，入库时注明暂估物资，交予财务记账。收到发票后，及时冲销暂估入库。由设备材料管理部门进行发票冲账手续，根据发票冲账手续和发票办理挂账手续。

D 材料备件账物出库

（1）根据物资的实物出库单，办理系统录入的出库单，办理日期、物品名称、规格、型号、数量都应与实物出库单相一致。

（2）每月规定日期结账后，由设备材料管理部门对出入库进行系统记账，并打出出库单转至财务部门记账。

E 库房管理

（1）应建立各类物资和产品的明细账簿和台账，原材料仓库必须根据实际情况和各类原材料的性质、用途、类型分门别类建立相应的明细账、卡片；仓库所建账簿及顺序编号必须互相统一，相互一致。

（2）严格按仓储管理系统流程进行日常操作，仓库保管员对当日发生的业务必须及时逐笔录入仓储管理系统，做到日清日结，确保系统中物料进出及结存数据的正确无误。

（3）做好各类物料的日常核查工作，必须对各类库存物资每月月末进行检查盘点，并做到账、物、卡三者一致。同时每种物品，都必须设置有收、付、存数量的物品卡，每日应将当日发生的收、付、存结出，以便能及时准确地反映库存，而且也为提供采购信息和作为控制考核储备定额的依据。

（4）定期进行各类存货的分类整理，遵循先入先出的原则，对存放期限较长、逾期失效、闲置报废等不良存货及设备，要编制报表，定期报送公司领导，制定处理方案。

（5）严格执行物资入出库制度，认真办理物资入库验收手续及出库检查登记制度。

（6）做好仓库的防火、防盗工作，按规定配备合格消防器材，并定期检查或更换，库区严禁烟火，经常检查仓库各处摄像头、围墙、门窗、锁具等防护设施，发现隐患立即处理，下班关窗锁门，切断电源，严禁外借库房钥匙。

（7）做好物资的安全保护工作，根据物资的性能合理存放物资，防止物资变形、变质、受潮、锈蚀等现象发生。

（8）做好库区的清洁卫生工作，定期对库区进行清扫，保证库区清洁卫生及通道畅通。

F 其他管理

（1）仓管员在月末结账前要与相关部门做好物料进出的衔接工作，各相关部门的计算口径应保持一致，以保障成本核算的正确性。

（2）设备材料管理部门向财务部门提供月初红字回冲单和蓝字回冲单，并根据系统记账后的收发存汇总表与财务账进行对账。双方账务必须一致，不得有出入。账务相符后，方可进行系统结账。

（3）库存物资清查盘点中发现问题和差错，应及时查明原因，并进行相应处理。如发现物料失少或质量上的问题（如超期、受潮、生锈、老化、变质或损坏等）应及时向领导处理汇报。

（4）工具及低值易耗品严格按照领导审批和以旧换新的原则发放更换，报废低值易耗品定期统计上报资产财务部注销。

（5）劳保用品严格按照公司劳保用品配备标准和时限，定期发放；职工试用期内离职，所领用的劳保按原价在薪资中扣除。

（6）对物资领用宜采用定日定时段集中发放，除紧急计划外，其他时间不再办理出库业务，以便抽出有效的时间加强仓储物资的管理。

7.5　特种设备

根据《中华人民共和国特种设备安全法》中的规定，所谓的特种设备是指锅炉、压力容器、压力管道、电梯、起重机械、客运索道、大型游乐设施、场（厂）内专用机动车辆等对人民生命、财产安全具有较大危险性和潜在危害性的设备、设施。矿山的特种设备一般包含锅炉、压力容器、压力管道、电梯、起重机械、场（厂）内专用机动车辆等，例如空压机、储气罐、压风管道、桥式起重机等。

7.5.1　特种设备采购管理

7.5.1.1　特种设备生产企业应具备的资质条件

参加特种设备投标的企业必须取得相应的"特种设备制造许可证"，同时具备以下基本条件：

（1）取得工商营业执照或者当地政府依法颁发的登记、注册证件；

（2）有与制造相适应的管理人员、专业技术人员和技术工人；

（3）有与制造产品相适应的生产场地、加工设备、检测手段；

（4）有健全的质量管理体系和各项管理制度，并能有效运转；

（5）有与制造范围相适应的安全技术规范、标准；

（6）能够保证产品安全性能符合特种设备安全技术规范的基本要求。

具体条件见《锅炉压力容器制造许可条件》、《机电类特种设备制造许可规则》等安全技术规范。

7.5.1.2　特种设备采购

矿山企业的设备采购部门，需根据设备采购的数量和需要的资金额度来确定特种设备的采购方式，具体采购方法和程序参照7.1节。

7.5.2　特种设备安装

7.5.2.1　特种设备安装队伍应具备的资质条件

从事特种设备安装、改造、维修的单位，必须取得"特种设备安装改造维修许可证"，并在许可的范围内从事相应工作。施工单位必须具有独立的法人资格，持有有效的营业执照，注册资金应与申请施工范围相适应，具体规定见《机电类特种设备施工单位基本条件》、《压力容器安装改造维修许可规则》。取得锅炉制造许可的锅炉制造企业可以改造本企业制造的锅炉和安装本企业制造的整（组）装出厂的锅炉，无需另取许可证。施工单位必须具有固定的办公场所和联系电话，申请改造资格的企业还应有满足其改造业务需要的厂房与场地。

7.5.2.2 施工单位人员的素质与数量

施工单位人员的素质与数量应当满足下列条件：

（1）法定代表人或其授权代理人应了解特种设备有关的法律、法规、规章和安全技术规范，对承担相应施工的特种设备质量和安全技术性能负全责。授权代理人应有法定代表人的书面授权委托书，并应注明代理事项、权限和时限等内容。

（2）应任命 1 名技术负责人，负责本单位承担的机电类特种设备施工中的技术审核工作。技术负责人应掌握特种设备有关的法律、法规、规章、安全技术规范和标准，且不得在其他单位兼职。

（3）应配备足够的管理人员，设立相应的质量管理机构，拥有一批满足申请作业需要的专业技术人员、质量检验人员和技术工人，技术工人中持相应作业项目"特种设备作业人员证"的人员数量应达到相应要求。人员数量等具体规定见《机电特种设备施工基本条件》。

7.5.2.3 对施工单位的其他要求

（1）应拥有满足申请施工需要的设备、工具、计量器具和检验测试的仪器设备。计量器具和检验测试的仪器设备必须具有产品合格证，并在法定计量检定合格的有效期内。

（2）施工单位必须结合本单位情况和申请施工类别的管理要求，建立质量管理体系，制定相关的管理制度，编制质量手册、质量管理体系程序和作业指导书等质量管理体系文件。必须具有独立编制施工方案的能力，建立并严格执行施工方案编写、审核、批准的管理制度。

（3）施工单位承担施工中的土建、起重和脚手架架设等专项业务，可以签订合同的方式，委托给具备相应能力并具有相应资格的单位进行。施工单位资格审查时，上述业务采用分承包形式完成的，施工单位的相应能力仅考核其控制分承包单位工作质量制度的建立和执行情况。

7.5.2.4 特种设备的安装

特种设备安装期间的施工组织、质量控制、工期控制等参照 7.2 节。

7.5.3 特种设备启用条件

特种设备启用需提交"特种设备使用登记证申请表"、"特种设备启用申请表"以及其他需提供的材料，待批复后投入运行。

7.5.3.1 特种设备使用登记所需资料

A 锅炉

（1）使用登记表原件（一式两份，使用单位盖公章）。

（2）有效期内的使用单位组织机构代码证复印件（盖公章）。

（3）特种设备安全使用管理规章制度（仅限锅炉、容器提供）。

（4）特种设备作业人员证，如司炉工证、水处理证、锅炉安全管理证，批准项目页及聘用情况页复印在 A4 纸上。

（5）产品质量证明书原件及产品合格证复印件、产品安全性能监督检验证书复印件、技术参数复印件。

（6）锅炉总图（仅限锅炉，应盖有设计鉴定专用章）。

（7）安装质量证明书（仅限需办理安装告知的设备）。

（8）监督检验报告书（原件及盖有完整检验章页的复印件）。

（9）安全附件检验检测报告原件（如安全阀、压力表、水质报告）。

（10）告知表原件或复印件盖公章。

B 容器

（1）使用登记表原件（一式两份，使用单位盖公章）。

（2）有效期内的使用单位组织机构代码证复印件盖公章。

（3）特种设备安全使用管理规章制度（仅限锅炉、容器提供）、某市特种设备使用管理安全责任承诺书（一式两份，使用单位盖公章）。

（4）特种设备作业人员证，如压力容器操作证、压力容器安全管理证，批准项目页及聘用情况页复印在 A4 纸上。

（5）产品质量证明书原件及产品合格证复印件、产品安全性能监督检验证书复印件、技术参数复印件。

（6）压力容器竣工图（仅限压力容器，应盖有竣工图章和设计资格专用章）。

（7）安装质量证明书（仅限需办理安装告知的设备）。

（8）监督检验报告书（原件及盖有完整检验章页的复印件）。

（9）安全附件检验检测报告原件（如安全阀、压力表、水质报告）。

（10）告知表原件及复印件盖公章。

如果安装地址与使用单位注册地址不一致需提供地址情况说明。

C 电梯、起重机

（1）使用登记表原件（一式两份，使用单位盖公章）。

（2）有效期内的使用单位组织机构代码证复印件盖公章。

（3）电梯层门钥匙管理制度（仅限办理电梯使用登记）。

（4）某市特种设备使用管理安全责任承诺书（一式两份，使用单位盖公章）。

（5）特种设备作业人员证，如电梯驾驶（仅限货梯）、电梯安全管理；起重机驾驶、起重机安全管理（批准项目页及聘用情况页复印在 A4 纸上）。

（6）验收检验报告书（原件及盖有完整检验章页的复印件）。

（7）安全检验合格标志（原件及复印件复印在报告书复印件的背面）。

（8）有效的维修保养合同及维保单位资质复印件盖维保单位公章（仅限需告知的设备）。

（9）告知表原件及复印件盖公章（仅限需告知的设备）。

使用单位注册地址与实际安装地址不一致时，需提供地址情况说明。

D 叉车

（1）使用登记表原件（一式两份，使用单位盖公章）。

（2）有效期内的使用单位组织机构代码证复印件盖公章。

（3）某市特种设备使用管理安全责任承诺书（一式两份，使用单位盖公章）。

（4）特种设备作业人员证，如叉车驾驶、起重机安全管理员（批准项目页及聘用情况页复印在A4纸上）。

（5）验收检验报告书（原件及盖有完整检验章页的复印件）。

（6）安全检验合格标志（原件及复印件复印在报告书复印件的背面）。

7.5.3.2 特种设备启用申请表

特种设备使用的申请表格式由政府主管部门统一制定，见表7-16。

表7-16 特种设备启用申请表

编号：

产权单位		联系人		电话	
使用单位		联系人		电话	
设备使用地点				台数	
设备名称		设备注册代码或使用证编号		检验报告书编号	
设备型号					

启用原因：

申报单位主管签字： 年 月 日（盖章）

市安全监察机构经办人签字：

年 月 日（盖章）

备注：

注：1. 此表一式三份，申报单位、安全监察机构、检验机构各一份；

2. 封停的设备重新启用时应经检验机构检验合格，申报后方可使用；

3. 如设备种类及数量较多应另附表说明；

4. "市安全监察机构"是指市质监局特种设备处。

7.5.3.3 特种设备使用登记证申请表

特种设备使用登记申请表由政府主管部门统一制定，见表7-17。

表7-17 特种设备使用登记证申请表

申请单位名称				组织机构代码		
单位详细地址			持证安全管理人			联系电话
序号	设备名称	设备型号	台数	安装单位	验收日期	备注
1						
2						
3						
4						

申请所需资料如下:

序号	资料	有	缺	无此项
1	特种设备注册登记表（每台设备2份）			
2	验收检验报告及安全检验合格标志,新增设备须提供"特种设备安装设备维修告知书"			
3	操作人员、管理人员的"特种设备作业人员资格证"原件及复印件(盖章),聘用单位须在操作证相关处盖章,并签注聘用起始日期			
4	与维护保养单位签订维护保养合同,或者是制造单位对新增特种设备提供免费维护保养的证明文件			
5	维护保养单位的维护保养许可证			
6	使用和运营的安全管理制度（共九项）			
7	特种设备的日常使用运行各项记录表			
8	特种设备事故应急救援预案			
9	特种设备安全使用管理安全责任承诺书			

申请人声明与签署

在此,我声明本单位提供的上述材料均属实。取得许可后,严格执行国家有关特种设备安全规定,接受监督检查和定期检验,保证特种设备的安全使用。

申请单位法定代表人: 　　　　　　　　（盖章）　　　　　　　　　　　日期: 年 月 日

7.6 废旧物资回收与管理

废旧物资是指在建设过程中所发生的工余料、拆旧料、筛选料、边角余料及废料等。废旧物资管理是基建矿山企业资产管理的末端环节,加强废旧物资的管理,有助于提高职工的节约意识,有助于降低基建投入,有助于企业的资产保全。完善废旧物资管理制度,强化废旧物资管理流程,落实废旧物资管理部门的责任,完善废旧物资管理手段,加强废旧物资管理的效能检查,是做好废旧物资管理的基础。

回收废旧物资的种类包括钢材、有色金属、油脂、小型废旧设备、备件等。钢材、有色金属、油脂全部回收;小型报废设备、备件有修复价值的,物资管理部门安排修理,不能修复的按照废旧物资处理。

总承包方式的废旧物资回收与管理应由施工单位负责整理、鉴定后分类整理,由甲方代表部门核对用量后,在甲方代表部门和物资管理部门的监管下进行计量销售。

劳务承包方式的物资管理应由施工单位负责整理、鉴定、分类整理后移交物资供应部门，由相关单位提出申请，经财务部和公司领导审核批准后，通知物资供应部门回收处理。施工单位不得自行处理或截留。违者追究有关单位和个人的责任。

7.6.1 物资管理部门职责

物资管理部门职责为：
（1）物资管理部门是公司物资回收的管理部门并负责组织实施。
（2）负责确定回收物资的类别和品种。
（3）负责回收物资的保管、维护和建账工作。
（4）负责回收物资处理的递交申请，履行销售程序。

7.6.2 资产财务部职责

资产财务部职责为：
（1）参与废旧物资的计量工作。
（2）负责废旧物资处理所得收入的入账、结算工作。

7.6.3 回收物资单位职责

回收物资单位职责为：
（1）负责向设备材料部提交拟回收物资的清单。
（2）负责回收物资送达设备材料部指定库区，协助设备材料部装车出售。

7.6.4 回收废旧物资的计量

废旧物资的计量由物资管理部门、财务部门、纪检部门共同完成。
钢材、有色金属、油脂等以吨为单位计量，按磅房开具的磅单计量入账；小型报废设备、备件以件数计量入账。

7.6.5 处理回收废旧物资的定价及销售

7.6.5.1 监督定价小组
公司成立以主要领导为组长、主管副总经理（副矿长）为副组长的监督定价小组，小组成员由物资管理部门、资产财务部、总经理办公室等人员组成。

7.6.5.2 销售程序
废旧物资处理前由物资管理部门向公司领导递交申请，申请经主管的副总经理审批、总经理批准后，由物资管理部门进行公开拍卖，并根据需销售的废旧物资数量确定其拍卖方式。

7.6.6 结算

根据计量结果，物资管理部门对有关单位开具废旧物资入库单，双方签字认可后生效。废旧物资原则上每季度定期统一处理，处理时，物资管理部门经办人开出库单，中标单位、物资管理部门、财务部门和纪检部门经办人共同进行现场计量，签字认可后，买受方以现金方式支付给物资管理部门，物资管理部门再将收入的现金上缴财务部门，或买受方以现金支票（或转账支票）直接转至财务部门，库管员凭出库单核减相应的账目。

案例 某矿业公司基建时期准备处理一批废旧钢板、管件等废旧钢材，首先由物资管理部门张某编写"关于废旧钢材处理的申请"，如下：

关于废旧钢材处理的申请

公司领导：

根据公司《废旧物资处理管理规定》，现申请处理××项目部在安装调试过程中产生的废旧钢材等物资。

妥否，请领导批示！

××公司××部

××××年××月××日

经主管副总经理审批、总经理批准后，物资管理部门按照废旧物资销售招标程序进行公开拍卖销售，报价分别为每吨钢材 2100 元、2200 元和 2300 元，报价汇总后经废旧物资处理监督定价小组讨论批准每吨定价为 2300 元，定价后通知该中标企业的王某到公司运走回收的废旧物资。装车前空车先进行过磅计量，钢材装车完毕后再进行重车过磅计量，司磅员陈某出具过磅单并盖章，物资管理部门张某、财务部门曾某和纪检部门李某共同监督计量，并在磅单上签字。

根据过磅单计算本次废旧衬板净重 10.56t，按单价每吨 2300 元计算，金额为 24288 元，王某以现金方式全额交予物资管理部门张某，张某向王某开具收据并加盖物资管理部门公章。物资管理部门张某将废旧物资处理明细及现金交予财务部门会计，并对本次废旧物资处理进行存档，存档内容包括废旧物资处理申请、报价单、招标记录、定价记录及中标通知单、磅单及废旧物资处理明细。

7.6.7 奖惩

为鼓励废旧物资的回收，应对产生废旧物资的施工单位，按照废旧物资实际销售额给予一定比例的回收奖励，以提高他们回收废旧物资的积极性。下面是某公司的废旧物资回收管理办法，以供参考。

某公司废旧物资回收管理办法

为了全面加强公司废旧物资管理，规范对废旧物资的回收、利用、处置，为公司增收节支，特制定本办法。

一、物资供应部负责废旧物资回收管理工作，各施工单位要积极配合物资供应部搞好这项工作。

二、设材部负责废旧物资回收的建账和保管工作，对回收的废旧物资进行上账并妥善保管。

三、回收废旧物资的种类包括钢材、有色金属、油脂、小型废旧设备、备件等。钢材、有色金属、油脂全部回收；小型废旧设备、备件有修复价值的，设材部安排修理，不能修复的按照废旧物资处理。

四、回收废旧物资的计量。

1. 废旧物资重量由物资供应部门、财务部门、纪检部门共同监磅。

2. 废旧物资以吨或公斤为单位，按磅房开具的磅单计量入账。

五、处理回收废旧物资的定价。公司成立以总经理为组长、副总经理为副组长的监督定价小组，小组成员由设材部、财务部、办公室经理组成。经废旧物资处理定价后以废旧物资拍卖最终结果为准。

六、结算。废旧物资交物资供应部门后，根据计量结果，对有关单位开具废旧物资入库单，作为以后奖励的依据，双方签字认可后生效。废旧物资原则上每季度统一处理一次，处理时，物资供应部经办人开出库单，买受人和物资供应部门、财务部门、纪检部门的经办人签字认可后，将收入的现金上缴财务部门，保管员凭出库单核减相应的账目。

七、废旧物资奖励。

1. 钢材、有色金属、油脂、不能修复的小型设备、备件等废旧物资的费用60%留公司，20%奖励到车间，20%作为公司各管理部门的劳务费用。

2. 能修复的小型设备、备件按新设备、备件费减去维修费后的50%进行奖励（经物资供应部确认后回收到公司后方可进行奖励），施工单位不具备维修条件的，由物资供应部门外委维修。

八、其他单位和个人无权处理废旧物资，一经发现，按照废旧物资实际价值的3～5倍进行罚款。

九、本办法由公司纪委监督执行。

十、本办法自文件下发之日起生效。

××公司

××××年×月××日

第8章　技术管理

8.1　基建矿山技术管理的内容和特点

技术通常是指根据生产实践经验和自然科学原理总结发展起来的各种工艺操作方法与技能。现代企业技术管理就是依据科学技术工作规律，对企业的科学研究和全部技术活动进行的计划、协调、控制和激励等方面的管理工作。企业技术管理的目的，就是建立科学的工作程序，有计划地、合理地利用企业技术力量和社会上的技术资源，把最新的科技成果尽快地转化为现实的生产力，以推动企业技术进步和经济效益的实现。

由于矿山地质条件的独特性，使得世界上没有完全相同的两个矿山，每一个矿山建设都是一个不可简单重复、非常复杂而又繁琐的过程，因此基建矿山技术管理具有非常重要的作用，技术管理的成效直接影响到工程项目的进度、质量、投资等方面。

8.1.1　基建矿山技术管理主要内容

在矿山建设过程中主要包括以下内容：

（1）进行技术方案确定，通过多种形式选择可行的建设方案，是矿山建设活动的基础。

（2）编制矿山建设的规划和计划，并组织实施。

（3）组织编制施工组织设计、设计交底，解决施工中存在的具体问题。

（4）组织各类工程验收，如分项和单项工程竣工验收。

（5）制定和执行技术标准，进行工程和产品质量的监督检验。

（6）组织参加建设单位的信息交流和技术交流，协商解决技术纠纷。

（7）建立健全技术管理制度和技术操作规程。

（8）做好设计优化，通过矿山不同建设时期的方案优化，使矿山建设方案更合理，主要表现为新技术、新工艺和新设备的应用。

（9）做好建设项目的档案和信息管理。

（10）做好日常技术管理和矿山建设后期投产前的技术准备。

（11）做好科技进步和合理化建议工作，通过激励机制提高技术人员和管理人员的积极性、创造性，发挥技术对矿山建设的支撑作用。

（12）组织形成与矿山建设相应的技术管理运行体系，实现高效率运转，培养技术人才。

（13）做好技术经济的论证工作，减少建设期投资以及生产时期的成本。

8.1.2　基建矿山技术管理体系

基建矿山技术管理体系与建设单位的管理模式或者投资方式等有必然的联系。作为矿山建设的直接管理单位，一般采用建设项目总工程师、工程技术管理部门、施工管理车间三级工程技术管理体系并建立相应机构，实行技术管理工作统一领导、分级管理。

8.1.2.1 建设项目总工程师

建设项目总工程师主管矿山建设项目的技术管理工作，主要职责如下：

（1）负责审定基建项目的方案设计、初步设计和施工图设计，并对设计中存在的问题提出修改意见。

（2）负责招标文书中技术要求的审定。

（3）负责单项工程的地质勘测和设计管理工作。

（4）参与工程招标的管理，并协助完成相关合同的起草和审查。

（5）负责工程技术管理及对工程质量、工程进度和安全的监督。

（6）负责解决工程施工技术工作；负责解决工程施工中的重大技术问题；负责对工程重大变更提出决策意见。

（7）组织审核工程项目概算、预算和决算，组织审核工程量清单和材料采购清单。

（8）积极推广基本建设新技术、新经验、新材料、新设备。

8.1.2.2 工程技术管理部门

工程技术管理部门负责人接受总工程师的领导，是项目建设中的各专业技术管理的直接负责人，是总工程师的参谋和助手。工程技术管理部门也是具体办事机构，配备专业技术人员和相关管理人员若干，主要职责如下：

（1）负责制定矿山建设项目的技术管理办法，并组织实施。

（2）负责工程技术标准和规范的管理以及工程技术规范的宣贯。

（3）组织解决施工生产中遇到的重大技术问题，进行技术指导服务。

（4）负责收集并审批工程的施工组织设计，组织审查工程项目的施工组织设计。

（5）负责指导项目建设工程竣工资料的收集和整理以及工程技术总结等的编制。

（6）认真贯彻执行国家和行业的技术管理标准和规程，采取措施保证技术方案、工期、安全、质量等的落实。

（7）向总工程师汇报工作，对总工程师负责。

8.1.2.3 施工管理车间

施工管理车间是矿山建设直接管理单位，主要职责如下：

（1）落实工程技术管理部门下达的工程计划。

（2）督促施工单位按时完成或超额完成计划指标，采取各种措施保证全年生产任务的顺利完成。

（3）监督、检查施工单位工程进度及施工质量。

（4）每月参加工程的验收工作。

（5）做好日常工程记录、签证工作。

（6）负责各施工单位的安全生产监督、检查、管理以及安全隐患的整改落实。

（7）协调各施工单位之间的关系，及时化解各施工单位之间的矛盾，维护好正常的生产秩序。

（8）解决生产中出现的问题，对重大技术问题向工程技术管理部门反映，参加技术研讨，监督技术方案执行情况。

8.1.2.4 技术管理人员的要求

对技术管理人员的要求如下：

（1）行政领导应支持和尊重技术负责人对有关技术问题的决定。

（2）技术负责人应参加讨论决定本单位技术人员的调动、使用、考核、晋级、奖惩、职称评定和人员配备等事项；参加对技术人员引进问题的讨论，组织对应考人员的技术考核。

（3）各级工程技术人员应经常深入现场了解工程情况，检查和指导工作。

（4）应贯彻执行国家和地方政府部门有关法律、法规和方针政策，应贯彻执行有关工程技术的管理办法和实施细则。

（5）努力学习专业技术理论和企业管理知识，不断创新，勇于探索和实践，做好工程技术管理工作。

8.1.3 基建矿山不同时期技术管理的特点

矿山基本建设阶段可分为前期准备工作阶段、项目施工阶段以及竣工验收、生产准备和试生产阶段。应了解不同时期的特点，采取不同的管理方法，防止方法简单僵化，要与时俱进。

8.1.3.1 前期准备工作阶段

按照国家基本建设项目有关程序，做好项目可行性研究、初步设计、安全专篇、环评报告、招投标工作、合同签订和前期"三通一平"等重点工作，为主体工程开工创造条件，包括以下具体工作：

（1）协调各科研、设计、咨询、评估等单位完成设计、安全、环评等的编制、评审工作。

（2）组织本项目建设部门完成需经政府部门进行论证、审查、审核的各项工作（消防、电力、环保、卫生防疫、安监、国土、水资源等）。

（3）督促设计单位完成本项目的施工图设计工作。

（4）确定各建设项目的发包方式，制定项目承包商、监理公司招标文件，参与组织招投标工作，签订施工合同。

（5）组织建设施工单位进驻、"三通一平"等施工准备工作。

本阶段工作主要由外委单位完成，技术管理主要是参加到资料收集、现场勘察、主要工程选址、采选工艺论证等各项工作的过程中，了解设计意图，把握设计要点，以便在平时的施工过程中，解答施工单位提出的有关问题，同时做好招投标工作及施工单位的进驻工作。此阶段需要配备地、测、采、选、机、电、工民建、井建、技术经济等专业人员，工作量相对较小，各专业可合署办公。

8.1.3.2 项目施工阶段

施工阶段是项目建设的重要环节，项目由设计蓝图变为实体，需要调动各专业的资源，对项目工程从开工至竣工阶段的工程质量、进度、安全等目标进行全面控制，工作全面展开，以期圆满地实现建设目标。

A 工程计划与进度

（1）设计单位交付图纸以后，项目单位要对设计方案、图纸进行审核，相关人员要研究和熟悉图纸，掌握设计要求，审查其中错误、不合理、与实际不符的地方，并提出审查意见。

（2）审批施工单位提出的施工组织设计、施工方案、施工进度计划及年、季、月度实施计划，提出修改意见。

（3）对施工进度的监督、检查职能，定期检查实际进度是否按计划进行，督促承包单位采取有效措施纠正进度偏差，或及时修改计划以保证实际进度与计划进度的一致性。

（4）积极帮助解决施工单位对设计图纸中不清楚的问题，联系相关设计单位解决。

（5）工程变更是工程项目中时常发生的事情。工程变更会给项目进度、费用带来很大的影响，因此要坚决制止不必要的变更。

（6）督促承包商按计划进行人员、材料、机械的组织和供应。

B　质量管理

（1）项目建设过程中要认真做好各项准备工作，严格检查是否办妥和符合要求，如有不妥应尽早予以完善。

（2）应该与施工单位加强联系，对施工中发现的设计问题，及时与设计单位进行沟通。

（3）凡由承包单位负责采购的原材料、设备等，应在施工前提供材料报审，对于重要的材料，还应该提供样品，甚至联系厂家实地考察。对不符合要求或未经报审的材料应不予认可，造成质量问题的，还要责成施工单位返工。

（4）严格审查施工单位编制的施工组织设计和各单位工程的施工方案，这对于保证施工质量，防止施工事故的发生都具有重要的意义。

（5）在工程项目施工过程中，由于主观和客观的种种原因，会发生各种各样的质量问题，应及时组织各方力量解决出现的问题。同时，应加强与监理单位和施工单位之间的沟通，使出现的问题得到圆满的解决。

（6）当隐蔽工程、基础工程等重要单项工程经承建单位自检合格后，组织项目监理等单位进行验收、签证。如需要政府部门验收的，还要协调、陪同政府部门对该工序进行验收，督促施工单位及时整改出现的问题。

工程项目全部建设完成，并具备竣工验收条件后，项目建设单位各部门要与施工单位、监理公司等进行联合验收，检查工程是否符合设计要求，并收集、整理、汇编各项工程图表、竣工决算、工程总结等各项必要文件资料。

C　安全管理

（1）及时向施工单位提供相应的土建、矿建、安装项目的相关资料与信息，特别是井巷工程，应及时提供巷道采掘工程平面布置、地质报告、井上下对照图以及采空区位置资料与矿井涌水量监察报告等，提前做好各项安全隐患的预测与排除工作，确保施工过程中安全管理工作顺利进行。

（2）协助安全管理人员做好安全工作，对一些施工单位未注意到的安全问题给予及时提醒。现场技术人员与监理、施工单位相关管理人员应紧密配合，做好各项安全管理工作。

（3）审查施工单位编制的施工组织设计和各种施工方案中的安全措施以及方案本身的可靠性。涉及的安全措施，如有不满足安全规范和实际要求的，要予以指出，并要求施工单位进行修改和完善。对于一些危险性比较大的分部分项工程，工程技术管理部门还应积极配合、协助施工单位健全安全施工措施，为安全施工提供有利的条件。

（4）施工单位未按照相关安全生产法规要求建立安全文明施工制度的，要予以指出，仍未采取有效措施的，要以工程指令形式要求执行。检查和要求施工单位办理各种人身安全、财产安全保险。

（5）在项目实施过程中，特别是在土建工程的基坑工程、土方工程、吊装工程等危险性较大的工程施工过程中，应建立相应的应急制度，包括夜间值班制度、成立应急小组等措施。另外在台风季节、雨季等对施工不利的季节，应有相应的应急措施。井巷工程应严格按照相关安全规程做好各项目的安全技术措施与应急制度。

本阶段项目建设全面展开，地测、采选、机电安装等应分专业成立职能管理部门，分署设置负责人，配备合理的技术人员和办公设备。部门内部进行必要的分工，制定工作制度、岗位职责、技术标准，与施工单位建立制度化管理程序。

8.1.3.3 试生产阶段

生产准备工作可与施工过程并列进行，确保项目一旦竣工验收即可投产。生产准备包括招收和培训人员，组织学习和安全培训，参加设备安装，试车和工程验收；落实材料备件、燃料、水、电、气源以及其他协作配合条件；组织工具、器具、备品备件的生产和购置；生产勘探、生产准备矿量的完成；组织完成生产指挥机构，制定管理制度、岗位责任、岗位操作规程等；收集生产技术经济条件资料；制定产品标准。具备投产条件后向政府主管部门申请试生产，经许可后即可投入生产。

在本阶段要按生产阶段管理模式组织矿山生产活动，优化和完善技术管理程序，摸索出一条适合本建设项目的管理制度。

8.1.3.4 安全生产设施验收

试生产期间，矿山建设项目安全和技术部门、施工单位、监理单位等合作，汇编安全验收所需资料，并委托有资质的单位编制安全验收报告，完成后及时向主管安全部门申请安全设施竣工验收，通过后，安全部门将颁发"安全生产许可证"，获得"安全生产许可证"后，才可以开始正式生产。

8.1.4 技术管理的重要性

技术管理贯穿于矿山建设的全过程，从前期的方案论证、可行性研究、设计开始，一直到安全验收结束。前期方案论证包括初步勘察、可行性研究、详细勘察、方案设计、初步设计、技术设计、施工图设计等各阶段，每个阶段又贯穿于各个专业的每一项设计中。方案设计和初步设计是最重要的一环。

方案设计是多方案比较选择的结果，是项目投资估算的进一步具体化。项目总设计师应将可行性报告的设计原则、建设方案和控制经济指标向设计人员交底，对关键设备、工艺流程、总图方案、主要建筑和各项费用指标提出经济比较方案，要研究可行性方案中投资限额的可能性，特别要注意对投资有较大影响的因素，并将任务与规定的投资限额下发给设计人员，促使其进行多方案优选。各专业设计人员应强化控制建设投资意识，在拟定设计原则、技术方案和选择设备材料过程中应先掌握工程的参考造价和工程量，提出节约的措施。采用新技术、新设备、新工艺确可降低建设投资和运行成本，但要符合"安全、可靠、经济、适用、符合国情"的原则，或因可行性研究深度不够造成初步设计方案修改而增加投资，应进行技术经济综合评价。

依据确定的方案设计进行工程初步设计工作。初步设计使建设工程的规模、标准、组成、结构形式内容进一步明确，工程的投资、规模、生产能力、设备选型、主要工程选址、采选工艺、供水供电等具体方案都得到了确定，其他阶段的工作对工程投资的影响程度逐渐降低，可以优化的内容越来越少，优化的限制条件越来越多。

针对整个工程建设，一般来说设计方案影响最大，可占到整个可优化投资的绝大部分，初步设计次之，施工图设计阶段明显降低，施工开始后，影响投资的方案优化则更少，如山东某铁矿，从可研到项目竣工，可研评审时对开拓方案的优化占到了节约投资的50%，初步设计时的优化占到了20%，施工图设计约占20%，施工组织设计及具体的施工措施优化占节约投资不足10%。

设计方案完成后需要多次评审，除设计单位自身对比选择外，建设单位还要到类似矿山建设单位进行调研，邀请行业专家咨询，听取他们的意见和想法，尽可能减少工程量和投资，确保方案的完整性，方便以后正常生产时期的日常管理。

8.2 图纸会审

矿山建设的复杂性和特殊性，决定了矿山设计方案的单一性，施工图纸不可能完全标准化。设计单位虽然进行了内部会审，但仍然不能避免局部设计失误；即便是比较系统完整的设计，由于建设条件和环境的变化等也会导致设计图纸修改，所以矿山建设过程中图纸会审是一项非常重要的技术工作。尤其是施工图图纸，在施工前必须进行会审。图纸会审可减少图纸中的差错、遗漏、矛盾，将图纸中的质量隐患与问题消灭在施工之前，使施工图纸更符合施工现场的具体要求，避免返工浪费。参加建设单位，如监理单位、设计单位、建设单位、施工单位不仅要进行自审即内部会审，也要把他们组织到一块进行多方会审，从不同的角度完善施工方案和图纸。图纸会审是保证工程质量的重要环节，也是保证工程顺利施工的主要步骤。

8.2.1 图纸会审应遵循的原则

图纸会审应遵循以下原则：

（1）设计单位应提交完整的施工图纸。各专业相互关联的图纸必须提供齐全、完整，对施工单位急需的重要分部分项专业图纸也可提前会审，但在所有成套图纸到齐后需再统一会审。有的工程虽已开工，但施工图纸还不齐全，以至后到的图纸拿来就施工，这些现象是不正常的。图纸会审不可遗漏，即使施工过程中另补的新图也应进行会审。

（2）在图纸会审之前，建设单位、监理公司及施工单位和其他有关单位必须事先指定主管该项目的有关技术人员看图自审，初步审查本专业的图纸，进行必要的审核和计算工作，各专业图纸之间必须核对。

（3）图纸会审时，设计单位必须派负责该项目的主要设计人员出席。进行图纸会审的工程图纸，必须经建设单位确认。未经确认的图纸不得交付施工。

（4）凡直接涉及设备制造厂家的工程项目及施工图，应由订货单位邀请制造厂家代表到会，并请建设单位、监理单位与设计单位的代表一起进行图纸会审。

（5）建设单位应制定图纸会审管理办法，明确图纸会审的管理机构和参加图纸会审的单位，明确图纸会审的要求和注意事项，从而更好地指导图纸会审工作的进行，提高工作效率。

8.2.2 图纸会审的程序和过程

（1）建设单位或监理公司主持图纸会审工作，设计单位、施工单位、项目监理单位人员参加。图纸会审应在开工前进行。如施工图纸在开工前未全部到齐，可先进行分部工程图纸会审。

（2）图纸会审的一般程序为：业主或监理方主持人发言→设计方图纸交底→施工方、监理方代表提问题→逐条研究→形成会审记录文件→签字、盖章后生效。

（3）图纸会审前必须组织预审。阅图中发现的问题应归纳汇总，会上派一代表为主发言，其他人可视情况适当解释、补充。

（4）施工方及设计方专人对提出和解答的问题做好记录，以便查核。

（5）整理成为图纸会审记录，由各方代表签字盖章认可。

8.2.3 图纸会审的内容

图纸会审的内容有：

（1）施工图纸与设备、原材料的技术要求是否一致。

（2）施工的主要技术方案与设计是否相适应。

（3）图纸表达深度能否满足施工需要。

（4）构件划分和加工要求是否符合施工能力。

（5）扩建工程的新老系统之间的衔接是否吻合，施工过渡是否可能。除按图面检查外，还应按现场实际情况校核。

（6）各专业之间设计是否协调。如设备外形尺寸与基础设计尺寸、土建和机电安装对建（构）筑物预留孔洞及埋件的设计是否吻合，设备与系统连接部位、管线之间以及电气、热控和机务之间相关设计等是否吻合。

（7）设计采用的"四新"在工程技术、机具和物资供应上有无困难。

（8）能否满足生产运行对安全、经济的要求和检修作业的合理需要。

（9）设备布置及构件尺寸能否满足其运输及吊装要求。

（10）材料表中给出的数量和材质以及尺寸与图面表示是否相符。

8.2.4 图纸会审的注意事项

进行图纸会审的注意事项有：

（1）图纸会审前，建设单位应事先通知参加单位、参加人员熟悉图纸，准备意见，并进行必要的核对工作。

（2）图纸会审中发现的问题，应分专业登记，及时将设计文件审查情况进行汇总，报建设单位、设计单位、监理单位研究解决。

（3）图纸会审应由主持单位做好详细记录，并整理汇总成会议纪要，及时将会议纪要发送相关单位。

（4）图纸会审中提出的问题解决方案以会议纪要或设计单位书面答复资料为准。

（5）图纸会审应在单位工程开工前完成。当施工图由于客观原因不能满足工程进度时，可分阶段组织会审。

8.2.5 图纸会审会议纪要

图纸会审会议纪要根据有关会议记录和会议文件以及其他有关材料加工、整理、综合概括而成，如实地反映领导和与会者的共同意见，反映会议基本情况和主要精神，是传达议定事项和会审结果的依据。

（1）会议组织部门应将施工图会审记录整理汇总并负责形成会议纪要，经与会各方签字同意后，该纪要即被视为设计文件的组成部分，发送设计单位、施工单位和监理单位，抄送有关单位并予以存档。

（2）如有不同意见通过协商仍不能取得统一时，建设单位应牵头协调解决。

（3）对会审会议上决定必须进行设计修改的，由原设计单位按设计变更管理程序提出修改设计，一般性问题经建设单位和监理公司协商确定后交施工单位执行，重大问题建设单位应会同设计、监理等单位共同研究解决。施工单位拟施工的一切工程项目设计图纸，必须经过图纸会审，否则不得开工，已经会审的施工图以下达会审纪要的形式作为确认。

（4）会议纪要要明确记录参加人员：

1）建设单位：总工程师、主管领导以及涉及专业职能部门、管理车间、安全管理部门等单位负责人及相关技术人员。

2）设计单位，含单位技术负责人、项目的各项专业设计人员。

3）施工单位，含项目的项目经理和技术负责人。

4）监理单位，含单位技术负责人、项目的总监。

（5）会议纪要的落实。

1）建设单位要及时将会议纪要传达给相关单位。

2）施工单位负责具体贯彻执行会议要求，按纪要要求组织施工。

3）建设单位管理车间、监理单位负责日常现场管理、检查与监督，并做好记录。

4）职能部门做好检查与督促，向总工程师和主管领导汇报纪要落实情况，并严格进行考核。

8.2.6 图纸会审技巧

在图纸会审中，工程技术人员不仅要对施工图进行详细的核对，对图纸进行全面的复查，还应掌握一些图纸会审的技巧和方法，具体的做法着重从以下几个方面入手。

8.2.6.1 工程安全可靠性

对于一项拟建工程而言，在确保设计满足工程全部功能，符合国家有关政策和有关法律法规的前提下，还必须满足于安全规程的工作，即必须满足工程安全可靠性要求。为确保工程安全可靠，对设计图纸而言，应主要审查以下几个方面：勘查资料是否齐全，对于建筑物层数、结构形式、基础形式是否与勘查资料完整相吻合，对于矿建工程，支护形式是否合理，支护等级是否满足要求；承重结构以及材料造型是否合理，能否满足承载力要求；给水排水、暖气通风、强电弱电各专业之间的设备造型是否合理，设备之间、设备与建筑物之间以及设备与行人之间的间距是否满足规范要求；图纸是否完整，如有分期供图，则供图时间应满足施工进度的要求，并留出审图的时间。

保证设计图纸的质量，是确保工程安全可靠的一个重要环节。因此，工程技术人员必须高度重视图纸会审工作，确保图纸设计质量，从而满足工程项目安全性。

8.2.6.2 工程适用性

人们在注重工程效果和内在功能的同时，对工程项目建设适用性越来越重视。适用性从大的方面讲，牵扯到城市规划、城市配套设施、当地生活水平标准以及城市发展等诸多因素；从小的方面讲，与设计人员的设计水平、用户的使用要求有关。工程项目的适用性不是随意的，图纸的设计要符合国家政策，符合国家、行业颁布的设计规范、标准。

工程项目建设的适用性还要考虑到工程与设备之间的合理配套，工程项目建设的技术可行性，功能布局是否合理，消防设施是否满足使用要求。

8.2.6.3 工程经济性

工程经济性主要表现在施工成本和使用成本方面。控制工程造价的关键在于施工前的决策阶段和设计阶段。决策阶段主要是确定大的设计方案，属战略范畴，而设计阶段是对设计方案进行施工图设计，是建设全过程投资控制的重点。在设计阶段，建设单位应协助设计单位开展限额设计工作，在确保满足工程功能的前提下，努力寻求节约投资的可能性。

在图纸会审阶段，专业技术人员要有丰富的经验和强烈的责任心，充分了解施工图纸设计情况，广泛听取各方面的意见，依据设计规范进行细致的分析、判断，从而提出自己的见解，力争为工程建设节省基建投资。另一方面，专业技术人员在审图的过程中，要树立全局观念，不仅考虑工程基建投资，还要认真计算工程项目建成投产后生产经营成本，审图过程中通过设计方案比较，力争找到投资少、生产经营成本低的方案，提高工程项目在存续期间的盈利能力。

8.2.7 某选矿厂工程图纸会审案例

某选矿厂工程规模为年产120万吨。破碎系统为"三段一闭路"工艺，磨选系统为三段阶段磨矿阶段选别工艺。

选矿厂施工图纸设计完成后，设计单位提交给建设单位，建设单位首先对图纸的完整性和合同的符合性进行了预审。

在预审通过的基础上，组成图纸会审小组，图纸会审小组由建设单位、施工单位、监理单位、设计单位和外聘专家组成，并分成工艺机电组和土建组，工艺机电组审查内容为工艺的顺畅性、设备安装的可靠性和可行性、非标设计的实用性和方便性等，土建组审查内容为土建施工的可靠性和便易性，材料选择的合理性和施工的经济便利性。

在小组审查的基础上再进行大组会审，会审内容是对两个小组提出的问题进行综合讨论，同时讨论设备材料安装和土建结构能力是否满足或过大，设计是否漏项，专业之间的设备是否相互影响、施工图土建设计是否适应本地区的环境等。

通过系统的设计会审，审查出大小问题50余项，其中重大问题五项，通过和设计院的充分交流，进行了设计变更。

通过图纸会审后，该项目在施工中遇到的图纸变更问题减少，施工费用降低。该项目施工工期仅为五个月，大大低于国内同类选矿厂的建设进度，实现了选矿厂当年建设、当年投产的成果。

8.3 施工组织设计

施工组织设计是对施工活动实行科学管理的重要手段，具有战略部署和战术安排的双重作用，是为完成一项具体工程施工创造必要条件、采用先进合理的施工工艺而制定的规划设计，是指导单项工程进行施工准备和实施施工的基本技术文件。它的基本任务是根据国家对建设项目的要求，确定合理的施工方案，对拟建工程在人力、物力、时间和空间、技术和组织上做出全面合理的安排，以确保在合理工期内优质、高效、安全、经济地完成施工任务，形成建设项目新的生产能力。施工组织设计按照施工单位的隶属关系及工程性质、规模、技术复杂程度实行分级编制和审批。

8.3.1 各类施工组织设计编制依据

8.3.1.1 单项工程施工组织设计编制依据

（1）批准的矿区总体设计、单项工程初步设计、施工图、总概算、设备及主要材料清单、地质报告、井筒检查孔资料、工程地质资料、邻近矿井（或露天矿）的有关地质资料。

（2）国家颁发的有关技术经济政策，各种规范、规程、规定、标准。

（3）现行的各类工程概算指标、预算定额、工期定额、技术经济指标以及劳动保护、环境保护、工业卫生、消防安全等文件。

（4）国家和建设单位对该工程的具体要求。

8.3.1.2 单位工程施工组织设计编制依据

A 矿建工程单位工程施工组织设计编制依据

（1）经批准的单项工程施工组织设计。

（2）单位工程施工图、施工图预算。

（3）经批准的地质报告、井筒检查孔及工程所处部位的工程地质及水文地质资料。

（4）国家及部委颁发的有关规范、规程、规定、标准及定额等。

（5）施工企业自行制定的施工定额、进度指标、操作规程等。

（6）施工队伍的技术水平、技术装备和可能达到的机械化程度。

（7）国内外行之有效的先进经验等。

B 地面建筑工程单位工程施工组织设计编制依据

（1）经批准的单项工程施工组织设计。

（2）单位工程施工图纸及施工图预算。

（3）工程位置的水文地质、土壤构造物理性质等资料。

（4）国家及部委颁发的各项有关规范、规程、标准等文件。

（5）国家或企业制定的施工定额、工期定额、进度指标等。

（6）施工企业的技术装备水平，可能达到的机械化程度。

（7）国内外行之有效的先进经验等。

C 机电设备安装工程单位工程施工组织设计编制依据

（1）批准的单项工程施工组织设计。

（2）单位工程施工图、施工图预算。

（3）机电设备出厂说明书及随机的有关技术资料。

（4）国家及部委颁发的有关规范、规程、标准等规定。

（5）国家或企业制定的施工定额、工期定额、进度指标等。

（6）施工企业的技术装备、技术水平及可能达到的机械化程度。

（7）国内外行之有效的先进经验等。

8.3.2 施工组织设计编制原则

不同的施工组织设计编制原则各有侧重，主要应包括以下几方面：

（1）重视工程的组织对施工的作用。

（2）提高施工的工业化程度。

（3）重视管理创新和技术创新。

（4）重视工程施工的目标控制。

（5）积极采用国内外先进的施工技术。

（6）充分利用时间和空间，合理安排施工顺序，提高施工的连续性和均衡性。

（7）合理部署施工现场，实现文明施工。

8.3.3 施工组织设计编制内容

施工组织设计的繁简，一般要根据工程规模大小、结构特点、技术复杂程度和施工条件的不同而定，以满足不同的实际需要。复杂和特殊工程的施工组织设计需较为详尽，小型建设项目或具有较丰富施工经验的工程则可较为简略。

施工组织总设计的目的是为解决整个建设项目施工的全局问题，要求简明扼要，重点突出，要安排好主体工程、辅助工程和公用工程的相互衔接和配套。

单位工程的施工组织设计是为具体指导施工服务的，要具体明确，要解决好各工序、各工种之间的衔接配合，合理组织平行流水和交叉作业，以提高施工效率。施工条件发生变化时，施工组织设计须及时修改和补充，以便继续执行。

施工组织设计的内容要结合工程对象的实际特点、施工条件和技术水平进行综合考虑，一般包括以下基本内容：

第一章 编制说明 包括施工组织设计编制依据、编制原则和引用的建设标准。

第二章 工程概况及特点 本项目的性质、规模、建设地点，气象、地理、地质条件，结构特点，设计概况，设计单位、监理单位、勘察单位，建设期限，承包方式等。

第三章 施工部署和施工准备工作

施工用电：建设单位应将电源接至施工区域，供施工现场用电。如果施工总用电量没有满足要求，可将大容量机械安排在夜间施工，避开用电高峰，满足施工用电要求。

施工用水：建设单位应将水源接至现场，能满足要求。

施工道路：应能满足施工要求。

第四章 施工现场平面布置 施工现场平面布置是施工方案及施工进度计划在空间上

的全面安排。它把投入的各种资源、材料、构件、机械，道路，水电供应网络，生产、生活活动场地及各种临时工程设施合理地布置在施工现场，使整个现场能有组织地进行文明施工。

第五章 施工总进度计划 要使施工工序在时间安排上有序进行，要充分利用各种资源，通过优化调整达到既定目标，在此基础上编制相应的人力和时间安排计划，设备、物资、材料等各种资源需求计划和施工准备计划，以达到进度控制的目的。

第六章 各分部分项工程的主要施工方法 介绍工程各分部分项工程的主要施工方法、检验标准、注意事项、产品保护以及环境保护。

第七章 拟投入的主要物资计划 介绍工程计划分次分批投入的主要物资计划。

第八章 工程投入的主要施工机械设备情况 对所需要的主要施工机械提出要求，说明来源（租、借、购置），要明确数量、设备状况等。

第九章 劳动力安排计划 对该工程劳动力计划表按月分别进行计划安排。

第十章 确保工程质量的技术组织措施

质量目标：达到国家现行施工验收规范合格标准，创建建筑装饰优质工程。

质量方针：不断开发和使用施工新技术、新材料、新工艺，以领先的技术达到领先的质量水平；致力于不断培训和提高员工素质，优秀人才优先安排到对质量有影响的岗位。

质量保证体系的内容及项目部质量保证体系运行程序。

项目质量控制和保证措施。

第十一章 确保安全生产的技术组织措施

安全生产管理目标：达到"五无"目标，即无死亡事故，无重大伤人事故，无重大机械事故，无火灾，无中毒事故，确保达到安全文明施工。

安全保证体系的内容；安全管理制度及安全管理工作；具体的安全技术措施及奖惩措施；安全应急救援预案。

第十二章 确保文明施工的技术组织措施

文明施工及工地标准化管理：由专业负责人对工地进行安全生产、文明施工、场容场貌、生活卫生检查，以有力地促进项目"标化"工作，达到文明工地的要求。

文明施工组织措施；文明施工保证措施；生活卫生保证措施；环境保护措施。

第十三章 确保工期的技术组织措施

工期目标：根据招标文件要求，明确计划开工日期、计划竣工日期和施工总工期日历天。

确保工期的组织措施；确保工期的技术措施；影响工期的因素及赶工措施。

第十四章 质量通病的防治措施 对工程在土建、井建、安装和装饰等施工过程中出现的质量通病进行原因分析，并且提出相关的防治措施。

第十五章 特殊季节施工措施 对工程在夏季、冬季、雨季等恶劣天气（或气温）采取的相关施工措施进行介绍等。

夏季施工保护措施：夏季气温较高，且空气湿度较大，因此夏季施工以安全生产为主题，以"防暑降温"为重点。对高温作业人员进行就业前健康检查，凡检查不合格者，均不得在高温条件下作业。炎热时期应组织医务人员深入工地进行巡回和防治观察。积极与当地气象部门联系，尽量避免在高温天气进行大工作量施工。对高温作业者，供给足够的合乎卫生要求的饮料（含盐饮料）。

夏季施工组织措施：采用合理的劳动休息制度，可根据具体情况，在气温较高的条件下，适当调整作息时间，早晚工作，中午休息。改善宿舍及职工生活条件，确保防暑降温物品及设备落到实处。根据工地实际情况，采取勤倒班的方法，缩短一次连续作业时间。

夏季施工技术措施：确保现场水、电供应畅通，加强对各种机械设备的维护与检修，保证其能正常操作。在高温天气下施工的混凝土工程、抹灰工程，应适当增加其养护频率，以确保工程质量。加强施工管理，各分部分项工程坚决按国家标准规范、规程施工，不能因高温天气而影响工程质量。

雨季施工保护措施：雨季施工管理目标主要以预防为主，采用防雨防洪措施，加强排水手段，确保雨季生产正常地进行。加强雨季施工信息反馈，发生的问题要采取防范措施设法排除。

雨季施工准备工作：对于施工现场及构件生产基地，应根据地形对场地排水系统进行疏通以保证水流畅通，不积水，并要防止周边地区地面水倒入场内，现场内主要运输道路两旁要做好排水沟，保证雨后排水通畅。

机电设备及材料防护：机电设备的电闸箱采取防雨、防潮等措施，并安装好接地保护装置；对井架的接地装置进行全面检查，其接地装置、接地体的深度、距离、棒径、地线截面应符合规程要求，并进行监测。

原材料及半成品的保护：对木门、窗、石膏板等怕雨淋的材料要采取防雨措施，放入棚内或仓库内，并垫高保证其通风良好。

雨季施工管理：由于混凝土在雨季施工中坍落度偏大，以及雨后模板、钢筋、插铁淤泥较多，影响混凝土质量。因此，应尽量避免混凝土浇捣在雨天进行，如无法避免，则采取调整配合比，适当减少加水量，合理使用外加剂等一系列措施，确保工程质量。外脚手架要设挡脚板，并随时清理架子上的污物，防止雨水溅污墙面。

第十六章　成品保护措施　对工程中的半成品、成品提出相应的保护措施。

项目经理牵头建立"成品保护小组"，每项工序由专人负责，从每道工序的开始到完工对已完成的成品进行核实，做好记录，对多成品有破坏的应报告和备案，坚持"谁施工谁负责"的原则。加强思想教育，增强施工人员的成品保护意识，提高施工队伍的素质。针对重点部位进行遮盖保护。专业工长技术交底时，必须针对工程特点提出相应的成品保护措施和要求。

交叉保护措施：搞好土建与安装工程、装饰工程的协调配合，科学安排工序，尽量减少相互工种间的干扰，并根据工程的特点，作好交叉作业的保护，对水电施工做好预留、预埋工作，限制其随意剔槽凿孔。做好不同工序的交接管理，在工序交接时工种间负责人进行检查，记录备案，做到有据可查，健全成品保护的责任制。

自身产品保护措施：在编制施工组织设计和具体施工安排时应合理安排施工工序，避免倒工序施工而影响成品保护，破坏成品。成品与半成品必须有专门的场所放置，并派专人管理。交叉施工阶段，上下道工序的交接双方要派人在施工现场监护，确保上道工序的成品不受损坏。采取护、包、盖、封等成品保护手段，防止成品损坏或污染等情况的发生，护是指提前保护，包是指进行包裹，盖就是表面覆盖，封就是指局部封闭。

对已施工完毕的工程在验收后应派专人看管，直到验收交付使用为止。加强值班，监督进出人员遵守规定，有效保护好成品，向业主移交一个完美无缺的优质工程。

第十七章　创优综合措施　成立创优领导小组，建立高效科学的质量管理体系，根据工程实际情况，按照过程精品的要求，实行动态管理。编制与质量有关的管理程序，主要包括材料采购、施工劳务协议等，一切均以保证质量目标的实现为前提。

加强责任目标管理，工程开工前，从前期准备到竣工验收，直至工程保修的工作内容，进行合理分工，划清责任。

充分利用各种资源，工程开工前与建设主管部门签订责任状、共建状，定期向主管部门汇报工程进展情况，并邀请主管部门对工程进行严格的监督检查，让社会压力变成工作动力。

加大工程投入，制定项目质量管理手册，对重要分部分项、重要部位制定高于规范标准的内部实施标准，严格管理。

加强资料整理，制定总的资料目录，并对声像资料等特殊项目，由专人跟踪，力求对工程全过程及重点部位进行及时、准确的录制，按要求进行归纳整理，使工程资料从开始就准确完整，并及时邀请专家指导，发现问题及时改正。

充分利用新材料、新工艺、新技术、新设备，加大科技投入，并在施工中成立技术创新小组及质量检查（QC）小组，对于技术、质量上的难点进行攻关。

第十八章　项目成本控制　根据《建设工程项目管理规范》（GB/T 50326—2006）的要求，制定项目成本控制目标，合理地控制本工程的成本。项目成本控制包括成本预测、计划、实施、核算、分析、考核，整理成本资料与编制成本报告。

项目部对施工过程发生的、在项目部管理职责权限内能控制的各种消耗和费用进行成本控制。建立和完善项目部管理层作为成本控制中心的功能和机制，并为项目成本控制创造优化配置生产要素，实施动态管理的环境和条件。建立以项目经理为中心的成本控制体系，按内部各岗位和作业层进行成本目标分解，明确各管理人员和作业层的成本责任、权限及相互关系。

第十九章　回访保修服务措施　定期组织对客户的走访调查，收集顾客质量反馈信息。对于巡检时发现的问题要及时处理，制定解决方案及维修服务实施计划，组织实施回访保修工作。

第二十章　附图　附图包括施工平面总图、施工总进度图、施工网络图等。

根据上述施工组织的编制内容，分别对单项工程、单位工程等施工组织的内容进行整理，见表 8-1～表 8-4。

表 8-1　单项工程施工组织设计编制内容提要

项　目	内　容　提　要
矿井设计概况	（1）矿井交通位置，井田范围，设计能力，服务年限，设计工程总量，总概算，设计建设工期； （2）矿井开拓方式，井巷工程布置及特点； （3）主要生产系统工艺流程及各系统主要设备选型； （4）矿井移交生产标准及各类工程应完成的程度； （5）三类工程的工程量及主要单位工程的特点； （6）废石、矿井水、生活污水等环保设施

续表 8 - 1

项　目	内　容　提　要
矿井地质及水文地质条件	(1) 地层、矿体赋存状况； (2) 井筒检查孔资料及其分析； (3) 主要巷道穿过的岩层及施工中应注意的地质构造、水文地质特征； (4) 地面建筑物基础土层的工程地质条件
施工准备工作	(1) 交通运输； (2) 供电； (3) 供水及消防设施； (4) 通风方式及设施； (5) 供热采暖方式及设施； (6) 加工设施； (7) 矿井地面排水及防洪； (8) 工业场地平整及土石方平衡规划； (9) 大型临时工程的数量、构造及造价； (10) 土地征用范围及数量； (11) 开工前必须准备的材料、设备及其供应方式； (12) 现场组织机构及初期劳动力的安排； (13) 施工准备期工程进度安排
施工方案及施工方法	(1) 根据矿井设计、地质和水文条件及建筑安装工程特点，确定三类工程的主要单位工程的施工方法，并制定其施工方法； (2) 确定矿井主要环节的施工顺序； (3) 提出拟采用的新技术、新工艺、新结构、新设备的措施意见以及其他特殊施工方法的采用
矿井建设工期总排队	(1) 根据施工单位的劳动力、技术素质及国家颁发的工期定额或对进度指标要求，确定三类工程排队的平衡进度指标； (2) 采用网络计划法对三类工程进行综合排队，找出矿井建设的主要矛盾线，据以确定矿井建设工期； (3) 绘制矿井三类工程施工进度指示图表； (4) 加快建井的措施和意见
工业场地施工总平面图布置	(1) 工业场地、风井及工人村施工总平面布置； (2) 永久建筑利用和临时工程布置对照图； (3) 广场土石方工程安排及永久管线施工安排； (4) 场内管沟及道路施工安排； (5) 大临工程的总平面布置； (6) 施工材料、设备堆放场地及运输流程； (7) 动力设备（压气、供电）及水源供应与负荷中心的关系； (8) 火药库、油脂库、加油站的布置与安全距离； (9) 广场排水及防洪； (10) 排矸场及临时存矿场的布置； (11) 节约用地及环境保护措施

项　目	内　容　提　要
施工技术及 安全组织措施	（1）矿井施工主要辅助系统的设备选型与永久辅助系统的交替安排，包括提升、通风、压气、供水、排水、通信运输等。要按井筒施工、平巷开拓及采区采掘三阶段设计； （2）物资供应的平衡落实措施（包括劳动力、施工设备、材料及非标准设备加工、施工图纸等）； （3）矿井建设期间地质、测量工作安排； （4）矿井建设期间保证工程质量的措施； （5）矿井建设期间提升、通风、排水系统的主要措施及井筒施工转入平巷开拓过渡期的安排； （6）施工技术安全组织措施； （7）管理经验及增产节约的措施； （8）施工组织领导系统的改进措施； （9）采用新技术、新工艺、新设备的计划措施； （10）存在问题及解决意见
附　表	（1）单位工程施工进度一览表； （2）矿井建设逐年工程量及投资计划表； （3）主要永久设备供应计划表； （4）主要施工设备需用量计划表； （5）主要器材需用量计划表； （6）劳动力需用量计划表； （7）施工图提交计划表
附　图	（1）矿井地质地形图； （2）工业场地施工总平面布置图； （3）井下巷道施工总平面布置图； （4）矿井建设三类工程综合进度图

表8-2　井巷施工单位工程施工组织设计编制内容提要

项　目	内　容　提　要
工程概况	单位工程的设计技术特征、工程量、施工条件
地质、水文条件	单位工程多处的岩层特征、地质构造、水文条件情况
施工方法的选择	（1）施工方案比较，选用施工方案的根据和理由； （2）详述施工方法的具体步骤以及采用的施工机具、工艺和新技术； （3）施工辅助生产系统的安排（包括提升、运输、排水、压气、通风、供电、供料、照明、通信、信号）
施工技术措施	（1）施工循环图表、爆破图表； （2）支护方式选择及支护说明书； （3）质量标准及保证工程质量的措施； （4）采用新技术、新工艺、新设备的措施
施工安全技术措施	结合工程特征采区的灾害预防措施和综合防尘措施
增产节约措施	提高工效，节省材料及节约能源的措施
组织措施	施工组织形式及劳动力配备
技术经济指标	本设计预计达到的主要经济指标，如工程质量合格率及优良品率、平均月进度及总工期、劳动生产率及实物效率、主要材料消耗定额、施工机械化程度、工程成本降低率、安全情况等

项 目	内 容 提 要
附 表	(1) 单位工程工程量、投资逐月安排计划表; (2) 施工设备、工器具、仪表需用计划表; (3) 主要材料需要量计划表; (4) 劳动力需用量计划表
附 图	(1) 施工平面布置图; (2) 单位工程平面图、剖面图、断面图; (3) 各种施工设施布置图; (4) 单位工程施工综合进度图

表8-3 矿山建筑单位工程施工组织设计编制内容提要

项 目	内 容 提 要
工程概况	(1) 工程特点; (2) 建设地点的特征; (3) 施工条件
施工方案和施工方法	(1) 施工方案的选择,包括总的施工顺序、施工流向、流水段的划分; (2) 主要分部分项工程的施工方法; (3) 特殊项目的施工方法及技术措施; (4) 保证工程质量及安全施工的技术组织措施; (5) 提高工效,加快速度,节约材料及能源的措施
施工准备工作计划	(1) 技术准备工作; (2) 现场准备工作; (3) 劳动力、机具、材料、构件加工、半成品的准备; (4) 其他准备工作,如与有关专业施工单位的联系和落实等
施工进度计划	根据划分的施工项目、流水施工段,确定施工顺序,编制网络计划图或形象进度图表示施工进度计划
技术经济指标	(1) 工期指标; (2) 劳动生产率指标; (3) 质量、安全指标; (4) 工程成本降低率; (5) 主要工程工种机械化程度; (6) "三材"节约指标
各种资源需要量计划表	(1) 工程材料需用量计划表; (2) 劳动力需用量计划表; (3) 构件、加工半成品需用量计划表; (4) 施工机具、设备需用量计划表; (5) 运输计划表
施工平面布置图	(1) 地上和地下一切建筑物、构筑物和管线; (2) 测量放线标桩、地形等高线、土方取弃场地; (3) 起重机轨道和行驶路线,提升架位置等; (4) 材料、加工半成品、构件、机具堆放场地; (5) 生产、生活用的临时设施; (6) 安全、防火设施等

表8-4　机电设备安装单位工程施工组织设计编制内容提要

项　目	内　容　提　要
工程概况	(1) 工程特征； (2) 施工条件； (3) 单项工程施工组织设计对本工程的工期要求等
施工方案	(1) 设备基础工程、土建工程施工安排及要求； (2) 主体设备、附属设备及配套管线的施工顺序安排； (3) 设备垂直、水平运搬方式的选择； (4) 主要加工件的制作方式； (5) 施工设备及起吊设备的选择； (6) 劳动组织、作业方式及劳动力配备
施工准备工作	(1) 技术准备：熟悉设计图纸及设备说明书；设备检验、清点、清洗及预安装。 (2) 现场准备：平整场地，接通水、电等动力，安装施工设施，基础放线，检测方位。 (3) 加工件、机具、材料及劳动力准备
施工方法及 施工技术组织措施	(1) 每台设备的水平、垂直搬运方法及安装方法，安装的质量标准及安全要求及保证质量、安全的措施； (2) 设备调试方法、步骤及安装质量和设备性能检测方法，在调试中的安全要求及保证安全的措施； (3) 设备试运转的方法、步骤、质量及安全要求，保证质量安全的措施
施工进度计划	根据工程项目分解的工序，编制网络计划图或形象进度图表示施工进度计划
技术经济指标	(1) 工期指标； (2) 劳动生产率指标； (3) 质量、安全指标； (4) 成本降低率指标
各种资源需要量计划	(1) 主要材料需要量计划； (2) 施工设备、机具、仪表需用量计划表； (3) 加工件制作量计划表； (4) 劳动力需用量计划表； (5) 运输计划表
附　图	(1) 施工平面布置图； (2) 加工件制作图

8.3.4　施工组织设计审查和审批

施工组织设计是工程施工的策划文件，在施工中起指导作用，所以施工方案和工艺要求必须清楚、明了，应全面、系统地覆盖施工过程中的所有工作要求，使施工组织设计在施工现场发挥作用。如何审查和审批施工组织设计使之符合工程施工要求，是工程实施前的一项重要工作。

8.3.4.1　施工组织设计的审查内容

(1) 承建单位对施工组织设计（方案）签字、审批手续是否齐全。

(2) 施工组织设计（方案）的主要内容是否齐全。要重点审查以下方面：

1) 施工组织总设计，工程概况和施工特点分析，施工部署和主要项目施工方案，施工总进度计划，全场性的施工准备工作计划，施工资源总需要量计划，施工总平面图和各项主要技术经济评价指标。

2）单位工程施工组织设计，工程概况和施工特点分析，施工方案选择，施工进度计划，劳动力、材料、构配件、施工机械和施工机具等需要量计划，施工平面图，保证质量、安全、降低成本和冬季雨季施工的技术组织措施，各项技术经济指标等。

3）施工方案设计，指重点部位、关键工序或技术复杂的分项、分部工程施工方案和采用新技术、新工艺、新技术、新设备的施工方案。内容包括工程概况，施工程序和顺序，主要分项、分部的施工方案和施工机械选择，技术、质量保证措施等。

4）承建单位现场项目管理机构的质量体系、技术管理体系，特别是质量保证体系是否齐全。

5）主要项目的施工方法是否合理可行，是否符合现场条件及工艺要求。

6）施工机械设备的选择是否考虑了对施工质量的影响与保证。

7）施工总进度计划，施工程序的安排是否合理、科学，是否符合承建合同的要求。

8）主要的施工技术、质量保证措施的针对性、有效性如何。

9）施工现场总体布置是否合理，是否有利于保证工程的正常顺利施工，是否有利于工程保证质量，施工总平面图是否与建筑平面协调一致。

8.3.4.2 施工组织设计的审批

根据对上述内容的审查，如符合要求则签署"施工组织设计合理、可行，且审批手续齐全，拟同意承建单位按该施工组织设计组织施工。"如不符合要求，应简明指出不符合要求之处，并提出修改补充意见后签署"暂不同意承包单位按该施工组织设计组织施工，待修改完善后再报。"施工组织设计审批表见表8-5。

表8-5 施工组织设计审批表

工程技术文件审批表			编号		
工程名称			日期		
现上报_____工程技术管理文件，请予以审批。					
序号	类别	编制人	册数		页数
1					
2					
3					
4					

编制单位名称：

技术负责人（签字）：　　　　　　　　　　　　　　　　　审批人（签字）：

施工单位审核意见：

审核人（签字）：　　　　　　　　　　　　　　　　　　　审核日期：　　月　　日

监理单位审核意见：

审定结论：　　　　　同意　　　　修改后再报　　　　重新编制
总监理工程师（签字）：　　　　　　　　　　　　　　　审核日期：　　月　　日

注：本报表由施工单位填报，建设单位、监理单位、施工单位各一份。

8.3.4.3 施工组织设计审查和审批的注意事项

（1）施工组织设计中的工期、质量目标是否与施工合同相一致，组织机构是否完善，组织人员是否到位。

（2）施工组织设计应优先选用成熟、先进的施工技术。

（3）安全、环保、消防和文明施工措施要切实可行并符合有关规定。

（4）规模大、结构复杂或属新结构、特种结构的工程，必要时与建设单位协商，组织有关专业部门和有关专家会审。

（5）施工布置是否合理，方法是否可行。

（6）有无季节性和专项施工方案，方案的可行性和合理性。

（7）质量管理体系、技术管理体系、安全管理体系是否健全，有无针对性。

（8）承建单位按审定的施工组织设计组织施工，如需对其内容做较大变更，应在实施前将变更内容以"承建单位变更申请表"的书面形式报送审查单位进行审查和审批。

8.3.4.4 施工组织设计中易出现的几个问题

A 关键过程和特殊过程问题

关键过程和特殊过程的问题在贯标过程中一直是一个重点强调的问题。关键过程是指技术含量高，过程质量对最终产品质量有直接影响，过程对整个工程具有制约作用。特殊过程是指过程的结果不能通过其后产品的检验和试验完全验证。对关键过程和特殊过程，按国家标准的要求，应制定措施加以控制，但在施工组织设计中经常出现以下状况：

（1）没有关键过程和特殊过程或对整个施工过程的关键过程和特殊过程提出得不完全，后果是关键的控制点没得到控制，影响施工质量。

（2）只列出关键过程和特殊过程名称，没有对这些过程的控制手段和控制方法，在实际施工中，无据可依，施工中带有随意性，造成施工质量不稳定。

（3）不同的工程项目，在施工组织设计中出现的关键过程和特殊过程却完全相同，没有体现不同项目的不同特点。

（4）没有明确关键过程和特殊过程在施工中应填写的质量记录，后果是现场作业人员忽视或没有进行质量记录的填写，留下的质量记录失真。

B 施工方案、工艺要求和安全措施问题

（1）工艺要求不明确，施工方案不清楚，没有明确应执行的"施工工艺和检验、试验规程"，使现场施工无法进行。

（2）忽视不同季节的防护措施，如冬季的防冻措施要求，雨季的防雨措施要求等，致使施工质量受到影响。

（3）没有对施工现场的地下埋藏物及地上架空物采取保护的措施要求，施工中容易引发安全事故。

（4）当施工现场有特殊的用电需要时，没有写明用电安全措施要求，包括电工持证上岗等要求。

C 资源配备问题

经常发现一些施工组织设计中人员和设备的安排与施工现场的实际情况大相径庭，原因是：

（1）在施工组织设计编写时，没有考虑到本单位的实际情况，或为了能顺利通过甲方审查，任意增加设备和人员，结果在实际工作中又无法实现，造成建设方不满意。

（2）施工组织设计中设备和人员安排不当，实际工作中不能保质量、按进度完成任务。

D　检验、试验要求

检验、试验是施工组织设计编写中不可缺少的一部分重要内容，但在许多施工组织设计中仍存在下列问题：

（1）没有整个施工全过程的检验点，造成质检员的工作不知从何着手，从而影响工程质量。

（2）没有提出检验点的检验标准和检验手段，忽视过程检验和最终检验。

（3）没有检验点对应填写的质量记录要求，造成现场质量记录缺乏及时性、真实性。

（4）缺少进货检验和顾客提供产品的检验要求。

E　引用文件

施工组织设计需覆盖的内容很多，经常需要引用一些技术规范、法律、法规、作业文件、程序文件的内容，在引用文件的过程中常出现以下问题：

（1）所引用的文件名称与原文不符。

（2）没有文件编号或版次号，容易误用过期作废的文件。

（3）没有所引用的条款号，给实施者带来麻烦。

8.3.5　施工组织设计的落实和协调

工程组织实施是整个项目建设成败的关键，在项目实施过程中，一方面需要与建设单位、各个专业施工单位进行协调；另一方面还要制定出最佳的工程进度计划，控制进度，监督质量，搞好安全生产。

（1）做好施工组织设计交底工作。施工开始前，根据施工组织设计内容和要求，向施工人员交代清楚施工任务要求和施工方法，是完成施工任务，实现施工整体目标的必要条件。尤其重要的是在施工全过程中按照施工组织设计和有关技术、经济文件的要求，围绕着质量、工期、成本等制定的施工目标，在每个阶段、每个工序、每项施工任务中积极组织平衡，严格协调控制，使施工中人、财、物和各种关系能够保持最好的结合，确保工程的顺利进行。

（2）加强施工过程管理和协调，严格按照施工组织设计进行施工，若遇到条件变化，要及时采取相应措施，实施变化管理，以更好地完成整体工程预期目标。

1）制定施工工程管理制度，检查和评估现场，定期召开工程例会，协调系统施工，及时处理相关事务。

2）加强现场技术监督、指导、优化工作。在施工过程中，对重要的或关系整个工程的技术工作必须加强监督和指导，避免发生重大的错误，影响工程质量和正常使用。

3）做好现场安全生产管理工作。必须坚持"以人为本"的原则。在生产与安全的关系中，一切以安全为重，安全第一。必须预先分析危险源，预测和评价危险、有害因素，掌握危险出现的规律和变化，采取相应的预防措施，将危险和安全隐患消灭在萌芽状态。

4）加强施工质量检查。施工中的质量检查是控制工程质量的常效措施，通过检查可以有效地发现质量问题，及时加以处理，避免错过整改时机，造成永远的缺憾。

5）施工组织设计调整和优化。如遇设计修改或施工条件变化，应组织有关人员修改补充原有施工方案，并随时进行补充交底，同时办理工程增量或减量记录，并办理相应手续，还要在图纸上标识修改的内容，以便施工的顺利进行。

6）完善施工和检查记录，做好资料整理。为了证明一个工程部位的质量状况和各项质量保证措施的落实，必须有完整的记录，这些记录是工程技术资料的核心。因此要有计划、分步骤地做好质量保证资料的建立、收集和整理工作，明确各阶段应做的质量检查记录和检验测试的项目和内容，并设专人负责管理，以便全面说明工程项目的质量状况。

8.3.6 实例

某矿业公司主井破碎及安装系统施工组织设计施工案例

工程简介：某矿业公司主井地表标高 +47m，井底标高 −409m，−320m 水平为运输水平，−352m 水平大件道与破碎硐室相通，−374m 水平与箕斗装载硐室相连。2008 年主井已施工到 −320m 水平，副井于 2008 年 8 月 28 日开始安装，副井安装期间车场及上盘运输巷利用主井临时井架进行提升，副井具备提升条件后，开始施工主井破碎及安装系统。

破碎及安装系统工程主要内容：−320m 水平至 −409m 水平 89m 主井井筒、−325m 水平大件道、破碎硐室、主溜井、下部矿仓、箕斗装载硐室、−374m 水平破带道、−320m 水平至 −409m 水平粉矿回收斜井、−374m 水平及 −352m 水平斜井通道。

主井及破碎硐室安装主要内容：主井井口锁口、地表卷扬机房施工、卷扬机及电器安装、主井井架安装、主井井筒安装、−352m 破碎硐室安装、−374m 箕斗装载硐室及皮带道安装。

施工队伍：主井及破碎硐室井巷工程由某井巷工程公司项目部施工；主井破碎系统及提升系统由某建设工程公司安装施工。

原施工组织设计施工方案：井巷工程公司利用主井临时井架施工完 89m 主井井筒、−352m 破碎硐室、−374m 箕斗装载硐室、下部矿仓后，施工粉矿回收斜井，粉矿回收斜井碴石由副井提升。施工粉矿回收斜井时，主井交由建设工程公司拆除主井临时井架后进行主井提升系统及破碎硐室安装。主井具备试车条件，总工期 21 个月。

修改后的组织设计施工方案：经建设单位、监理单位、施工单位相关专业技术人员，对原施工组织设计进行认真细致的审查，并结合现场施工情况，对原组织设计施工方案修改为：井巷工程公司利用主井临时井架施工 89m 主井井筒、−352m 破碎硐室通道、−374m 水平箕斗装载硐室，施工完毕后，交由建设公司对主井井口锁口、主井提升系统及破碎系统进行安装。即将关键线路尽量修改为平行线路进行作业。破碎硐室及其他破碎系统剩余工程，由粉矿斜井进行施工，碴石由副井提升。

主井破碎及安装系统从 2009 年 10 月 22 日开工，按照修改后的施工方案，经过建设单位、监理单位及施工单位的精细组织、科学管理，2010 年 9 月 17 日成功进行了主井提升系统一次重载试车，比原施工方案提前了 10 个多月，为提前投产赢得了宝贵时间。

8.4 设计交底

设计交底是指在施工图完成并经审查合格后，设计单位在设计文件交付施工时，按法律规定的义务就施工图设计文件向建设单位、施工单位和监理单位做出详细的说明。通过设计交底可使参与建设各方了解工程设计的主导思想、总体构思和要求、采用的设计规范、确定的抗震设防烈度、防火等级、基础、结构、内外装修及机电设备设计，对主要建筑材料、构配件和设备的要求、所采用的新技术、新工艺、新材料、新设备的要求以及施工中应特别注意的事项，实现正确贯彻设计意图，加深对设计文件特点、难点、疑点的理解，掌握关键工程部位的质量要求，确保工程质量。

在矿山建设过程中，设计交底有时与图纸会审工作同时进行，成为图纸会审工作的一部分，也有的矿山也进行单独的设计交底。在本节中，与图纸会审要求相同的部分不再重复。

8.4.1 设计交底应遵循的原则

设计交底应遵循的原则如下：

（1）设计单位应提交完整的施工图纸；各专业相互关联的图纸必须提供齐全、完整；对施工单位急需的重要分部分项专业图纸也可提前交底，但在所有成套图纸到齐后需再统一交底。

（2）在设计交底之前，建设单位、监理单位、施工单位和其他有关单位必须事先指定主管该项目的有关技术人员看图自审，初步审查本专业的图纸，进行必要的审核和计算工作。各专业图纸之间必须核对。

（3）设计交底时，设计单位必须派负责该项目的主要设计人员出席。进行设计交底的工程图纸，必须经建设单位确认。

（4）凡直接涉及设备制造厂家的工程项目及施工图，应由订货单位邀请制造厂家代表到会，并请建设单位、监理公司与设计单位的代表一起进行技术交底。

8.4.2 会议组织及参加人员

8.4.2.1 设计交底会议的组织

（1）时间：设计交底在项目开工之前进行，开会时间由建设方决定并发通知。

（2）会议组织：按《建设工程监理规范》（GB/T 50319—2013）第5.2.2条要求，项目监理人员应参加由建设单位组织的设计技术交底会，一般情况下，设计交底会议由总监理工程师主持，监理单位和各专业施工单位（含分包单位）分别编写设计交底记录，由监理单位汇总和起草会议纪要，总监理工程师应对设计技术交底会议纪要进行签认，并提交建设单位、设计单位和施工单位会签。

8.4.2.2 设计交底的参加人员

参加会议的单位和人员应包括以下方面：

（1）设计单位，含单位技术负责人、项目的各项专业设计人员。

（2）工程勘查单位，含项目的负责人。

（3）各施工单位，含单位技术负责人、项目的项目经理和技术负责人。

（4）监理单位，含单位技术负责人、项目的总监。

（5）建设单位相关人员，含总工程师、公司相关领导、工程管理部室和管理车间等的相关技术人员。

8.4.2.3　设计交底的程序

设计交底的程序如下：

（1）首先由设计单位介绍设计意图、结构设计特点、工艺布置与工艺要求、施工中注意事项等。

（2）各有关单位对图纸中存在的问题进行提问。

（3）设计单位对各方提出的问题进行答疑。

（4）各单位针对问题进行研究与协调，制定解决办法，写出会审纪要，并经各方签字认可。

8.4.3　设计交底的重点内容

设计交底的重点内容有：

（1）设计单位资质情况，是否无证设计或越级设计；施工图纸是否经过设计单位各级人员签署，是否通过施工图审查机构审查。

（2）设计图纸与说明书是否齐全、明确，坐标、标高、尺寸、管线、道路等交叉连接是否相符，图纸内容、表达深度是否满足施工需要，施工中所列各种标准图册是否已经具备。

（3）施工图与设备、特殊材料的技术要求是否一致；主要材料来源有无保证，能否代换；新技术、新材料的应用是否落实。

（4）设备说明书是否详细，与规范、规程是否一致。

（5）土建结构布置与设计是否合理，是否与工程地质条件紧密结合，是否符合抗震设计要求。

（6）几家设计单位设计的图纸之间有无相互矛盾；各专业之间、平立剖面之间、总图与分图之间有无矛盾；建筑图与结构图的平面尺寸及标高是否一致，表示方法是否清楚；预埋件、预留孔洞等设置是否正确；钢筋明细表及钢筋的构造图是否表示清楚；混凝土柱、梁接头的钢筋布置是否清楚，是否有节点图；钢构件安装的连接节点图是否齐全；各类管沟、支吊架墩等专业间是否协调统一；是否有综合管线图；通风管、消防管、电缆桥架是否相碰。

（7）设计是否满足生产要求和检修需要。

（8）施工安全、环境卫生有无保证。

（9）建筑与结构是否存在不能施工或不便施工的技术问题，或导致质量、安全及工程费用增加等问题。

（10）防火、消防设计是否满足有关规程要求。

8.4.4　纪要与实施

（1）项目监理单位应将施工图交底记录整理汇总并负责形成会议纪要，经与会各方签字同意后，该纪要即被视为设计文件的组成部分，并在施工过程中严格执行，发送建设单位和施工单位，抄送有关单位并予以存档。

设计交底纪要或记录较多采用表格的形式，表格应明确以下内容：设计交底的具体时间、参加单位、会议交底的地点；设计名称（分项工程应详细注明分项工程的名称并明确设计交底的范围）、图纸名称、图号、交底内容、分单位签栏；部分纪要还有统一（或内部）编号等。交底内容中应明确以下内容：

1）工程概况，包括设计工程的位置、工程地质情况、该工程施工和其他周边工程关系与衔接及影响。

2）设计中存在的不足、缺陷和遗漏，需要设计单位完善和补充的内容等。

3）对设计中的疑问需要明确的、设计单位可以现场明确的应以完整问答形式记录，不能现场答复的，应专门列出。

4）明确建设单位、施工单位对设计的调整和修改要求。

（2）如有不同意见通过协商仍不能取得统一时，应报请建设单位定夺。

（3）对交底会议上决定必须进行设计修改的，由原设计单位按设计变更管理程序提出修改设计。一般性问题经监理工程师和建设单位审定后，交施工单位执行，重大问题报建设单位及上级主管部门与设计单位共同研究解决。

（4）施工单位拟施工的一切工程项目设计图纸，必须经过设计交底，否则不得开工。已经交底的施工图以下达会审纪要的形式作为确认。

8.4.5　技术交底

技术交底是指在某一单位工程开工前，或一个分项工程施工前，由相关专业技术人员向参与施工的人员进行的技术性交代，其目的是使施工人员对工程特点、技术质量要求、施工方法与措施和安全等方面有一个较详细的了解，以便于科学地组织施工，避免技术、质量等事故的发生。技术交底有别于设计交底，但是建立在设计交底基础上，是设计交底的延伸和细化。

8.4.5.1　技术交底的要求

技术交底的要求有：

（1）技术交底必须使施工人员明确所担负作业项目的特点及技术要求、工艺流程、质量标准、安全措施，以便更好地组织施工。

（2）明确交底人和接受交底人之间的责任。

（3）技术交底必须在单位工程或分部分项工程施工前进行。

（4）技术交底应以书面形式进行，并辅以口头讲解。交底人和接受交底人应履行交接签字手续。交底资料及时送至资料员处归档作为短期资料保存。

8.4.5.2　技术交底的主要内容

（1）项目工程质量计划交底：要向全体施工人员交清项目工程质量管理体系情况、各类人员岗位责任制、质量体系基本运作程序、项目质量目标、各项质量管理措施。

（2）施工组织设计交底：将施工组织设计的全部内容向施工人员进行交底，包括工程特点、施工部署、任务划分、进度要求、各工种的配合要求、施工方法、主要机械设备。

（3）图纸交底：目的是使施工人员了解设计意图、建筑和机构的主要特点、重要部位构造和主要要求，以便掌握设计关键，做到按图施工。

（4）设计变更交底：将设计变更的部位及变更原因向施工人员交代清楚，以免施工时遗漏造成差错。

（5）专项施工方案技术交底：应结合工程的特点和实际情况，对设计要求、现场情况、工程难点、施工部位及工期要求、劳动组织及责任分工、施工准备、主要施工方法、质量标准及措施，以及施工、安全防护、消防、临时用电、环保注意事项等进行交底。

（6）季节性施工方案技术交底：应重点明确季节性施工特殊组织和管理、设备及料具准备计划、分项工程施工方法及技术措施、消防安全措施等项内容，由项目部专业技术负责人，根据专项施工方案对专业生产管理人员进行交底。

（7）分项工程技术交底：由专业技术人员对施工班组长进行交底，质量检查员、生产管理人员检查实施。分项工程施工前，各专业技术管理人员应按部位和操作项目，向专业生产管理人员或班组长进行施工技术交底，交底的内容应针对工程实际情况，做到突出重点、技术先进、可操作性强，既满足标准要求，又经济合理。主要内容包括施工准备、材料要求、操作工艺、质量标准、安全施工措施以及需要交底的其他事项。项目施工的各级专业生产管理人员必须详细了解工程各工序、各专业施工中的衔接和配合问题，及时做好工序、专业工程的穿插，以便施工顺利进行。

（8）"四新"技术交底：凡采用新技术、新工艺、新材料、新产品的，应将其施工工艺标准、质量验收标准以及注意事项分别对项目管理人员和施工班组进行交底。

8.4.5.3 技术交底的实施程序

技术交底的实施程序如下：

（1）施工组织设计的技术交底由项目生产副经理主持，项目技术副经理向各段技术负责人、分项技术负责人、各段段长、项目部有关职能部门进行技术交底。

（2）分部分项工程施工方案由各段技术负责人组织，各段技术负责人及各分包专业技术负责人向工长交底。

（3）各段技术负责人、分项技术负责人在施工前应根据工程施工进度，按部位和操作项目，向工长进行技术交底，填写技术交底记录。

8.4.5.4 技术交底注意事项

技术交底注意事项有：

（1）技术交底后必须办理技术交底手续。

（2）施工技术交底记录应分别按规定的表格格式及相关要求进行填写。

（3）技术交底资料由资料员负责汇集整理，交底人员要及时将资料移交至资料员处编目存档，归入施工技术资料中。

8.4.6 设计交底案例

现以某铁矿山主井下延和溜破系统施工的设计交底为例说明设计交底的基本流程和主要内容。

某铁矿山属基建矿山，先期已施工完成主井（至开拓水平）、副井、风井等主要井筒工程，现副井具备提升能力，计划对主井进行延伸来完成主井下延、永久溜破系统的施工。设计单位依照初步设计和建设单位的设计要求完成了井筒 – 320m 以下下部井筒和溜破系统掘砌施工图设计，提交给建设单位，建设单位将设计图纸报送至上级主管部门，并分发到负责该工程监理的监理单位、负责该工程施工的施工单位进行预审。

经各方协商，该设计定于×××年××月××日在建设单位驻地进行技术交底，由建设单位负责组织和主持，并通知监理单位人员和要求各方委派该设计负责人、各专业设计人员、建设单位技术负责人、技术人员以及施工单位技术负责人、施工技术人员等按时参加。

××××年××月××日上午，建设单位组织召开了该铁矿主井延深及主井箕斗装载硐室、破碎硐室掘砌施工图设计交底会。会议由建设单位负责主持。

会上，首先由设计单位对该设计概况进行了介绍，内容包括主要的井筒和硐室规格、设备方案、溜破系统设备条件要求、溜破系统和原 – 320m 水平主副井车场的衔接等。之后分别由与会各方提出设计意见，设计单位当场对部分疑问进行了答复，记录在纪要中；部分会上暂时无法明确答复的，在设计交底纪要中单独列出。

会后，由建设单位会同各方编写了设计交底纪要，并由各方会签确认后分发，形成交底纪要。该铁矿设计交底记录见表 8 – 6。

表 8 – 6 某铁矿设计交底记录

技术交底时间：××××年××月××日

工程名称	主井延深及破碎系统、装载系统掘砌施工	主持单位负责人	×××
参加单位及人员	×××矿业有限公司：…… ××监理公司驻××项目部：…… ×××勘察设计有限公司：…… 井巷工程有限公司：……		
图纸名称或图号	– 320m 以下部分主井装备系统及井下部分掘砌施工图（图号××-××××-××） 主井箕斗装矿计重硐室及破碎硐室系统施工图（图号××-××××-××） 楔形罐道封头及防撞梁层钢梁加工及安装图（图号××-××××-××） 梯子间标准断面钢梁加工及安装图（图号××-××××-××） 木罐道 – 梯子 – 栅栏通用加工图及装备材料理论汇总图（图号××-××××-××）		
技术交底意见	（1）设计单位应进一步核实在满足生产安全及设备检修要求的前提下减小破碎硐室尺寸是否可行。 （2）在硐室施工过程中可根据现场揭露围岩条件调整支护方式，设计中砂浆锚杆可更改为树脂锚杆。 （3）建议设计单位将破碎硐室内吊车梁柱腿改为钢结构。 （4）设计单位应对设计中各处衬板的装配方式进行说明。 （5）设计单位应针对现有木罐道连接方式可能导致木罐道变形的问题对连接方式加以改进。 （6）设计单位应针对现有防撞梁设计影响尾绳通过的问题对设计加以修改。 （7）设计单位应尽快完善提升系统设备安装设计，以保证各项工程顺利进行。 （8）设计单位应补充 – 320m 水平主溜井卸矿设计及各硐室、溜井位置关系图并标明各主要硐室、主溜井等工程的中心坐标，明确各硐室、溜井、周边井巷位置关系。针对设计图中方位角问题进行进一步说明。 （9）图纸中缺少阀门液压站、供矿皮带操控室 26 – 26、27 – 27 断面图。 以上各项未现场答复问题须于××月××日前给予书面答复，设计变更图纸应于××月××日前提交		
参加单位签章	项目建设单位	设计单位	监理单位	施工单位

8.5 设计服务

设计服务是设计工作的重要组成部分，是设计工作的最后一道技术工序，对加快矿山建设，提高矿山建设质量有着非常重要的作用。

设计服务是施工过程中的技术保障，现场施工离不开设计服务。施工现场是复杂多变的，特别是基建矿山，工程项目种类多，施工作业面多，随着施工的进行随时可能出现工程地质条件变化，工程地质勘察资料不准确，设计错误，遗漏设计，使用的材料品种需要改变，施工工艺达不到设计要求以及一些原设计未预料到的具体情况等，导致施工过程中不能一成不变地套用原设计文件，此时需要进行现场技术指导并调整设计图纸，才能保证工程建设按照预期目标顺利进行。

8.5.1 设计服务的主要工作范围

设计服务的主要工作范围如下：
（1）参加建设单位或政府相关部门组织的审查会。
（2）参加建设单位工程施工招标答疑。
（3）参加设计交底和图纸会审。
（4）参加建设单位或者监理单位组织的工程检验及验收。
（5）施工现场与设计相关的服务。
（6）参加工程工艺设备调试。
（7）关键工序现场指导。
（8）设计变更处理。
（9）参加工程例会、专项例会。
（10）参加工程竣工验收。
（11）工程回访。

8.5.2 设计服务人员的主要职责

8.5.2.1 设计总负责人

（1）设计单位现场服务的组织管理者，对外负责与建设方、施工单位及有关部门沟通，对内负责服务资源的协调，协调处理有关施工过程中出现的各类专业之间的技术问题，及时解决问题，保证现场工作的顺利进行。
（2）组织各专业参加设计交底会和重要的现场技术协调会，处理现场的设计问题，负责设计交底的综合介绍和协调各专业的对口交底。
（3）负责组织各专业参加竣工验收，做好现场服务质量信息反馈和总结工作。

8.5.2.2 专业负责人

（1）及时处理本专业范围内和配合其他专业在现场施工过程中出现的设计问题。
（2）及时组织编制本专业的设计变更和补充图纸，会签相关专业的设计变更、补充图纸，签字确认施工技术核定单。
（3）解决技术交底或施工中的相关技术问题。

8.5.2.3 专业设计人员

（1）处理现场施工过程中出现的本专业范围内的各类设计问题。
（2）协助专业负责人编制本专业的设计变更和补充图纸。
（3）协助专业负责人解决现场出现的有关设计问题，密切并及时配合现场施工。

8.5.2.4 设计现场代表

（1）收集有关参建方客户意见，及时向设计总负责人报告。

（2）协助设计总负责人、专业负责人解决现场问题，对本专业设计图纸一般问题进行解释、协调，遇相关设计变更事宜应及时向设计总负责人、专业负责人汇报。

8.5.3 设计现场服务具体要求和注意事项

设计现场服务具体要求和注意事项如下：

（1）在设计过程中设计单位应派设计代表组常驻现场，随时向业主了解设计意图，处理设计过程中发生的与设计有关的技术问题，确保设计质量和设计工作的顺利进行。

（2）现场代表人员的人数和专业，根据工程进展和业主需要，不同阶段委派不同的设计人员参加。

（3）现场代表要与业主各职能部门密切配合，解决设计过程中出现的技术问题。

（4）若现场施工需要，设计单位相关技术人员应及时赶赴现场解决问题。

（5）进一步优化设计方案。在设计过程中，特别是在前期设计编制和设计方案形成过程中，定期召开专家会议，保证方案的合理性。设计过程中与建设方紧密配合，建设方对设计方案的合理修改意见应予以采纳。

8.5.4 设计变更

设计变更是设计单位依据建设单位要求、现场各种条件的变化或者其他需要依据规范对原设计进行的修改。设计变更一般由设计单位现场派驻人员完成，所有设计变更均应提供设计变更单等正式的书面变更材料。变更材料一般为设计变更单或者设计变更说明书。工作联系单等一般不作为设计变更的正式资料。

设计变更通知书（单）一般应包含以下内容：

（1）变更工程名称、图纸图号、变更通知单的编号。

（2）变更原因。注明设计变更原因。

（3）变更内容。说明变更内容，必要时应附图纸。

（4）会签栏。设计单位和建设单位的签字确认。

变更通知单示例见表 8 - 7。

表 8 - 7　×××× 工程勘察设计有限公司设计变更通知单

专业：×××　　　　　　　　　（××××年）　　　　　　　　　　　　　　　　编号：

工程名称	
图号	
变更原因	

变更内容：

　　　　　　　　　　　　　　　　　　　　　　　　　　××××年××月××日
　　　　　　　　　　　　　　　　　　　　　　　　　　以下空白。

设计单位：	主送：
设计人：	抄送：
项目负责人：	
院总工：	建设单位接收人：

8.6 设计优化

设计优化是以工程设计理论为基础，以工程实践经验为前提，以对设计规范的理解和灵活运用为指导，以先进、合理的工程设计方法为手段，对工程设计进行深化、调整、改善与提高，并对工程成本进行审核和监控，也就是对工程设计再加工的过程。通过这一认识过程的二次飞跃，捕捉到项目投资中安全与经济之间的最佳平衡点。

8.6.1 设计优化的重要性和必要性

8.6.1.1 设计优化的重要性

（1）目前我国建设项目的设计管理总体上还处于粗放式阶段，业主或总承包商普遍对设计环节重视不够或者没有专业的人才进行管控。因此，他们往往把控制投资的重心放在施工环节上，一味压低施工单位报价，而对设计优化的重要性却认识不足。这样做只是看到和抓了有限的节省，而忽视了设计优化将会带来更大的节约。

（2）工程设计是工程建设的第一阶段，也是最重要的阶段。虽然设计费用一般仅为项目总投资额的 3% ~5%，但对投资的影响却高达 70% ~80%，而且直接影响着项目建设的品质和建设周期。我国虽然建立了一些可研、初步设计及施工图纸审查制度，但这些审查，仅是侧重于安全性和合规性，没有审查设计的经济性和工艺的合理性。

（3）实践证明通过设计优化，在同样流程或功能的前提下，一般情况下可降低工程造价 3% ~10%，甚至可达 10% 以上；同时最大限度地减少项目的"先天"遗憾，进而提升项目建设的品质。

8.6.1.2 设计优化的必要性

随着国家对安全、环保的要求越来越严格，一个项目从开发利用方案、安全预评价、安全专篇审查、环境评价等到竣工验收，需要一个很长的过程，速度快的需要 3 ~5 年，一般情况下都需要 5 年以上，甚至 10 年以上。矿山建设项目一般投资规模都比较大，建设周期都较长，可变因素都较多，这些矿山行业的特殊性决定了必须进行设计优化。

（1）矿体形态变化导致采矿方法和开拓系统变化。矿产资源大部分埋藏到地下，受矿体勘探程度的限制，无论是采用露天开采还是地下开采，其开采过程就是不断对矿体形态重新认识的过程。矿体赋存条件的内在变化，促使必须进行设计优化以适应这种变化。

（2）矿山建设周期长、影响因素多，涉及资源、土地、安全、环保以及水资源等很多方面，在建设过程中国家或行业政策的变化会导致设计方案变化。如近几年来国家在安全和环保方面不断加强管理，在地下矿山积极推行六大系统和充填采矿法，对尾矿库管理要求进一步提高等。

（3）随着市场经济的发展和信息时代的到来，矿山开采技术日新月异，与矿山开采相关的新技术、新工艺和新设备不断涌现，有的带来革命性的技术进步，如全尾砂胶结充填技术、尾矿压滤干排技术以及高压辊磨设备等都对采矿和选矿工艺带来了很大的影响。若在建设过程中能够通过设计优化将其引入矿山建设中，会带来巨大的经济和社会效益。

（4）随着时代的发展，业主对矿山建设标准提出了新要求，要求对部分工艺进行优化调整。

（5）随着矿山建设的进行，设计院的设计缺陷不断地显示出来。原设计已经不能满足建设要求或者存在问题，需要修改和优化。

（6）好的设计优化可以完善工艺，提高设备效率，实现安全开采，降低成本，为企业带来巨大的经济效益。

8.6.2 设计优化的原则和程序

8.6.2.1 设计优化的原则

（1）坚持投资、质量和工期综合平衡的原则，防止以减少投资、降低质量标准而获得工期提前的现象。

（2）坚持统筹兼顾、全面分析，防止以偏概全、盲人摸象、只见树木不见森林的局部优化。优化变更方案应不与矿山整体设计相悖，优化方案的实施应能使整体设计更加完善。

（3）从本单位实际出发，坚持慎重理性的原则，方案优化要考察、调研、比较，要请行业专家论证、评审。

（4）坚持安全、节能、高效原则，积极推广新技术、新工艺和新设备。

（5）坚持以人为本的原则，方案优化应体现对人的关心和对环境的友好。

8.6.2.2 设计优化的程序

在进行工程设计时，根据条件列出在技术上可行的若干个方案，然后进行具体的技术可行性、安全可靠性、经济合理性比较，从中选出相对最优的一种方案。步骤如下：

（1）首先要明确设计的内容、性质、要求以及设计要达到的目标等。

（2）熟悉和掌握设计任务书或设计中所要解决的总体或局部课题的内部及外部条件，对矿井设计来说主要是矿床的地质地形条件、交通情况、与相邻矿井的关系、与其他企业的关系等。

（3）根据内部及外部条件，设计任务的内容和目标，提出可行的方案。

（4）对提出的可行方案进行安全技术和经济分析，从中选取2~3个较优方案。

（5）对选出的较稳定方案进行详细的技术和经济计算与比较，全面研究技术和经济的合理性，明确各方案在技术上和经济上的差异，全面衡量各方案的利弊，从各方案中选出相对最优的方案作为设计方案。

（6）按设计任务的要求，对方案做出详细的文字说明，并绘制出必需的图纸。

8.6.3 设计优化的内容

矿山建设过程就是不断优化完善的过程，设计优化涉及方方面面，但是总结来看，主要包括开拓系统优化、溜破系统优化、采矿方法优化、选矿工艺优化、排尾和充填系统优化、施工组织设计优化、总图优化以及新工艺、新材料和新设备。

8.6.3.1 开拓系统优化

地下矿山开拓系统包括提升系统、运输系统、供水系统、供电系统、压气系统、通风系统、排水系统和通信系统等。开拓系统是矿山开采的基本条件和主要条件，开拓系统建设具有一次性、投资大、影响面广等特点。在设计或优化过程中应坚持以下原则：

（1）要留有足够的富余量，在正常设计富裕系数的基础上再适当提高，或者对影响系统能力的设备和供电系统等采用可更换技术，以便将来产量增加时少做改动即可达到目标。如主井提升系统，建设安装完成后不能进行改造，若改造往往需要投入大量的资金；同时影响的时间长，导致实际上的投产延迟，所以有的矿山干脆再施工另外一条井筒，使得投资大大增加。

（2）系统建设留有余地的基础上采用分期投入方式，可较好地解决矿山从投产到达产过程中产量增加对各个系统不断增加的要求。如通风系统，主扇通风机站一旦建成就是永久性的，最好机站的装机容量一次到位，通过调整风机工作台数或者风机的叶片角度而调整风量，而不应该去扩建或者增加机站。井下主排水系统也应采取这样的方式。

（3）重要设备或材料，采用一次到位原则。如井下通信和高压电缆，要严格按照国家和行业标准执行，往往出现有的单位为了节省投资换成别的型号，留下了安全隐患。一是安全验收通不过，二是出现安全事故。

8.6.3.2　溜破系统优化

在以竖井提升矿石为主的矿山，溜破系统是咽喉，在后期的生产中往往成为影响井下矿石产量的主要因素。对其设计和优化要注意以下几方面：

（1）运行可靠性原则，在正常情况下坚持双溜双破，特殊情况下采用单一溜破系统，在支护标准上要提高。在实际矿山使用中，常常因主溜井的堵塞和片冒而使系统停产。

（2）硐室等系统工程坚持方便使用原则，防止为了减少投资和施工困难而减少硐室断面，而导致以后生产中检修效率低下和困难。

（3）最好系统工程一次到位，有些矿山为了减少投资，降低施工难度，矿山开拓实行分期，而溜破系统也分期，不仅增加了投资，而且给二期开拓带来困难。

8.6.3.3　采矿方法优化

采矿方法在矿山开采中占有非常重要的地位，不仅与矿山开拓有关，也对生产期安全开采以及开采成本影响巨大，必须予以足够重视。一般来说，采矿方法优化要注意以下六点：

（1）采矿方法的优化要与开采系统密切地结合起来，要把采矿方法的优化建立在开拓系统之上，或者开拓系统随着采矿方法的调整而调整。采矿方法的调整直接影响了基建投资和工期。

（2）矿体赋存形态和地质储量的变化，需要采取相应的采矿方法。

（3）采矿方法的确定要委托科研单位进行研究，要慎重取舍。

（4）随着采矿技术进步和采掘设备性能的提高，采矿方法在不断地变化，好的采矿方法对减少投资和降低采矿成本起着决定性的作用。

（5）采矿优化要提前进行，越早越好。很多矿山由于对采矿方法不重视不理解，往往在建成之后后悔或者迟迟不能达产。

（6）采矿方法的研究要兼顾选矿工艺和排尾系统建设，并进行系统分析。采矿方法的变化往往带来出矿质量的变化，直接影响选场入选矿量和尾矿量。

采矿方法优化对矿山的安全生产，提高矿石产量，降低矿石损失率和贫化率，提高劳动生产率和降低成本等有重大影响，采矿方法选择的合理与否对矿山的效益至关重要，甚至关系到矿山的生存与发展。采矿方法选择又是一项复杂的系统工程，矿床地质条件和矿体赋存条件与采矿方法之间是一个复杂的非线性关系。它涉及的因素众多，其中许多因素都具有模糊性和不确定性，并且采矿方法选择本身的内在机理目前还不是很清楚。同时采矿方法选择的准则也不同，因而采矿方法选择又是一种多目标、多层次决策。以上这些因素和不完整的采矿知识和矿床地质信息的缺乏，造成了采矿方法选择的困难性和复杂性。

传统的采矿方法选择一般分三步进行，即采矿方法初选、技术经济分析和综合分析比较。根据矿床地质特征和采矿技术条件，初选可行方案，然后进行技术经济分析，如果比较的方案之间差异不明显，还需进行细致的综合分析方可做出决策。其对人的经验依赖性较强，且主观随意性较大，容易得出主观、片面的结果。这就需要吸取众多相关人员，特别是采矿领域专家的经验，并进行升华，使经验决策上升到定量、科学化的决策水平，以实现采矿方法的优化选择。为此，近年来，国内外学者进行了许多探索，引入了许多新理论、新方法用于采矿方法的选择。

近代数学及计算机技术的发展是发展当代科学技术的理论基础。科学中有句名言，一种科学只有成功地应用数学时，才算达到了真正完善的地步。因而对于采矿方法选择这个问题，也必须借助近代数学及计算机技术才能把它上升到科学的高度。很多采矿专家和学者对这个问题进行了研究，并且提出了很多可行的方法，主要有运用模糊数学选择采矿方法，运用灰色关联分析选择采矿方法，运用灰色局势决策选择采矿方法，运用多目标决策选择采矿方法，运用价值工程选择采矿方法以及运用人工智能选择采矿方法等。本书主要介绍运用模糊数学来进行采矿方法选择。

A 模糊数学选择采矿方法的原理

a 隶属函数

在模糊数学中，需要用一个介于 0 与 1 之间的数来反映元素从属于模糊集合的程度，隶属函数就是出于这个目的而建立的。对模糊对象只有确立了切合实际的隶属函数才能应用模糊数学方法进行计算。根据研究对象的不同，隶属函数的确立方法也不同，在矿业工程中，常用线性函数法和二元对比排序法确定隶属函数。

线性函数法 线性函数法是对定量指标模糊概念的一种定量描述方法，用如下式计算：

$$\gamma_{ij} = \frac{f_{ij}}{f_{j\max}} \qquad (8-1)$$

或

$$\gamma_{ij} = 1 - \frac{f_{ij}}{f_{j\max}} \qquad (8-2)$$

式中 γ_{ij}——i 种采矿方法 j 指标的隶属度；

f_{ij}——i 种采矿方法 j 指标值；

$f_{j\max}$——各种采矿方法 j 指标的最大值。

式（8-1）适用于那些越大越优的指标，即正指标，如采场生产能力等；式（8-2）适用于那些越小越优的指标，即负指标，如损失率、贫化率等。

二元对比排序法 对那些无法定量描述的指标，如安全性等，往往采用二元对比排序法确定其隶属函数。二元对比排序法又可以分为相对比较法、择优比较法、对比平均法和优先关系法等，本次研究采用优先关系法，在此仅对优先关系法的原理做介绍。

设论域 $U = \{u_1, u_2, \cdots, u_n\}$，以 C_{ij} 表示 U_i 与 U_j 相比时 U_i 的优越程度，有：

（1） $C_{ii} = 0$，表示 U_i 与 U_j 相比无优越性可言；

（2） $0 \leqslant C_{ij} \leqslant 1$，表示 C_{ij} 在 [0, 1] 上取值，如果 U_i 比 U_j 绝对优越，则 $C_{ij} = 1$，反之

$C_{ij} = 0$;

（3）$C_{ij} + C_{ji} = 1$，表示 U_i 对 U_j 的优越性与 U_j 对 U_i 的优越性之和为 1。

由此可得到模糊矩阵

$$C = \begin{bmatrix} C_{ij} \end{bmatrix}_{n \times n} \qquad (8-3)$$

称为模糊优先关系矩阵。

模糊优先关系矩阵确立后再用平均法计算，计算公式为：

$$R(u_i) = \frac{1}{n} \sum_{j=1}^{n} c_{ij} \qquad (8-4)$$

也可以用加权方法，计算公式为：

$$R(u_i) = \sum_{j=1}^{n} \delta_j c_{ij} \qquad (8-5)$$

式中，$\delta_j (j = 1, 2, \cdots, n)$ 是一组权重，有 $\sum \delta_j = 1$。

定量指标的隶属度可由式（8-1）和式（8-2）求得，定性指标的隶属度可由式（8-3）和式（8-4）或式（8-5）求得。

b 权重

在模糊综合评判中权重已经不是通常统计意义上的权重向量，而起"过滤"、"限制"的作用，由此可见权重在评判中的重要性。权重也有多种确定方法，本书采用几何平均法计算，先将指标两两进行比较，按其重要程度分级赋值，见表 8-8。

表 8-8 指标重要程度分级赋值

重 要 程 度	$fx_j(x_i)$	$fx_i(x_j)$	重 要 程 度	$fx_j(x_i)$	$fx_i(x_j)$
x_i 和 x_j 两因素同等重要	1	1	x_i 比 x_j 很重要	4	1/4
x_i 比 x_j 稍重要	2	1/2	x_i 比 x_j 极重要	5	1/5
x_i 比 x_j 较重要	3	1/3			

由此构造判断矩阵 X：

$$X = \begin{bmatrix} x_{11} & x_{12} & \cdots & x_{1n} \\ x_{21} & x_{22} & \cdots & x_{2n} \\ \vdots & \vdots & & \vdots \\ x_{n1} & x_{n2} & \cdots & x_{nn} \end{bmatrix} \qquad (8-6)$$

式中，x_{ij} 表示指标 x_i 对指标 x_j 的重要程度值，且满足 $x_{ii} = 1$，$x_{ij} = 1/x_{ji} (i, j = 1, 2 \cdots, n)$。构造判断矩阵后根据程序框图（见图 8-1）运算得到权系数，并组成权矩阵。

c 初选采矿方法

模糊数学初选采矿方法的原理是首先要组建一个技术可行方案集，技术可行方案集是已在实践中证明可行，并且是与设计矿山开采技术条件相似的一些典型方案，然后运用模糊聚类分析的原理筛选几个更为相似的采矿方法。若研究方向明确，可选方案也比较少，因此仅根据矿山现状，参考国内外相似矿山，借鉴成熟案例的工程类比法先优选几种采矿

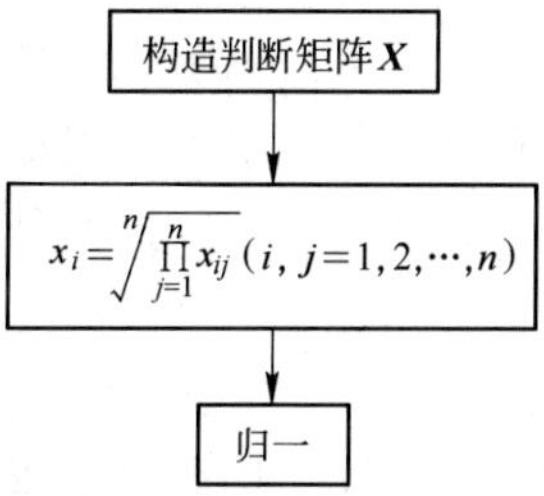

图 8-1 权系数计算程序框图

方法，然后进行终选。

　　d　模糊综合评判终选采矿方法

　　采矿方法初选后，再根据模糊综合评判原理从初选的采矿方法中找出一个最适合待选矿山的采矿方法。首先要推测技术经济指标，计算隶属度。

　　根据待选矿山开采技术条件对初选的几种采矿方法进行评述，对于定量的指标采用参考相识矿山，结合采矿方法来确定。对于定性的指标采用专家组打分的方法确定，将评分标准分为 6 个等级，分别为 10 分、8 分、6 分、4 分、2 分、0 分。专家对每两种方法的各个定性指标分别打分，按照上述求定性指标的方法求出隶属度，然后将定量指标和定性指标的各隶属度组成隶属度矩阵 $\boldsymbol{R}_{ij}$。

　　最后用模糊数学综合评判原理，从初选的采矿方案中选择最优采矿方法。采用下式综合评判：

$$\boldsymbol{B}_j = \boldsymbol{W}_i \times \boldsymbol{R}_{ij} \quad (i = 1,\ 2,\ \cdots,\ n;\ j = 1,\ 2,\ \cdots,\ m) \tag{8-7}$$

式中　$\boldsymbol{B}_j$——各方案相对选择率矩阵；

　　　　$\boldsymbol{W}_i$——各指标权矩阵；

　　　　$\boldsymbol{R}_{ij}$——模糊关系隶属度矩阵。

　　模糊综合评判的运算主要有模糊变换法、以"乘"代替"取小"法、以"加"代替"取大"法和加权平均法四种方法。利用式（8-7）采用以上某种方法计算相对选择率矩阵，以相对选择率值最大的采矿方法为最适合待选矿山的采矿方法。

　　模糊变换法　计算公式为：

$$\boldsymbol{B}_j = \bigvee_{i=1}^{n} (\boldsymbol{W}_i \wedge \boldsymbol{R}_{ij}) \quad (j = 1,\ 2,\ \cdots,\ m) \tag{8-8}$$

　　此时无论 $\boldsymbol{R}_{ij}$ 的值如何，$\boldsymbol{W}_i \wedge \boldsymbol{R}_{ij}$ 的结果都不能大于 $\boldsymbol{W}_i$，$\boldsymbol{W}_i$ 实际上没有起到加权的作用，而是起到过滤和限制的作用。在下一步运算中通过取大，在 n 个 $\boldsymbol{W}_i \wedge \boldsymbol{R}_{ij}$ 中只取一个最大值，淘汰了其他因素，故这种运算类型又称为主元素决定型。

　　以"乘"代替"取小"法　计算公式为：

$$\boldsymbol{B}_j = \bigvee_{i=1}^{n} (\boldsymbol{W}_i \boldsymbol{R}_{ij}) \quad (j = 1,\ 2,\ \cdots,\ m) \tag{8-9}$$

　　这时的 $\boldsymbol{W}_i$ 不再起到过滤和限制的作用，确实是在加权，但下一步运算仍是取大，$\boldsymbol{W}_i$ 仍未能全部进入，主因素的作用仍很突出。

　　以"加"代替"取大"法　计算公式为：

$$\boldsymbol{B}_j = \sum_{i=1}^{n} (\boldsymbol{W}_i \wedge \boldsymbol{R}_{ij}) \quad (j = 1,\ 2,\ \cdots,\ m) \tag{8-10}$$

　　这时 $\boldsymbol{W}_i$ 的仍然起到过滤和限制的作用，但以求和代替取大，各个因素都有参加作用的机会，主因素的作用不再那么突出。

　　加权平均法　计算公式为：

$$\boldsymbol{B}_j = \sum_{i=1}^{n} \boldsymbol{W}_i \boldsymbol{R}_{ij} \quad (j = 1,\ 2,\ \cdots,\ m) \tag{8-11}$$

　　在加权平均算法中按普通矩阵乘法计算权向量与隶属度矩阵的乘积。这种算法在评价结果向量中包括所有因素的共同作用，真正体现了"综合"。

B 技术路线图

技术路线图如图 8 - 2 所示。

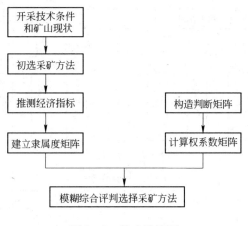

图 8 - 2 技术路线图

C 采矿方法优化案例

下面就某铁矿山的采矿方法优化选择为例进行简单说明。

a 项目概况

某矿为低品位铁矿，经济价值相对较低，同时矿山位于平原地区，地表为村落和田地，不允许塌落，开采过程中需要进行保护，加大了矿山的开采难度。该矿仅在初步设计中进行了采矿方法的初步选择，为了矿山的经济效益和长远利益，非常有必要进行采矿方法研究。

b 项目研究方法

根据矿山的规划，结合现有的工程布置情况，运用模糊数学优选采矿方法的原理，参考借鉴国内外类似矿山的成功经验，初选几种比较适合的采矿方法，然后采用模糊综合评判选择采矿方法的原理，最终确定一种采矿方法。

c 采矿方法优化研究

初选采矿方法 根据其开采技术条件及矿山现状，参考国内外类似矿山，对于小矿体以初步设计推荐的浅孔留矿嗣后充填法为优，对于主矿体可选的采矿方法有 VCR 嗣后充填法、分段空场嗣后充填法、上向水平分层充填法、点柱式分层充填法。

求权重矩阵

(1) 建立判断矩阵。在此考虑的因素，负指标有采矿成本 (A)、采切比 (B)、损失率 (C) 和贫化率 (D)；正指标有生产能力 (E) 和采矿工效 (F)；定性指标有安全程度 (G)、通风条件 (H)、工人对方法的熟悉程度 (I)、劳动强度 (J) 和对矿体变化的适应程度 (K) 等。

权重合理与否对选择结果有很大影响，为了使权重更为合理，除了请专家对其上各因素根据表进行赋值外，还采用层次法确定权重。层次结构图如图 8 - 3 所示，判断矩阵见表 8 - 9 ~ 表 8 - 14。

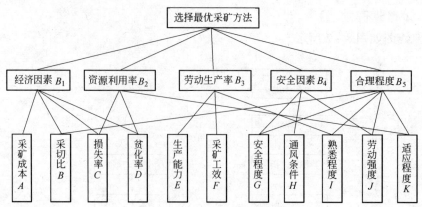

图 8 – 3　层次结构图

表 8 – 9　一层判断矩阵

	B_1	B_2	B_3	B_4	B_5		B_1	B_2	B_3	B_4	B_5
B_1	1	4	4	1	3	B_4	1	4	4	1	3
B_2	1/4	1	1	1/4	1/2	B_5	1/3	2	2	1/3	1
B_3	1/4	1	1	1/4	1/2						

表 8 – 10　二层 B_1 判断矩阵

	A	B	C	D		A	B	C	D
A	1	4	3	3	C	1/3	2	1	1
B	1/4	1	1/2	1/2	D	1/3	2	1	1

表 8 – 11　二层 B_2 判断矩阵

	C	D	K		C	D	K
C	1	2	2	K	1/2	1	1
D	1/2	1	1				

表 8 – 12　二层 B_3 判断矩阵

	E	F	I		E	F	I
E	1	2	3	I	1/3	1/2	1
F	1/2	1	2				

表 8 – 13　二层 B_4 判断矩阵

	G	H	J		G	H	J
G	1	3	5	J	1/5	1/3	1
H	1/3	1	3				

表 8 – 14　二层 B_5 判断矩阵

	B	G	I	J	K		B	G	I	J	K
B	1	1/4	2	1	1/2	J	1	1/4	2	1	1/2
G	4	1	5	4	3	K	2	1/3	3	2	1
I	1/2	1/5	1	1/2	1/3						

（2）权重计算。根据以上建立的判断矩阵，运用程序进行计算，然后对计算结果进行汇总，详见表8-15。

表8-15 判断矩阵计算结果汇总表

一层	0.2832	0.1306	0.1306	0.2832	0.1724
二层 B_1	0.4202	0.1716	0.2041	0.2041	
二层 B_2	0.4424	0.2788	0.2788		
二层 B_3	0.4457	0.309	0.2453		
二层 B_4	0.5024	0.2938	0.2038		
二层 B_5	0.1448	0.3772	0.126	0.1448	0.2072

对上述计算结果结合图进行整理，得到最终的权重矩阵：$W = (W_A W_B W_C W_D W_E W_F W_G W_H W_I W_J W_K) = (0.1190, 0.0736, 0.1156, 0.0942, 0.0582, 0.0404, 0.2073, 0.0832, 0.0537, 0.0827, 0.0721)$。

求隶属度矩阵

（1）计算隶属度。

1）定量指标。本次采矿方法研究的待选采矿方法为VCR嗣后充填法、分段空场嗣后充填法、上向水平分层充填法和点柱式分层充填法。为书写方便，将以上四种采矿方法分别以A、B、C和D替代，待选采矿方法定量指标汇总表见表8-16，将表中数据输入计算程序后得到其隶属度，见表8-17。

表8-16 待选采矿方法定量指标汇总表

指 标	A	B	C	D
采矿成本	83	78	70	62
采切比	213.4	371.5	177.87	149.27
损失率	15.91	15.88	14.3	19.62
贫化率	12.12	10.13	5	3.99
生产能力	45	35	33	60
采矿工效	35	28	16	23

表8-17 定量指标隶属度表

指 标	A	B	C	D
采矿成本	0	0.0602	0.1566	0.2530
采切比	0.4256	0	0.5212	0.5982
损失率	0.1891	0.1906	0.2712	0
贫化率	0	0.1642	0.5875	0.6708
生产能力	0.7500	0.5833	0.5500	1
采矿工效	1	0.8	0.4571	0.6571

2）定性指标。至于安全程度、通风条件、熟悉程度、劳动强度及适应程度等定性指

标，目前尚无法对其定量，必须先对其赋以模糊定量值。为了克服赋值的片面性及随意性，这个工作请多位有经验的专家针对每一种采矿方法两两比较进行打分，然后采用二元对比排序法中的优先关系法确定其隶属度，也是采用程序进行计算。对四种采矿方法针对以上五种定性指标请 10 位经验丰富的专家进行两两比较，并按照非常好、比较好、稍微好、稍微差、比较差和非常差六个级别分别得 10 分、8 分、6 分、4 分、2 分、0 分进行打分。打分表见表 8 – 18 ~ 表 8 – 22。

表 8 – 18　安全程度打分表

	10	8	6	4	2	0
A→B			2	7	1	
A→C	1	3	5	1		
A→D		2	5	4	1	
B→C	2	4	4			
B→D	1	5	4			
C→D			3	5	2	

表 8 – 19　通风条件打分表

	10	8	6	4	2	0
A→B		1	5	2	2	
A→C		2	6	2		
A→D	1	3	5	1		
B→C		1	4	5		
B→D		4	5	1		
C→D		1	5	4		

表 8 – 20　熟悉程度打分表

	10	8	6	4	2	0
A→B				1	4	5
A→C				1	5	4
A→D				1	4	5
B→C		1	5	4		
B→D			5	4	1	
C→D			5	5		

表 8 – 21　劳动强度打分表

	10	8	6	4	2	0
A→B		1	6	3		
A→C	2	4	3	1		
A→D	1	3	5	1		
B→C	1	3	4	2		
B→D		4	5	1		
C→D		2	4	4		

表 8-22 适应程度打分表

	10	8	6	4	2	0
A→B				3	5	2
A→C				2	4	4
A→D				3	6	1
B→C			1	5	4	
B→D		2	4	3	1	
C→D		2	3	4	1	

　　将上面所列打分表分别输入计算程序，对结果进行整理后得到定性指标的隶属度，详见表 8-23。

表 8-23 定性指标隶属度表

指　　标	A	B	C	D
安全程度	0.5444	0.6933	0.3267	0.4356
通风条件	0.5933	0.5600	0.4733	0.3733
熟悉程度	0.1267	0.6333	0.6067	0.6333
劳动强度	0.66	0.5867	0.3867	0.3667
适应程度	0.2067	0.5533	0.6733	0.5667

　　（2）确定隶属度矩阵。经过对正指标、负指标及定性指标的计算，求得各指标的隶属度，将以上求得的结果，按照顺序组合，得到隶属度矩阵，见表 8-24。

表 8-24 隶属度矩阵

隶属度　　　　方法 指标	A	B	C	D
采矿成本	0	0.0602	0.1566	0.2530
采切比	0.4256	0	0.5212	0.5982
损失率	0.1891	0.1906	0.2712	0
贫化率	0	0.1642	0.5875	0.6708
生产能力	0.7500	0.5833	0.5500	1
采矿工效	1	0.8	0.4571	0.6571
安全程度	0.5444	0.6933	0.3267	0.4356
通风条件	0.5933	0.5600	0.4733	0.3733
熟悉程度	0.1267	0.6333	0.6067	0.6333
劳动强度	0.66	0.5867	0.3867	0.3667
适应程度	0.2067	0.5533	0.6733	0.5667

　　终选采矿方法 终选采矿方法主要由权重矩阵和隶属度矩阵两部分组成。在前面两者

都已经求出，现将两个矩阵的数据建立成程序可调用文件，采用模糊综合评判的四种方法中的加权平均法进行计算，此法最能体现"综合"。计算结果见图 8-4。

图 8-4 计算结果

根据模糊数学综合评判原理，以相对选择率最高的采矿方法作为最优采矿方法，通过综合评价和计算，待选采矿方法的选择率由高到低的排序为点柱式分层充填法、分段空场嗣后充填法、上向分层充填法和 VCR 嗣后充填法，因此点柱式分层充填法为首选方案。

8.6.3.4 选矿工艺优化

近年来我国选矿工艺、设备快速发展，大大提高了选矿效率，降低了选矿成本等，直接地影响了选矿建设投资。

(1) 选矿工艺处理是一个完善的工程，优化要统筹兼顾，以保持平衡为原则。

(2) 提高选矿自动化控制水平，减少岗位工人，降低噪声，维护职业健康。

(3) 选场是矿山能源消耗大户，要坚持节能减排原则。

(4) 我国铁矿资源有限且品位低，回采成本高，要尽可能地提高金属回收率，防止流失。

8.6.3.5 排尾和充填系统优化

(1) 以提高尾矿浓缩浓度，减少排尾量为目标，进行系统优化，减少工程建设投资和排尾运行费用。

(2) 采用先进的充填技术，要通过各种形式掌握国际先进的充填技术并引进使用，不同充填技术对系统建设和运行成本影响很大。

(3) 加大尾矿的开发利用，提高尾矿的利用水平和效率，尾矿是资源，要通过新技术的应用使其变废为宝，如可做建筑材料、水泥加工的原材料，或者压干以后的复垦造地等。

8.6.3.6 施工组织设计优化

完善的施工组织设计和进度计划可减少工期，提高效率，降低投资。

(1) 可委托有一定实力的单位或科研院所编制总施工组织方案，并聘请行业专家评审，确保总方案的可行性和先进性。

(2) 在施工过程中积极及时采用新装备。

(3) 深入一线，听取施工单位和具体操作人员的意见，从具体问题和环节中解决问题。

8.6.3.7 总图优化

(1) 优化总图布置，尽可能减少占地面积，减少土地使用。

(2) 尽可能利用地形地貌，实现重力运搬，减少能源使用。

(3) 以人为本，减少环境污染和噪声。

8.6.3.8 新工艺、新材料、新设备和新工艺

（1）采用性价比方法，综合评估，积极推广应用。

（2）要进行试验研究，确保正常使用。

（3）采用分期分批原则，防止急躁冒进，实现稳妥消化吸收。

8.6.4 基建矿山不同时期的设计优化

设计优化伴随矿山建设的全过程，在矿山建设的不同时期，设计优化具有不同的特点，其潜力和效果也不同。国外对工程建设不同阶段影响投资的可能性有过这样的分析：在初步设计阶段，影响项目投资的可能性为75%～95%；在技术设计阶段，影响项目投资的可能性为35%～75%；在施工图设计阶段，影响项目投资的可能性为5%～35%。很显然，项目投资控制的重点在于施工以前的投资决策和设计阶段，而在项目做出投资决策后，控制项目投资的关键就在于设计。因此要根据矿山建设的不同时期不同工作内容进行设计优化，抓住重点，这样设计优化产生的效果将会更好。

矿山建设一般分为四个阶段：方案确定阶段（即开发利用方案时期）、初步设计阶段、施工图阶段和施工阶段，有的时候平行或交叉。下面简要介绍这四个阶段。

8.6.4.1 方案确定阶段

开发利用方案时期是决策阶段，是从国家、行业、法规和资金效益等方面，比较粗线条地确定矿山建设项目是否可行以及能否被批准。受诸多条件和资金的限制，设计优化往往做得不够细致，深度也不够。方案确定阶段需要注意以下几方面：

（1）尽可能地选择有该类矿山开采经验的研究单位来完成，现在市场上有很多这样的机构，能力参差不齐，报价差别很大，这样对主要技术经济参数的选择就不同，结果也就大相径庭。

（2）要聘请有经验的专家进行评审和分析，避免造成错误的决策。

（3）组织足够的人员到像类似的矿山企业去考察，防止闭门造车，在考察中进行分析比较，找出差异，进行决策。

（4）要有发展的观点，积极使用新技术、新工艺和新设备，但是又要稳妥推进。近年来无论是采矿、选矿、尾矿充填，矿山机械都发生了天翻地覆的变化，并且对矿山建设起到了巨大的推动作用。

优化的重点在技术经济参数的选择，但矿区周边的投资环境以及当地政府的支持，往往成为项目能否成功、建设投资费用大小和生产能否盈利的主要因素。

8.6.4.2 初步设计阶段

初步设计阶段即项目在图纸上的实施阶段。该阶段随着设计和研究的不断细化和深化，工程投资开始在图面上显示，工程量和投资已经比较准确，有的地方开始和开发利用方案发生矛盾，需要进一步实现和分析。在这个时期，矿山建设框架基本上确定了下来，并且开始为施工图做准备。矿山建设框架一经确定一般不做大的改动。初步设计阶段需要注意以下几方面：

（1）方案的确定一定要慎重，初步设计方案的确定一定要经过多方案比选，要不厌其烦地进行讨论分析，参加的人员要广泛而全面。

（2）重要技术指标和工艺参数要经过实验和研究，不能够简单地类比和套用。如采矿

方法的确定，有时候仅注重矿体的赋存条件，而忽视其稳固性和硬度；或者只考虑采矿方法而不考虑采矿设备的发展，认为采矿方法是比较远的事，以后还有机会修改。实际上写到说明书的结论往往在后面很难修改。

（3）根据初步设计成果到类似矿山调研，详细掌握它们在生产期存在的问题以及所做的优化，通过分析和比较可以发现很多问题。设计院在同类矿山有惯性，往往简单引用过去成功的经验，实际上对设计失误修改并不及时，要防止错误再次发生。

（4）作为矿山建设者，对国家正在发展和推行的新技术要有足够的重视，尤其自己尚不熟悉的新工艺，要广泛调研，避免别人这样我也这样。有时会出现自己刚刚建成就已经淘汰的情况。

8.6.4.3 施工图阶段

本阶段要突出专业和单项工程的优化。

（1）设计优化的内容将受到限制，不同专业的优化会比较明显。由于这个时候图纸会越来越多，会分配到不同的专业，参加的人员也会多，人们会发现许多具体的问题。

（2）这个时期的优化，要解决不同专业之间沟通问题，防止片面，要系统去评价优化的必要性。因为这个时候，人们看到的是结果，其实对过去的原因并不清楚。

（3）若发现较大问题，要引起高度重视并及时解决，这是优化的最后一个环节，不能错过。

8.6.4.4 施工阶段

施工阶段要突出施工组织设计和施工条件的优化。

（1）施工阶段必须做好施工组织设计的编制和优化，不同的施工方案对工期和投资的影响很大。同时通过施工组织设计的编制也会发现设计缺陷，有时会发现无法施工，这必将导致施工图的修改。

（2）优化施工条件，体现在施工的空间、采用新的或者可行的施工装备以及工序的变化等。

（3）重视措施工程的使用。在施工中往往发现一个工程按照设计图纸施工会很慢，但是如果增加部分工程进行联通，或者增加辅助工程增加作业面，会使效率大大提高，工期提前，但是有可能增加部分投资。最好在增加措施工程时结合后期的生产应用，使其发挥更大的作用。

8.6.5 设计优化工作的开展

（1）制定设计优化管理制度。矿山建设设计主要由设计院来完成，建设和施工单位往往是被动地接受和使用。建设单位在矿山建设初期就要明确制定设计优化管理办法，使参建各方以及建设单位都能够重视这项工作。设计优化管理制度一般应包括以下内容：

1）建立矿山设计优化管理机构，明确设计优化管理部门和职责。

2）制定设计优化项目申报、研究和确认程序。

3）制定设计优化申请报告的编制要求和图纸资料要求。

4）制定设计优化部分的考察和评审要求。

5）制定优化项目落实程序，包括设计图纸修改和变更。

6）鼓励参建各方全面参加设计优化，明确设计优化奖励机制。

（2）建设以人为本、创业奉献的企业文化助推设计优化工作，即：

1）要加强技术队伍建设，矿山建设依赖于高水平的技术管理人员，在建设过程中也要培养大量的技术人员，企业要制定人才管理规划。

2）要敢于使用年轻的、有能力的技术员，给他们锻炼的机会。

3）公司要制订科研和技术进步计划，鼓励更多的技术人员参加。

4）要弘扬创业和奉献精神，基建矿山和生产矿山不同，需要超常规的付出。鼓励和表扬有成就的技术人员，包括物质和荣誉奖励。采用多种形式进行宣传和报道。

5）矿山建设是一项艰苦而繁重的工作，设计优化需要技术人员付出辛苦和汗水，他们的劳动要受到尊重。要培养员工对企业的热爱，热爱可以激发人们的潜能和创造性。

8.6.6　设计优化的注意事项

进行设计优化应注意：

（1）要在矿山建设全过程体现设计优化。设计优化不只是指在设计实施过程中提出并进行设计优化，而更应该在设计编制阶段就充分对设计方案进行优化。目前许多企业一旦选定设计方，都不太关注各专业的设计过程，而只是将重点放在设计进度上，这使得有些设计出现与现场脱节的问题，也为项目实施后续的流程带来了很多不确定因素。因此在设计编制阶段，要针对设计目标，提出多个方案进行比较，以得到需要的最佳方案，这部分工作一般都由设计院完成，但是建设方应积极参与。

（2）在整个设计过程中，建设单位应成立一个设计小组，不同的专业都应有专人负责与设计院联络、沟通，保证设计与现实的高度相符性，避免设计文件一制定，马上就要修改，避免施工过程中太多的设计变更，给工程建设的质量管理、工期管理带来不利因素。

大的设计优化和变更，会影响到安全和环保等专项报告的审查以及竣工验收，应根据建设进度安排及时编入矿山建设总网络计划中，防止后期验收对整个矿山投产的影响。变更资料和记录要全面并保存完好。

8.6.7　参考实例

某矿业有限公司铁矿通风系统优化

某矿业有限公司铁矿位于山东省，资源总储量近7900万吨，自然条件较好，埋藏较浅，采矿、选矿技术风险较低，周边水、电资源丰富，开发前景良好。项目建成后将实现年产原矿200万吨、铁精矿50多万吨的生产能力，预计整个开采期40年。

1　开拓系统和采矿方法

1.1　开拓系统

铁矿一期工程设计采用竖井开拓与斜坡道开拓相结合的开拓方案，−140m中段采用竖井开拓，从地表到−40m水平的斜坡道按汽车运输设计，−40m水平以下按辅助斜坡道设计。竖井开拓基建期间，利用斜坡道在−40m中段提前投产。开拓系统为：采用主井（箕斗井）、副井（罐笼井）提升，布置在矿体开采影响范围之外、矿区的中部南侧；另外配与主井提升相配套的井下破碎系统和两条回风井（西风井、东1回风井）、一条斜坡道。由于单纯依靠副井和斜坡道进风，风速将超过安全规程的规定，设计在矿区东部新增加一条进风井（东2进风井）。铁矿各竖井井筒主要参数见表8−25。

表 8-25 铁矿各竖井井筒主要参数简表

井筒名称	井筒直径/m	井筒深度/m	标高/m	备注
主井	4.5	525.5	+125.5→-400	箕斗提升井
副井	5.0	284.5	+129.5→-155	罐笼提升井
东1回风井	4.0	276.5	+136.5→-40	回风井
西回风井	4.0	254.5	+114.5→-140	回风井
东2进风井	4.0	235.0	+95→-140	进风井

一期工程设计开采深度为-140m水平以上中段，包括+7m（回风水平）、-40m、-90m及-140m（运输水平）等开采中段，矿山年生产规模为原矿产量200万吨，废石30万吨，一期工程服务年限22.5年，基建期4年，基建结束后年投产规模为60万吨，投产至达产时间为3年。

1.2 采矿方法

铁矿矿体属于倾斜~中厚矿体，倾角达到50°以上的急倾斜矿体所占比重很小。矿体及顶底板围岩为坚硬至极坚硬的岩石，稳固性好，并且顶板稳固性好于底板。矿体开采条件较好，影响采矿方法选择的主要因素是对地表农田、村庄、光缆、高压线路和206国道的保护问题。

根据"中钢集团山东矿业有限公司某铁矿采矿方法优化论证"和"安全预评价报告"的建议，确定采用两种类型的采矿方法：（1）地表没有建筑物的矿段，采用空场法嗣后充填采空区防止地表塌陷；（2）地表有建筑物需要保护的矿段，采用上向分层充填采矿法。

2 通风系统原设计方案及存在问题分析

2.1 通风系统原设计方案

铁矿设计采用中央对角式通风系统，新鲜风流从矿区中部的副井、斜坡道和矿区东部的东2进风井进入井下，污风通过布置在矿体两翼的回风竖井排出地表。

（1）矿井总风量：设计采用分区多级机站通风系统方式，矿井总（回）风量313.9m³/s，其中西风井、东1风井各回风157m³/s。矿山总进风量为218m³/s，其中副井进风92m³/s，斜坡道进风67m³/s，专用进风井（东2风井）进风59m³/s。

（2）风流组织：新鲜风流进到各进风联络巷，经各作业中段运输大巷、出矿穿脉巷、采区进风天井进入作业采场，污风由作业中段上部回风巷分别回到东、西回风井，最后由东、西回风井排出地表。

（3）机站设置：由于矿区范围较大，矿山达产后共分为四个区开采，分别为东部北翼、东部南翼、西部北翼、西部南翼，通风网络比较复杂，因此确定采用多级站通风。该多级站通风系统由三个级站构成。

Ⅰ级站：由布置于井下各采场的风机群组成，主要起到引风作用。

Ⅱ级站：由四个机站组成，分别布置在东部北翼、东部南翼、西部北翼、西部南翼的中段回风平巷与回风石门交汇处。

Ⅲ级站：由两个机站组成，分别布置在东部主回风竖井、西部主回风竖井。东、西回风竖井两台风机各自承担157.0m³/s的回风量，并和Ⅱ级站风机共同克服总通风负压。

（4）通风系统自动控制：在-90m中段副井附近设置坑内集中控制室，控制12台Ⅰ

级站风机的开停和蝶阀的开度大小。在地表副井口附近设总集中控制调度室，由坑内集中控制室将坑内12台Ⅰ级站风机的开停状态信号反馈给地面总集中控制调度室。

各回风井内设有风流参数测定仪，测定Ⅲ级回风站的风流参数。在 −90m 中段的各Ⅱ级回风站前适当位置设风流参数测定仪，测定Ⅱ级回风站的风流参数。所有风流参数均反馈给地面总集中控制调度室，并与预设好的风流参数做对比，当实测的风流参数与预设参数相差较大时，集中自动控制系统便指挥Ⅰ级、Ⅱ级风站风机变频系统进行变频，来调整两级风机的电机转速，直至实测的风流参数与预设参数相差达到规定的范围。

2.2 原设计方案存在问题分析

（1）系统风量分配不合理。随着基建及探矿工作的进展，西区矿量及将布置的生产采场只占总量的 1/4→1/3，东区占 2/3→3/4，与原设计条件不一致，原方案东区、西区进回风量完全一致，与实际生产需风要求不符。

（2）主斜坡道进风量偏大。通地表的主斜坡道为无轨设备上下通道，其本身是需风点，通风量 $67m^3/s$ 偏大，经过斜坡道的风流已被污染，应在进入井下采区前及时排到回风井，否则污染采区。

（3）矿井总进风量与总回风量不一致。总回风量比总进风量大 $96m^3/s$，而井下系统并无通地表的塌陷区和明显的短路漏风通道。

（4）各井筒及主要采区的风量分配仅靠人工计算，未进行通风网路计算机解算，误差较大，实际效果将偏离方案预期。

（5）系统通风阻力依据井筒和采区的进、回风风量由人工计算，未充分考虑系统局部阻力（占系统总阻力的 30% ~40%）和各机站局部阻力（占系统总阻力的 20% ~55%）。

（6）通风系统方案为三级机站，所选大小风机共有四种型号，设计未考虑其相互影响和合理匹配问题，必将造成系统总风量短缺和风量分配不合理。

3 通风系统优化设计研究

3.1 矿井总风量

根据铁矿 2010 年采掘计划，结合矿井采掘生产实际情况，充分考虑井下作业面的工作性质、通风排尘所需风速，核算矿井总风量为 $327m^3/s$。

3.2 通风方式

通风系统优化方案仍为分区抽出式通风。西区为单翼对角抽出式通风系统，副井进风、西风井回风；东区为两翼对角进风、中央抽出式回风通风系统，副井、东2风井进风，东1风井回风。采区及采场风量采用辅扇进行调节，主斜坡道污风从 +7m 水平直接排入东1风井，主井溜破系统污风经过净化达标后进入 −140m 运输水平。

东区矿量及将布置的生产采场占总量的 2/3→3/4，设计将东1回风井断面刷大，从现有的直径 4.0m 扩大到 6.0m，井筒标高为 +136.5m→ −40m 水平。在施工过程中，由于该井筒中有约 50m 的一段为 800mm 的混凝土支护，扩刷难度较大，决定在东1回风井附近新掘砌一条地表至 +7m 东1+回风井，与原东1回风井形成并联回风形式。东1+回风井直径为 4.5m，断面积为 $15.90m^2$，井筒标高为 +136.5m→ +7m 水平，工程量约为 $2059.05m^3$。

东1回风井 +7m→ −40m 段暂不刷大，拟利用已结束的采场风井解决 −40m 以下中段的回风问题。

3.3 机站设置

井下共设三个回风机站，分别在西回风井 –90m 水平回风巷、东 1 回风井 +7m 水平回风巷以及 –40m 水平南、北回风联巷。三个回风机站共选用六台 K45 –6 №17 风机，均为两台并联抽出方式布置。后期 –40m 中段东区北侧巷采矿充填后无作业采场时，应将东 1 回风井 –40m 水平南、北联巷回风机站北侧巷风机调至南侧，两台风机并联在南侧巷回风，南侧巷回风机站硐室可按两台风机并联尺寸施工。

东、西采区根据实际生产需要以及采场变化配置辅扇对风量进行调节，采取无风墙形式安装运行，优化方案共选用六台 K40 –6 №12 型号辅扇，其中东采区配置四台，西采区配置两台。每台电机的功率为 15kW，风机叶片角度取中间值 26°。

选用的 K45 –6 №17 型号轴流风机具有运转效率高、噪声低、性能范围大、节电效果显著的特点，可方便实现反转反风功能，反风率大于 60%，不需修筑反风道。

3.4 通风构筑物

为保证井下通风风流的畅通，使新鲜风流能到达各需风地点，需设置风门、调节风门或风窗等设施进行调节，主要通风构筑物见表 8 –26。

表 8 –26　主要通风构筑物一览表

序号	通风构筑物位置		断面积/m²	构筑物类型	备注
1	西风井	–140m 水平联巷	9.44	风门	2 道
2	副井	+7m 水平联巷	10.06	风门	2 道
		–40m 水平南、北联巷	16.80	风门	4 道
		–90m 水平南、北联巷	16.80	风门	4 道
3	东 2 进风井	–40m 水平联巷	8.73	风门	2 道
4	斜坡道	+7m 水平联巷	8.67	风墙	1 道
		+7m 至 –40m 水平斜坡道	16.43	空气幕	1 道

该方案具有系统风量分配合理、矿井总风量满足、机站数量减少、系统运行成本较低等诸多优点，新增的东 1 +并联回风井工程量与原方案相比较，在通风系统运行后 1~2 年即可收回投资。

4 通风方案网络解算及结果

根据铁矿井下开采现状，对井下各种类型井巷规格及作业中段布置、作业点分布、典型巷道的通风阻力等进行了调查与数据整理，建立了井巷风阻原始数据、网络节点分支原始数据、风机参数原始数据、机站参数原始数据等通风网络数据库。

铁矿通风网络共包括 93 个节点、140 条分支，根据选用的风机型号按不同的叶片安装角进行了详细的解算。

铁矿通风系统优化方案计算机网络解算结果如下。

（1）矿井总风量：矿井总风量达到 331.38m³/s，其中东区总风量为 225.12m³/s，西区 106.26m³/s，可满足核算的矿井总风量要求（327m³/s）。

（2）机站设置及工况：东 1 回风井 +7m 水平回风机站两台 K45 –6 – №17 风机叶片角度为 40°。机站风量 104.50m³/s，实耗功率 215.07kW，风机效率 76%。

东 1 回风井 –40m 水平南、北回风机站两台 K45 – 6 – №17 风机叶片角度为 40°。南回风机站风量 60.06m³/s，实耗功率 106.52kW，风机效率 81%；北回风机站风量 58.93m³/s，实耗功率 106.83kW，风机效率 80%。

西风井 –90m 水平回风机站两台 K45 – 6 – №17 风机叶片角度为 40°。机站风量 118.98m³/s，实耗功率 215.35kW，风机效率 72%。

通风系统装机容量 660kW，实耗功率 643.72kW，东区通风阻力 1329Pa，西区通风阻力 1356Pa，风机平均效率 77.75%。

（3）各进风井筒进风量：副井进风 156.76m³/s（通过 – 40m、 – 90m、 – 140m 水平石门进入采区）；东 2 风井进风 103.52m³/s（通过 – 40m、 – 90m、 – 140m 水平石门进入采区）。

（4）回风井筒风量：西风井回风 106.26m³/s，东 1 风井回风 225.12m³/s。

5 井下通风远程集中监控方案

根据铁矿井下通风系统优化方案，各机站风机布置条件及对各种控制方式的分析比较，铁矿矿井通风监控系统设计采用以工控计算机、Ethernet 通信控制柜、远程 I/O 控制柜和 Ethernet、RS – 485 通信网络为核心的远程集中监控技术，对全矿三个回风机站共六台风机进行远程集中监控，并对三个回风机站的 4 个回风巷道的风量参数进行监测。监控软件以基于 Windows 2000（SP4）操作系统的工控组态软件为平台设计开发，其具有形象美观的图形界面，可准确地描述工业控制现场的运行情况，机站风机工作状态和各种监测数据以动画、图形或文字方式动态显示。同时，通风系统主要状态及参数以 WEB 方式发布到企业局域网，以供其他相关人员浏览。

为提高系统的抗干扰性及可靠性，并考虑到工程的投资及系统扩展的灵活性，网络通信介质采用铠装单模光缆加 RS – 485 通信电缆方案，即地面调度室到井下的主干通信网络采用铠装单模光缆，而到各中段风机站区域的通信网络采用 RS – 485 通信电缆。

主控计算机（设在地表调度控制室）通过 Ethernet、RS – 485 通信网络，与置于井下被控机站风机控制硐室的远程 I/O 控制柜相连，形成计算机通信网络，从而通过主控计算机对每一台风机进行远程集中启停控制，对风机运行状态参数及机站回风巷道风速、风量等参数进行实时监测。

该计算机远程集中监控系统具体控制和监测功能如下：

（1）风机的远程启停控制；

（2）风机的远程反转控制；

（3）风机的远程自动定时启停控制；

（4）风机的本地控制；

（5）风机开停状态的监测显示；

（6）风机运行电流监测显示；

（7）风流参数连续测量；

（8）风机过载自动保护；

（9）风机启动前发出启动警告信号；

（10）机站允许或禁止远程控制；

（11）机站进行通信测试；

（12）报表打印输出；

（13）通风系统状态参数的局域网 Web 发布。

6 结语

铁矿井下通风系统经过优化设计，较好地解决了由于矿井生产条件发生变化而带来的通风系统原初步设计方案与实际生产系统不符的诸多问题，从技术措施角度为矿山安全生产提供了根本保障。同时，研究提出了通风系统各机站风机的远程集中监控方案，可实现对矿井通风系统及时有效的日常管理。

8.7 技术改造及合理化建议

技术改造通常是指企业为了提高经济效益、提高产品质量、增加花色品种、促进产品升级换代、降低成本、节约能耗、加强资源综合利用和三废治理、劳保安全等目的，采用先进的、适用的新技术、新工艺、新设备、新材料等对现有设施、生产工艺条件进行的改造。

合理化建议是指企业内员工对企业建设和生产过程中需要改善的地方而提出建设性的改善意见或构思，称为"提案"或"建议"，包括所有以改进现行企业运行和管理体制，提高产品质量，简化工艺程序，节约材料和工作时间，提高生产安全、环境保护、劳动保护等为目的具体建议。建议不仅要指出目前存在的问题与不足，而且还应提出相应的解决方案。

合理化建议是技术改造项目的来源之一，技术改造是实现合理化的一种方式，企业的合理化建议开展得好，技术改造工作会更有成绩，两者相辅相成，相互促进。

8.7.1 技术改造的原则

8.7.1.1 基本原则

技术改造的基本原则是：

（1）坚持以技术进步为前提，以内涵扩大再生产为主的原则。

（2）从实际出发，采用既适合企业实际情况，又能带来良好经济效益的技术方案。

（3）在提高经济效益的前提下，实行技术改造，扩大生产能力。

（4）资金节约原则。针对企业的薄弱环节改造，把有限的资金用在最急需的地方。

8.7.1.2 技术改造的主要方面

技术改造的主要方面有：

（1）研究、开发企业现代化建设中所采用的新的科学、技术成果（包括新产品、新工艺、新材料等）以及理论研究成果。

（2）推广、应用已有的科学技术成果。

（3）在工程建设和企业生产技术改造中，采用国内外先进技术。

（4）引进、消化、吸收国内外先进技术设备。

（5）标准、计量、科学技术情报和科学技术管理的方法及理论等科技成果。

（6）科技技术管理（包括标准化、规范化）工作。

8.7.1.3 合理化建议的主要方面

合理化建议的主要方面如下：

（1）产品质量和工程质量的提高，产品结构的改进及新产品的开发。

（2）有效地利用和节约资源，降低原材料，降低工程造价及能源消耗。

（3）生产工艺、环境保护、安全技术、物资储运、劳动保护以及工程设计、施工、计算技术等方面的优化改进。

（4）生产工具、设备、仪器、装置的改进完善。

（5）科技成果的推广，引进技术、设备的消化吸收和革新。

（6）全员参与原则。调动各方面的积极性，参与到企业的技术改造当中。

8.7.2　技术改造可靠性研究报告编制要求

技术改造可靠性研究报告编制要求如下：

（1）技术改造可行性研究报告所涉及的内容以及所反映情况的数据，必须绝对真实可靠，不允许有任何偏差及失误，其中所运用的资料、数据，都要经过反复核实，以确保内容的真实性。

（2）技术改造可行性研究报告是投资决策前的活动。它是在事件没有发生之前的研究，是对事务未来发展的情况、可能遇到的问题和结果的估计，具有预测性。因此，必须进行深入的调查研究，充分地占有资料，运用切合实际的预测方法，科学地预测未来前景。

（3）科学论证是技术改造可行性研究报告的一个显著特点，必须做到运用系统的分析方法，围绕影响项目的各种因素进行全面、系统的分析，既要做宏观的分析，又要做微观的分析。

（4）技术改造项目可行性研究报告的基本内容和深度包括项目的总体概况（包括项目名称、研究工作组织、研究概论等）、提出项目的条件、主办企业的基本概况、产品方案及市场预测、设备情况、总体改造方案、环保措施、投资估算、经济和社会效益分析及可行性研究建议等。

8.7.3　基建矿山开展技术改造和合理化建议工作的重要性

（1）矿山建设投资大，工期长，地质条件多变以及各矿山的单一性决定了矿山建设过程中有许多需要设计优化和技术改造的地方。

（2）基建矿山的施工过程具有不可重复性，是做好技术改造与合理化建议的特殊时期。建设前的设计优化非常容易实现，但是建成后或者在建设中的修改完善将无法实现或造成一定的损失，所以必须抓住这一关键和特殊时期。

（3）好的优化设计和合理化建议若能在建设过程中及时提出和实施，将会大大地影响矿山的投资和工期，并深远地影响生产期的管理和成本。

（4）基建矿山的建设过程，也是大量的技术管理人员熟悉和学习的过程，是培养和锻炼技术管理人才的难得时机。技术改造与合理化建议工作可以促进他们参与矿山建设热情和深度，加深他们对工程内容的理解，不仅有利于工程建设，同时也培养了优秀的技术管理人才。

（5）可以很好地提高企业的经济效益和管理水平，职工全员参与合理化建议，体现了职工对矿山企业的归属感，是主人翁意识的体现。

8.7.4 技术改造与合理化建议管理办法

在矿山建设的前期，企业就要及时制定切实可行的技术改造与合理化建议管理办法，使该项工作成为矿山管理和技术管理的重要组成部分，而不应成为摆设。技术改造与合理化建议管理办法应包括以下内容：

(1) 成立相应的管理机构，并随着机构和人员的变化，及时进行调整。

(2) 明确申报要求、内容、格式和评审标准。

(3) 体现公开、公平、公正的精神。

(4) 实现项目负责人制度，分清建议者和项目实施者的不同责任。

(5) 大的项目尽可能进入公司的年计划，并安排科研经费。

(6) 尽可能利用国家资金支持，做好相关项目的科研和技术进步工作。

(7) 项目进展的考核工作。

(8) 技术进步与合理化建议要与技术人员的职称、晋升挂钩。

8.7.5 技术改造和合理化建议活动的开展

要开展多种形式技术改造和合理化建议活动。

(1) 企业要创造尊重知识、尊重人才、尊重劳动、尊重创造的环境，形成创造光荣、奉献幸福的氛围。员工发自内心的对企业的爱会大大激发潜能，本能地去解决问题，堵塞漏洞。

(2) 技术系统要不断地对建设过程中存在的问题进行解释，让更多的人了解情况，参与进去，有助于问题的解决。

(3) 工会要开展"企业是我家，发展靠大家"、"员工是企业的主人"等多方面的活动，鼓励员工提出合理化建议，并进行表彰和奖励。

(4) 公司领导根据建设和生产实际，不断地提出问题和新要求标准，鼓励技术人员去解决，去创造奇迹。

(5) 公司每年都要组织不同专业的技术人员到类似矿山考察学习，把别人的先进经验引进过来，也要鼓励外单位到公司参观指导，听取他们的意见，防止坐井观天、夜郎自大。

(6) 与高等院校和科研院所紧密合作，掌握相关技术的现状和发展方向。

(7) 对标挖潜，可以了解自己企业在国内和行业的现状，从指标发现问题，再去研究解决问题的方法。

(8) 年轻人是企业的未来，要给他们创造工作的机会，敢于给他们压担子，相信他们可以做得很好。

(9) 要求技术人员定期写出工作总结和论文，是提高技术人员业务能力的一条捷径。

(10) 定期召开各专业例会或者座谈会，也可以召开头脑风暴会，宽松环境，鼓励自由发言，在相互启发中发现问题，提供思路。

(11) 制订企业人才培养规划，树立技术人才典型，给予各种奖励。

(12) 定期召开技术工作总结和表彰大会，对一个时期的技术管理成果进行表彰和鼓励，对不足之处进行弥补。

8.7.6 参考实例

实例1 某公司科研项目管理及科技创新成果评定、奖励办法

第一章 总 则

第一条 为加强科研项目管理，激励公司广大科技人员和职工开展科学研究、技术创新、新技术推广及合理化建议活动的积极性和创造性，增强我公司技术创新能力，特制定本办法。

第二条 公司设立科技创新成果奖。科技创新成果奖包括科学技术进步奖、合理化建议实施成果奖及科技论文奖三类。

第三条 在本公司完成的，具有市级以上技术领先的科技成果，由公司科技主管部门生产技术部负责初审后，报请公司项目评审委员会批准，可申请上级主管部门进行鉴定、评奖。

第二章 科研项目管理

第四条 科研项目除按项目程序管理外，同时实行计划管理，根据生产经营实际，制订科技进步计划，与年度生产经营计划一同报上级公司。重点科研项目列入公司重点控制计划，没有计划的项目不得立项。

第五条 科研项目实行项目负责人制。项目负责人负责组建课题小组，确定研究方案或计划任务书，负责项目的具体实施，技术推广等，与外部的合作项目也应明确我方负责人。

第三章 科技创新工作组织

第六条 为加强科技创新工作的管理，结合公司情况，我公司实行总经理领导下的公司主管领导项目负责制。公司主管领导为本单位科技工作的第一责任人。

第七条 公司成立相应的专业评审小组及评审委员会，生产技术部为公司的科技主管部门，负责日常管理工作及公司科技创新项目的立项、评审及上报工作。

项目评审设立评审委员会及专业评审小组，具体如下：

项目评审委员会组成：评审委员会主任、评审委员会副主任、评审委员会委员、科技项目专业评审小组。

（1）采矿、土建小组：组长、副组长、成员。

（2）地测质检小组：组长、副组长、成员。

（3）选矿、机电自动化小组：组长、副组长、成员。

（4）经营、管理组：组长、副组长、成员。

第八条 科技创新成果评审工作每季度一次。

第九条 公司科技工作实行归口统一管理，立项完成后的科技进步项目，经公司科技项目专业评审小组及评审委员会审查、验收、鉴定、评定、确立奖励后，需上报上级公司的科技进步项目由公司生产技术部负责组织上报。

第十条 为确保科技创新计划的顺利实施，通过立项审查的项目全部实行项目负责人制，并签订项目负责人实施协议（见附件4）。

第十一条 公司生产技术部要加强科技工作的日常管理，做好项目的立项审查、计划编制、承包合同的签订、督促协调、评审组织、奖励兑现及科技档案管理等工作，年末要对所有的科技项目进行全面总结，跨年度项目要编制分年度实施进度计划。

第十二条 公司生产技术部对科技创新工作进行监督、检查，并协调解决在项目评审奖励工作中发生的争议。

第十三条 对科技创新成果的申报、评定、奖励，要采取实事求是、严肃认真的科学态度，对于弄虚作假，经查明属实后，撤销荣誉称号，退回所得奖金，对责任人按情节轻重给予批评或处罚，情节严重的，给予行政处分。

第十四条 科技创新工作主要包括科技进步项目管理、合理化建议实施管理及科技论文管理三项内容。科技进步、合理化建议实施成果管理分别按成果的先进性、技术性、效益性给予奖励。

第四章 项目立项、评审程序及评定标准

第十五条 项目申报。项目申报为每季度一次，公司各部门职工均有权利申报项目。可以先草拟材料直接向生产技术部申报，填写立项申报表（见附件1）。

项目申报人必须是与该项目关联密切或是该项目方案、构想的首位提出人。

项目申报人、决策者、负责人各为1人，参与项目实施的人数不超过5人。同一个项目如果出现多人申报的情况，应进行合并申报。重复申报则该项目不予以立项。

第十六条 项目审查。公司生产技术部负责对职工申报项目进行初审，交公司主管领导组织相关部门、人员进行复审，公司主管领导一般应在7日内复审完毕，提出审查意见交生产技术部。重大或复杂项目的复审也应在7日内完成。

第十七条 项目回复。生产技术部接到公司主管领导的复审意见后，须在2日内通知项目申报人，说明审核结果。审核结果分三类：

（1）项目无价值，不予立项；

（2）项目内容不完善，责成修改补充后仍按前述步骤进行申报和审核；

（3）项目有价值，可报公司组织实施或安排计划，并以立项通知形式通知有关单位和人员。

第十八条 项目实施。一经立项的项目，在公司同意调度资金、人员及技术配置的情况下，便可投入实施或运作。项目申报人要直接参与实施、进行监督或技术指导，一旦发现有不符合原设计方案的地方，必须向生产技术部汇报并提供更正方案。

第十九条 项目验收鉴定。对实施竣工或已正常运作的项目，公司主管领导届时组织有关部门进行质量验收或鉴定，填写项目验收鉴定表（见附件2）。该验收结果不作为项目申报人评定奖励的依据，仅对施工单位或实施人员完成的工程进行检查和评价，防止技术偏差和工程假冒。

第二十条 项目评审及奖励。经过公司主管领导审核，经公司生产技术部确定立项并经过验收鉴定的项目，均可参与评审，并按要求填写科技项目成果申报表（见附件3）交生产技术部。项目最终根据评审结果给予奖励，奖金由公司资产财务部负责分发，奖金来源为总经理专项基金和公司科研经费。

一、项目评审的程序

（1）专业评审小组对形式审查合格的项目进行初评，写出书面评审意见。

（2）生产技术部在专业评审小组初评的基础上组织评审委员会进行复审，确定最终评

审结果。

二、奖励办法

奖励办法如下：

（1）按照项目性质和创效情况，分三类五等。

A类：一次性投入，一次性见效的项目和设计变更减少投入的项目，对于预决算审查降低的费用可比照 A 类执行。

B类：一次性投入后，长期见效的项目。

C类：无法计算经济效益的项目。

每类又分特等、一等、二等、三等、四等共五个级。

（2）各类项目增效效益计算方法。

A类：增效效益＝项目完成后所增加的经济效益－项目总投资

B类：增效效益＝年创效益－项目总投入／3。

C类：可视其作用大小、解决问题的重要程度、应用范围和技术水平用评分方法确定奖励等级。

项目	档次	评审内容	评分
解决问题的重要程度	1	解决重大问题（全局性、深远性、开发性等）	40
	2	解决主要问题（如老大难问题等）	30
	3	解决较重要问题（如关键环节问题、紧迫问题等）	20
	4	解决一般问题	10
应用范围	1	可用于公司有类似问题的单位	30
	2	应用于本公司	15
	3	应用于本部门	10
	4	应用于个别岗位	5
技术水平	1	达到全国先进水平	40
	2	达到省级先进水平	30
	3	达到市级先进水平	20
	4	达到公司级先进水平	10

上述三项所得分数之和为项目总分。

第二十一条　科技进步及合理化建议奖金分配原则

一、奖金分配办法

原则：重点奖励申报人和决策者以及项目负责人和参与项目实施者。

分配办法：

（1）奖金总额中，申报人占 15%～25%；

（2）奖金总额中，决策者占 15%～25%；

（3）奖金总额中，项目负责人占 15%～25%；

（4）奖金总额中，参与实施者占 25%～55%。

二、奖励人员的数量

发放奖金人员控制在8人以内，颁发证书人员控制在3人以内。

第五章 科技进步项目管理

第二十二条 科技进步包括以下内容：

（1）企业所采用的新的科学、技术成果（包括新产品、新工艺、新材料等）以及理论研究成果。

（2）推广、应用已有的科学技术成果。

（3）在工程建设和企业生产技术改造中，采用国内外先进技术。

（4）引进、消化、吸收国内外先进技术设备。

（5）标准、计量、科学技术情报和科学技术管理的方法及理论等科技成果。

（6）科学技术管理（包括标准化、规范化）工作。

（7）生产工艺、工程设计等方面的优化。

（8）列入公司年度科技进步计划的项目。

第二十三条 科技进步奖金定额。

类别	A类增效效益 /万元	奖励比例 /%	B类增效效益 /万元	奖励比例 /%	C类 /分	奖励金额 /万元
特等	>500	1~2	>100	2~8		4
一等	100~500	2~5	50~100	8~10	>95	3
二等	50~100	5~6	10~50	10~15	90~95	2
三等	10~50	6~10	5~10	15~18	86~90	1
四等	<10	10~12	<5	18~20	60~86	0.2~0.5

第六章 合理化建议实施管理

第二十四条 本办法称合理化建议实施成果是通过改进和完善企业生产技术及经营管理方面的办法和措施的实施对原有生产工艺技术、设备等方面所做的改进和革新。其具有一定的进步性、可行性和效益性，具体包括以下方面内容：

（1）产品质量和工程质量的提高，产品结构的改进及新产品的开发；

（2）有效地利用和节约资源，降低原材料及能源消耗，降低工程造价；

（3）环境保护、安全技术、物资储运、劳动保护、施工、计算技术等方面的优化改进；

（4）生产工具、设备、仪器、装置的改进完善；

（5）科技成果的推广，引进技术、设备的消化吸收和革新。

第二十五条 合理化建议实施成果奖励标准。

类别	A类增效效益 /万元	奖励金额 /万元	B类增效效益 /万元	奖励金额 /万元	C类 /分	奖励金额 /万元
一等	>100	5	>80	5	>95	3
二等	50~100	3	40~80	3	90~95	2
三等	10~50	1	10~40	1	86~90	1
四等	5~10	0.5	5~10	0.5	60~86	0.2

增效效益低于 5 万元以下的合理化建议项目不予以奖励，建议可作为小改小革项目，报公司工会审查。

第二十六条 被采用的合理化建议实施项目年节约或创造的价值，自实施之日起，按基本稳定后的连续 12 个月为计算单位。对一次性节约或创效的项目，年经济效益按一次性创效的 0.4 倍系数计算。

第二十七条 向上级公司申报科技进步、合理化建议实施成果奖的要求：

（1）合理化建议实施成果必须具有一定的可靠性，经过三个月以上的实践检验，确认适用、可靠；

（2）项目年经济效益达到十万元以上。

必须按要求填写"合理化建议实施成果推荐表"及项目成果总结报告，每年 12 月份报送公司技术计划部。

第七章 科技论文管理

第二十八条 为了鼓励专业技术人员提高自身素质，加强专业技术人员的管理，制定管理办法。

第二十九条 当年发表的论文，第一作者持版面费正式发票及刊物原件经生产技术部登记、主管领导审批并经总经理签字后到公司资产财务部报销。

第三十条 鼓励专业技术人员撰写专业技术论文，并制定相应的奖励标准，具体如下：

（1）在国家级刊物上发表的，每篇一次性奖励 1000 元。

（2）在省部级刊物上发表的，每篇一次性奖励 800 元。

（3）在市厅级刊物上发表的，每篇一次性奖励 500 元。

（4）在矿业公司每年进行的"优秀科技论文"的评选中获优秀论文的，每篇加奖 1000 元。

（5）在公司论文评选中获奖的，一等奖每篇一次性奖励 300 元；二等奖每篇一次性奖励 200 元；三等奖每篇一次性奖励 100 元。有技术经济参考价值的，每篇奖励 100 元。

第三十一条 论文奖励的对象为第一作者，若第一作者非我公司员工，则该篇论文不予以奖励。

第八章 其 他

第三十二条 科技创新活动作为公司年终评审劳模、标兵、先进个人、先进集体的一个重要依据。

第三十三条 要把在"科技增效"活动中的业绩成果作为聘任专业技术职务的主要依据，在"科技增效"活动中既无责任目标，又无业绩成果，又不积极参加"科技增效"活动的人员，解除专业技术职务聘任。

第三十四条 在职称评定方面，将是否提出过科技进步项目作为大中专毕业生实习转正和初、中、高级技术职称申报评审的重要条件。其中，申报评审中级技术职称的，至少应有一个获一等奖的合理化建议；申报评审高级以上技术职称的，至少应有一个获二等奖以上科技攻关的项目。

第九章 附 则

第三十五条 本办法解释权属公司生产技术部。

第三十六条 本办法自颁布之日起执行。替代以往科研项目管理及科技创新成果评定、奖励办法。

附件1 科技进步项目立项表。

附件2 项目验收鉴定表。

附件3 科技进步项目成果申报表。

附件4 科技创新项目负责人实施协议。

附件1 科技进步项目立项表

项目编号：

项目名称				
申报人		负责人		
决策者				
实施人				
申报时间		起止时间		
项目内容形式和要求等				
主要技术指标 经济效益 社会效益				
验收标准形式 及成果归属				
评审委员会主任		主管领导		主管部门

附件2 项目验收鉴定表

项目编号：

项目名称			
申报人		负责人	
决策者		实施人	
执行期限		验收时间	

项目完成情况简介：（简要说明项目完成结果及转化应用所产生的经济、社会效益情况等。）

验收意见：

参与项目验收人员（签字）：

附件3 科技进步项目成果申报表

项目编号：

项目名称				
申报人		负责人		
决策者				
实施人				
申报时间		项目完成时间		
项目所达到的经济效果				
专业评审小组意见				
评审委员会意见				
评审委员会主任		主管领导		主管部门

附件4 科技创新项目负责人实施协议

甲方：某公司

乙方：＿＿＿＿＿＿＿＿＿＿＿＿＿＿＿＿＿＿＿＿＿＿

第一条 本项目的内容及主要技术经济指标

1. 项目名称：＿＿＿＿＿＿＿＿＿＿＿＿＿＿＿＿＿＿＿＿＿

2. 项目内容

＿＿＿＿＿＿＿＿＿＿＿＿＿＿＿＿＿＿＿＿＿＿＿＿＿＿＿＿＿＿＿＿

＿＿＿＿＿＿＿＿＿＿＿＿＿＿＿＿＿＿＿＿＿＿＿＿＿＿＿＿＿＿＿＿

3. 主要技术经济指标

＿＿＿＿＿＿＿＿＿＿＿＿＿＿＿＿＿＿＿＿＿＿＿＿＿＿＿＿＿＿＿＿

＿＿＿＿＿＿＿＿＿＿＿＿＿＿＿＿＿＿＿＿＿＿＿＿＿＿＿＿＿＿＿＿

第二条 本项目实施的阶段目标

1. ＿＿＿＿年＿＿月至＿＿＿＿年＿＿月：＿＿＿＿＿＿＿＿＿＿＿＿

2. ＿＿＿＿年＿＿月至＿＿＿＿年＿＿月：＿＿＿＿＿＿＿＿＿＿＿＿

3. ＿＿＿＿年＿＿月至＿＿＿＿年＿＿月：＿＿＿＿＿＿＿＿＿＿＿＿

第三条 乙方责任

1. 在本项目执行期内，负责项目的组织实施、协调资金的使用，按进度要求完成项目内容。

2. 协调好项目成员单位、公司各相关部门间的关系，保证项目正常进行。

3. 应该如实、按时向甲方报送季度、半年、年度项目实施情况，并负责解释。

4. 不得向其他单位或个人提供与该项目有关的所有资料或数据，项目研究成果归甲方所有。

第四条　履行期限

本项目执行期自　　　　年　　月至　　　　年　　月

第五条　本协议一式3份，甲方执2份，乙方执1份。

甲方：某公司　　　　　　　　　乙方：

负责人：　　　　　　　　　　　负责人：

日期：　　　年　　月　　日　　　日期：　　　年　　月　　日

实例2　　　　　　　　　　　　某铁矿建设过程技改实例

某铁矿建设过程中注重技术进步和科研，提升矿山建设的现代化水平，取得了巨大的效益。

（1）针对铁矿床赋存特点，与东北大学合作开展了"大结构参数高效低贫化采矿工艺研究"，首创大结构参数无底柱高效采矿方法。该方案采矿效率高，采矿成本低，出矿品位高，使矿石采出品位由40.64%提高到44.27%，年增效5000万元以上。

（2）与中国矿业大学共同完成"铁矿建设项目计算机管理决策支持系统研究"，将先进的管理理论与方法和计算机相结合，极大地提高了矿山建设项目管理水平，取得显著的经济效益和社会效益，获冶金科技进步二等奖。

（3）与长沙矿山研究院合作完成"铁矿地下开采岩石移动规律研究"，运用先进的岩石力学理论和研究方法，通过对矿体开采将引起上覆岩层崩落移动规律的研究，确定了不同开采阶段的地表塌落和错动范围及发展趋势，为铁矿河道治理设计提供了可靠依据，节约资金2000万元，该成果获冶金科技进步二等奖。

（4）与河海大学合作开展了"铁矿河道治理模型试验研究"，成功地论证了铁矿河道理治工程设计，校核工程的泄洪能力及水流流态和河道冲刷情况，并在模型试验的基础上提出了合理建设方案。

（5）与华北有色水文地质勘测院合作进行"铁矿坑道降水疏干试验研究"，开展了矿床疏干方案优化研究和坑道降水疏干试验，确定了疏干影响范围，进一步查明了矿区水文地质条件，为矿山二期工程的疏干排水系统布置提供了可靠的水文地质资料，节省工程费用244万元。

（6）与西安建筑科技大学合作开展了"地下矿山中深孔自动化设计系统研究"，将模糊数学、神经网络和遗传算法等高新理论和技术与计算机技术相结合，实现了中深孔切割槽布置、炮孔排面设计、排面炮孔分布设计和技术经济指标计算等中深孔设计的自动化，在理论研究的基础上，开发出计算机全套系统软件，通过简单的人机交互，能快速、准确地进行地质测量、CAD绘图等，为矿山创造经济效益1290万元。

8.8　档案管理

基本建设档案资料是指整个建设项目从酝酿、决策到建成投产的全过程中形成的、应当归档保存的文件，包括基本建设项目的提出、调研、可行性研究、评估、决策、计划、勘测、设计、施工、调试、生产准备、竣工、试生产等工作活动中形成的文字资料、图纸、图表、计算材料、声像材料等形式与载体的文件资料。

建设工程文件档案资料有以下几方面的特征：

（1）分散性和复杂性。矿山建设工期周期长，生产工艺复杂，材料种类多，采矿技术发展迅速，影响工程建设因素多种多样，工程建设阶段性强并且相互穿插，由此导致了建设工程文件档案资料的分散性和复杂性。这个特征决定了建设工程文件档案资料是多层次、多环节、相互关联的复杂系统。

（2）继承性和时效性。随着采矿技术、施工工艺、新材料以及企业管理水平的不断提高和发展，文件档案资料可以被继承和积累。新的工程在施工过程中可以吸取以前的经验，避免重犯以往的错误。同时，建设工程文件档案资料有很强的时效性，文件档案资料的价值会随着时间的推移而衰减，有时文件档案资料一经生成，就必须传达到有关部门，否则会造成严重后果。

（3）全面性和真实性。建设工程文件档案资料只有全面反映项目的各类信息，才更有实用价值，必须形成一个完整的系统。有时只言片语地引用往往会起到误导作用。另外，建设工程文件档案资料必须真实反映工程情况，包括发生的事故和存在的隐患。真实性是对所有文件档案资料的共同要求，在建设领域对这方面的要求更为迫切。

（4）随机性。建设工程文件档案资料产生于工程建设的整个过程中，工程开工、施工、竣工等各个阶段、各个环节都会产生各种文件档案资料。部分建设工程文件档案资料的产生有规律性（如各类报批文件），但还有相当一部分文件档案资料产生是由具体工程事件引发的，因此建设工程文件档案资料是有随机性的。

（5）多专业性和综合性。建设工程文件档案资料依附于不同的专业对象而存在，又依赖不同的载体而流动，涉及多种专业和多种学科，并同时综合了质量、进度、造价、合同、组织协调等多方面内容。

8.8.1 建设项目文件

基本建设项目是指具有一个设计任务书，按一个总体设计进行施工，经济上实行独立核算，管理上具有独立组织形式的基本建设单位。

建设项目文件是指建设项目在立项、审批、招投标、勘察、设计、施工、监理及竣工验收全过程中形成的具有保存价值并按要求系统整理归档的项目前期文件、项目施工文件、项目竣工文件和项目竣工验收文件等，具体包括文字、图表、声像等，并以纸质、胶片、光磁盘载体等形式存在的全部文件。

（1）单项工程。单项工程指具有独立设计文件，可独立组织施工，建成后可独立发挥生产能力或工程效益的工程，如矿山基建项目的矿井、选矿厂、宿舍楼、办公楼等。

（2）单位工程。单位工程指具有独立设计文件，可以独立组织施工，但建成后不能独立发挥生产能力或工程效益的工程，如矿山基建项目的巷道、硐室、井底车场等。

（3）项目前期文件。项目前期文件指开工以前在立项、审批、招投标、勘察、设计以及工程准备过程中形成的文件。较重要的矿山基建前期项目文件有发改委的立项核准，国土资源部门采矿许可，设计审批、设计勘查、安全专篇，属地审批的征地、拆迁补偿协议等。

（4）项目施工文件。项目施工文件指项目施工过程中形成的反映项目建筑、安装情况的文件，主要有开工报告、工程技术要求及技术交底、图纸会审纪要、施工组织设计、施工方案、施工计划、重要会审纪要、原材料及构件出厂质量鉴定证明、设计变更通知、施工记录等。

（5）项目监理文件。项目监理文件指监理单位对项目工程质量、进度和建设资金使用等进行控制的文件，主要有监理协议、工程开工及复工审批表、监理通知、安全措施、工程材料复查报告、工程质量记录、质量事故处理记录、监理日志、月报等。

（6）项目竣工图。项目竣工图指项目竣工后按照工程实际情况所绘制的图纸，归档前要求加盖竣工图章和有关责任人签字。

（7）项目竣工文件。项目竣工文件指项目竣工时形成的反映施工（指建筑、安装）过程和项目真实面貌的文件，主要由项目施工文件、项目竣工图和监理文件组成。矿山基本建设的项目竣工文件包括矿山井巷、土建、安装单位工程的竣工资料和竣工图。

（8）项目竣工验收文件。项目竣工验收文件指项目试运行中以及项目竣工验收时形成的文件，主要有工程竣工申请报告、工程竣工验收报告、竣工验收鉴定书等（安全、工程质量，环保、消防、劳保、档案竣工验收资料等）。

（9）项目文件归档。项目文件归档是指建设项目的设计、施工、监理单位在项目完成时向建设单位或受委托的承包单位移交经整理后的全部相应文件；项目建设单位各机构将项目各阶段形成的并经过整理的文件定期报送档案管理机构，存档保存。

（10）项目档案。项目档案指经过鉴定、整理并归档的项目文件。项目文件资料经过分类、整理，加盖归档章，编制档号，装入档案盒，在档案盒上填写案卷名、档号、盒号，填写备考表，编制案卷目录、卷内目录，形成项目档案。

（11）项目档案移交。项目档案移交指项目竣工验收后，建设单位根据合同、协议和规定向业主单位、生产使用单位、项目主管部门及有关档案管理部门移交有关项目档案。

8.8.2 矿山建设项目文件的收集

项目文件产生于项目建设全过程，项目文件的形成、积累和管理应列入项目建设计划和有关部门人员的职责范围，并有相应的检查、控制及考核措施。建设单位与相关分包单位签订工程合同时应将项目文件收集整理移交作为合同条款的一项内容予以确定。

8.8.2.1 矿山基建项目各阶段文件收集与各方职责

凡是与矿山基本建设项目有关的重要活动，具有备查利用价值的各种载体的文件，都应收集齐全，归入建设项目档案。一般矿山基本建设项目主要涉及建设单位、设计单位、施工单位、监理单位四个方面，按照这四方面职责进行项目文件收集。

（1）项目准备阶段形成的前期文件，应由建设单位各机构负责收集、积累和整理，勘察、设计单位负责收集、积累勘察、设计文件，并按规定向建设单位档案部门提交有关设计基础资料和设计文件。

前期资料主要有可行性研究报告、项目评估、环境预测、行政审批文件等。矿山行政审批文件主要有各级发改委审核的立项核准文件，国土资源部门审批的采矿许可文件，环境保护部门审批的环境影响报告批复，相关主管部门审批的矿山设计，安全专篇，工商管理部门注册的企业名称核准，属地审批的征地批复，拆迁补偿协议，前期与施工、监理单位签订的招投标合同，工程管理文件以及竣工验收后取得的矿山生产许可证等。

勘察、设计单位负责收集矿山设计基础资料、设计批复文件及资料（项目概算、机电设备概算、设计图纸等），包括矿区地质地形图、矿区地质勘探图、矿区地质储量图等，矿山井筒地质柱状图，井底车场、运输巷道、通风巷道、采区等地质剖面图，水文地质，矿区测绘、地形测量、三角测量、高程测量等，矿井测绘、井上下对照图、采区测绘等，工程测量、设备安装测量、贯通测量、建筑物沉降测量等资料。

（2）项目施工阶段形成的文件，项目实行总承包的，由各分包单位负责其分包项目全部文件的收集、积累、整理，并提交总承包单位汇总；由建设单位分别向几个单位发包的，由各承包单位负责收集、积累其承包项目的全部文件；项目监理单位负责收集，积累项目监理文件。

建设单位委托的项目监理单位，负责监督、检查项目建设中文件的收集、积累和完整及准确情况审核，签认竣工文件，并向建设单位提交有关专项报告、验证材料及其他监理文件。

施工阶段的矿建工程即矿井建设工程，其资料主要包括主井、副井、风井、巷道、水仓、变电室、井底车场以及其他各类硐室、采区的施工、竣工资料。

工业建筑主要有主井和副井井口、卷扬机房、皮带走廊、矿仓、选矿厂、压风机房、排矸系统、变电所等施工及竣工资料。

民用建筑有办公楼、宿舍楼、浴池、锅炉房、食堂、给排水管网、污水处理等施工、竣工资料。

安装工程主要有主、副井架安装，井口设备安装，井筒、井底机械设备安装，提升机房设备安装，排矸设备安装，井上下变电所设备安装，地面空气压缩机房、通风机房设备安装，井上、下排水设备安装等资料。

除有其他约定，施工单位负责编制竣工资料和竣工图；监理单位负责项目监理文件的收集、积累，并对设计、施工单位形成的有关文件的真实性、完整性和准确性进行监督检查，签署意见。

（3）试运行单位负责收集、积累在生产技术准备和试运行阶段形成的文件；项目器材供应、财务管理单位或部门应负责收集、积累所承建项目的器材供应和财务管理中形成的文件。

设备仪器主要材料有申请报告、计划请示与批复，上级或主管领导批复或准购批示，进口设备过程中有关的技术商务文件，开箱记录和装箱单，安装、调试记录和双方签字移交文件保修单，验收、报告及资料，合格证书，质量证书、使用说明，设备图纸，装箱目录等，按照采掘、运输、提升、通风、压风、排水、安全监测等系统由相关部门进行收集。

财务资料主要有财务凭证、账簿、报表、工资等，财务资料可分种类按年度顺序收集。

（4）人力资源部门分类收集职工档案、劳动合同、健康体检档案等。

（5）特殊载体类（照片、光盘、录像带、实物等）由与之有关的部门负责收集。

8.8.2.2 项目文件收集范围及时间

（1）项目文件收集范围：凡是反映与项目有关的重要活动、具有备查利用价值的各种载体的文件，应收集齐全，归入建设项目档案。

（2）项目文件收集时间：各类文件应按文件形成的先后顺序或项目完成情况及时收集

并归档。引进技术、设备文件应首先由建设单位或接受委托的承包单位登记、归档，再行译校、复制和分发使用。项目档案收集工作应与项目建设同步进行，如设计审批完成后及时向档案部门移交设计基础资料，每一阶段工程完成后移交竣工资料，购置设备到货开箱时移交随机资料。

8.8.2.3 项目文件收集过程中存在的问题

项目文件收集过程中存在的问题主要有：

（1）矿山基本建设项目单位多是新组建单位，各项档案制度尚未建立，缺乏项目档案管理经验和收集整理意识。

（2）矿山基本建设项目周期长，从勘查、申报、审批到竣工验收少则三五年，多则十余年，文件收集跨度时间长。

（3）矿山基本建设项目要求工程进行招投标，单项工程多、标段多、合同协议多，参加施工单位多。

（4）档案工作没有与项目建设同步管理，档案收集整理滞后。项目竣工验收时，才知道有项目档案验收，验收前突击收集整理，缺少施工单位、监理单位把关，缺少验收前工程图纸资料审查把关，收集的材料图纸全面性、准确性不确定。

（5）项目档案收集不完整，不规范，项目档案缺项缺材料。容易缺项的档案有文书档案、财务档案、合同协议、设备资料、声像档案等。档案内容不规范情况有请示与批复不符，目录与档案内容不符，标题与材料不符，图纸与实物不符，缺少设计变更通知等。

（6）收集存档的无效文件。重要材料收集的是复印件，缺少原件，缺少档案法律效力。收集到原件但缺少责任人签字、盖章，造成存档无效文件。例如竣工图、竣工资料缺少竣工图章和责任人签字等。

8.8.3 建设工程档案编制质量要求与组卷方法

对建设工程档案编制质量要求与组卷方法，应该按照建设部和国家质量检验检疫总局于2002年1月10日联合发布，2002年5月1日实施的《建设工程文件归档整理规范》（GB/T 50328—2001）国家标准，此外，尚应执行《科学技术档案案卷构成的一般要求》（GB/T 11822—2008）、《技术制图　复制图的折叠方法》（GB/T 10609.3—2009），《城市建设档案案卷质量规定》（建办〔1995〕697号）等规范或文件的规定及各省、市地方相应的地方规范执行。

8.8.3.1 归档文件的质量要求

（1）归档的工程文件一般应为原件。

（2）工程文件的内容及其深度必须符合国家有关工程勘察、设计、施工、监理等方面的技术规范、标准和规程。

（3）工程文件的内容必须真实、准确，与工程实际相符合。

（4）工程文件应采用耐久性强的书写材料，如碳素墨水、蓝黑墨水，不得使用易褪色的书写材料，如红色墨水、纯蓝墨水、圆珠笔、复写纸、铅笔等。

（5）工程文件应字迹清楚，图样清晰，图表整洁，签字盖章手续完备。

（6）工程文件中文字材料幅面尺寸规格宜为 A4 幅面（297mm×210mm）。图纸宜采用国家标准图幅。

（7）工程文件的纸张应采用能够长期保存的韧力大、耐久性强的纸张。图纸一般采用蓝晒图，竣工图应是新蓝图。计算机出图必须清晰，不得使用计算机所出图纸的复印件。

（8）所有竣工图均应加盖竣工图章。

（9）利用施工图改绘竣工图，必须标明变更修改依据；凡施工图结构、工艺、平面布置等有重大改变，或变更部分超过图面的，应当重新绘制竣工图。

（10）不同幅面的工程图纸应按《技术制图　复制图的折叠方法》（GB/T 10609.3—2009）统一折叠成 A4 幅面，图标栏露在外面。

（11）工程档案资料的缩微制品，必须按国家缩微标准进行制作，主要技术指标（解像力、密度、海波残留量等）要符合国家标准，保证质量，以适应长期安全保管。

（12）工程档案资料的照片（含底片）及声像档案，要求图像清晰，声音清楚，文字说明或内容准确。

（13）工程文件应采用打印的形式并使用档案规定用笔，手工签字，在不能够使用原件时，应在复印件或抄件上加盖公章并注明原件保存处。

8.8.3.2　归档工程文件的组卷要求

A　立卷的原则和方法

（1）立卷应遵循工程文件的自然形成规律，保持卷内文件的有机联系，便于档案的保管和利用。

（2）一个建设工程由多个单位工程组成时，工程文件应按单位工程组卷。

（3）立卷采用如下方法：

1）工程文件可按建设程序划分为工程准备阶段的文件、监理文件、施工文件、竣工图、竣工验收文件五部分。

2）工程准备阶段文件可按单位工程、分部工程、专业、形成单位等组卷。

3）监理文件可按单位工程、分部工程、专业、阶段等组卷。

4）施工文件可按单位工程、分部工程、专业、阶段等组卷。

5）竣工图可按单位工程、专业等组卷。

6）竣工验收文件可按单位工程、专业等组卷。

（4）立卷过程中宜遵循下列要求：

1）案卷不宜过厚，一般不超过 40mm。

2）案卷内不应有重份文件，不同载体的文件一般应分别组卷。

B　卷内文件的排列

（1）文字材料按事项、专业顺序排列。同一事项的请示与批复、同一文件的印本与定稿、主件与附件不能分开，并按批复在前、请示在后，印本在前、定稿在后，主件在前、附件在后的顺序排列。

（2）图纸按专业排列，同专业图纸按图号顺序排列。

（3）既有文字材料又有图纸的案卷，文字材料排前，图纸排后。

C　案卷的编目

（1）编制卷内文件页号应符合下列规定：

1）卷内文件均按有书写内容的页面编号，每卷单独编号，页号从"1"开始。

2）页号编写位置，单页书写的文字在右下角；双面书写的文件，正面在右下角，背面在左下角。折叠后的图纸一律在右下角。

3）成套图纸或印刷成册的科技文件材料，自成一卷的，原目录可代替卷内目录，不必重新编写页码。

4）案卷封面、卷内目录、卷内备考表不编写页号。

（2）卷内目录的编制应符合下列规定：

1）卷内目录式样宜符合《建设工程文件归档整理规范》（GB/T 50328—2001）中附录 B 的要求。

2）序号：以一份文件为单位，用阿拉伯数字从 1 依次标注。

3）责任者：填写文件的直接形成单位和个人。有多个责任者时，选择两个主要责任者，其余用"等"代替。

4）文件编号：填写工程文件原有的文号或图号。

5）文件题名：填写文件标题的全称。

6）日期：填写文件形成的日期。

7）页次：填写文件在卷内所排列的起始页号，最后一份文件填写起止页号。

8）卷内目录排列在卷内文件之前。

（3）卷内备考表的编制应符合下列规定：

1）卷内备考表的式样宜符合《建设工程文件归档整理规范》（GB/T 50328—2001）中附录 C 的要求。

2）卷内备考表主要标明卷内文件的总页数、各类文件数（照片张数）以及立卷单位对案卷情况的说明。

3）卷内备考表排列在卷内文件的尾页之后。

（4）案卷封面的编制应符合下列规定：

1）案卷封面印刷在卷盒、卷夹的正表面，也可采用内封面形式。案卷封面的式样宜符合《建设工程文件归档整理规范》（GB/T 50328—2001）中附录 D 的要求。

2）案卷封面的内容应包括档号、档案馆代号、案卷题名、编制单位、起止日期、密级、保管期限、共几卷、第几卷。

3）档号应由分类号、项目号和案卷号组成。档号由档案保管单位填写。

4）档案馆代号应填写国家给定的本档案馆的编号。档案馆代号由档案馆填写。

5）案卷题名应简明、准确地揭示卷内文件的内容。案卷题名应包括工程名称、专业名称、卷内文件的内容。

6）编制单位应填写案卷内文件的形成单位或主要责任者。

7）起止日期应填写案卷内全部文件形成的起止日期。

8）保管期限分为永久、长期、短期三种期限。各类文件的保管期限见《建设工程文件归档整理规范》（GB/T 50328—2001）中附录 A 的要求。永久是指工程档案需永久保存。长期是指工程档案的保存期等于该工程的使用寿命。短期是指工程档案保存 20 年以下。同一案卷内有不同保管期限的文件，该案卷保管期限应从长。

9）工程档案套数一般不少于两套，一套由建设单位保管，另一套原件要求移交当地城建档案管理部门保存。接受范围规范规定可以各城市根据本地情况适当拓宽和缩减，具体可向建设工程所在地城建档案管理部门询问。

10）密级分为绝密、机密、秘密三种。同一案卷内有不同密级的文件，应以高密级为本卷密级。

（5）卷内目录、卷内备考表、卷内封面应采用 70g 以上白色书写纸制作，幅面统一采用 A4 幅面。

8.8.4 建设工程档案验收与移交

8.8.4.1 验收

（1）建设单位在建设项目整体竣工验收前，应组织档案资料单项验收，应重点验收以下内容：

1）工程档案分类齐全、系统完整。

2）工程档案的内容真实、准确地反映工程建设活动和工程实际状况。

3）工程档案已整理立卷，立卷符合《建设工程文件归档整理规范》（GB/T 50328—2001）的规定。

4）竣工图绘制方法、图式及规格等符合专业技术要求，图面整洁，盖有竣工图章。

5）文件的形成、来源符合实际，要求单位或个人签章的文件，其签章手续完备。

6）文件材质、幅面、书写、绘图、用墨、托裱等符合要求。

（2）为确保工程档案的质量，各编制单位和建设行政管理部门等要对工程档案进行严格检查、验收。编制单位、制图人、审核人、技术负责人必须进行签字或盖章。对不符合技术要求的，一律退回编制单位进行改正、补齐，问题严重者可令其重做。不符合要求者，不能交工验收。

8.8.4.2 移交

（1）停建、缓建工程的工程档案，暂由建设单位保管。

（2）对改建、扩建和维修工程，建设单位应当组织设计单位、监理单位、施工单位据实修改、补充和完善工程档案。对改变的部位，应当重新编写工程档案。

（3）施工单位、监理单位等有关单位应在工程竣工验收前将工程档案按合同或协议规定的时间、套数移交给建设单位，办理移交手续。

8.8.5 项目竣工文件的编制

项目施工及调试完成后，施工单位、监理单位应根据工程实际情况和行业规定、标准以及合同规定的要求编制项目竣工文件。

8.8.5.1 竣工文件编制要求

（1）竣工文件由施工单位负责编制，监理单位负责审核，主要内容有施工综合管理文件、测量文件、原始记录及质量评定文件、材料（构、配件）质量保证书及复试文件、测试（调试）及随工检查记录、建筑及安装工程总量表、工程说明、竣工图、重要工程质量事故报告等。

（2）根据"建设项目文件归档范围和保管期限表"及项目实际情况，进一步收集所缺少的重要文件；文件数量未满足合同或协议规定份数的，应按要求复制补齐。

（3）对施工文件、施工图及设备技术文件的准确性和更改情况进行核实，并按要求修改或补充标注到相应的文件上。

（4）与施工图有关的设计变更、现场洽商和材料变更可与竣工图编在一起，也可以单独组卷，但应由项目主管部门或建设单位做出统一规定。

（5）凡为易褪色材料（如复写纸、热敏纸等）形成的并需要永久和长期保存的文件，应附一份复印件。

8.8.5.2 竣工图编制要求

各项新建、改扩建、技术改造项目，在项目竣工时要编制竣工图。项目竣工图应由施工单位（包括总包和分包单位）负责编制。如行业主管部门规定设计单位编制或施工单位委托设计单位编制竣工图的，应明确规定施工单位和监理单位的审核和签字认可责任。

（1）竣工图应完整、准确、清晰、规范、修改到位，真实反映项目竣工验收时的实际情况。

（2）按施工图施工没有变动的，由竣工图编制单位在施工图上加盖并签署竣工图章。

（3）一般性图纸变更及符合杠改或划改要求的变更，可在原图上更改，加盖并签署竣工图章。

（4）涉及结构形式、工艺、平面布置、项目等重大改变及图面变更面积超过35%的，应重新绘制竣工图。重绘图按原图编号，末尾加注"竣"字，或在新图图标内注明"竣工阶段"，加盖并签署竣工图章。

（5）同一建筑物、构筑物重复的标准图、通用图可不编入竣工图中，但应在图纸目录中列出图号，指明该图所在位置并在编制说明中注明；不同建筑物、构筑物应分别编制。

（6）建设单位应负责或委托有资质的单位编制项目总平面图和综合管线竣工图。

（7）竣工图图幅应按 GB/T 10609.3 要求统一折叠。

（8）编制竣工图时要有总说明及各专业的编制说明，叙述竣工图编制原则、各专业目录及编制情况。

8.8.5.3 竣工图章的使用

（1）竣工图章的内容见表8-27，图章长80mm，宽60mm。

表8-27 竣工图章签字表

编制单位		
竣工图		
编制人	技术负责人	编制日期
监理单位名称		监理人

（2）所有竣工图应由编制单位逐张加盖并签署竣工图章。竣工图章中的内容填写应齐全、清楚，不得代签。

（3）行业主管部门规定由设计单位编制竣工图的，可在新图中采用竣工图标，并按要求签署竣工图标。竣工图标的内容格式由行业统一规定。

（4）竣工图章应使用红色印泥，盖在标题栏附近空白处。

8.8.5.4 竣工图的审核

（1）竣工图编制完成后，监理单位应督促和协助竣工图编制单位检查其竣工图编制情况，发现不准确或短缺时要及时修改和补齐。

（2）竣工图内容应与施工图设计、设计变更、洽商、材料变更、施工及质检记录相符合。

（3）竣工图按单位工程、装置或专业编制，并配有详细编制说明和目录。

（4）竣工图应使用新的或干净的施工图，并按要求加盖并签署竣工图章。

（5）一张更改通知单涉及多图的，如果图纸不在同一卷册的，应将复印件附在有关卷册中，或在备考表中说明。

（6）国外引进项目、引进技术或由外方承包的建设项目，外方提供的竣工图应由外方签字确认。

8.8.6 矿山基本建设项目文件的整理

8.8.6.1 项目文件的整理

A 项目文件整理的职责

（1）建设项目所形成的全部项目文件在归档前应根据国家有关规定，并按档案管理的要求，由文件形成单位（建设、勘察、设计、施工及监理等）进行整理。

（2）建设单位各机构形成或收到的有关建设项目的前期文件应根据文件的性质、内容分别按年度整理。设备技术文件、竣工试运行（生产）文件及验收文件，按项目的单项或单位工程整理。

（3）勘察、设计单位形成的基础资料和项目设计文件，应按项目或专业整理。

（4）施工技术文件应按单项工程的专业、阶段整理；检查验收记录、质量评定及监理文件按单位工程整理。

（5）设备资料、招投标资料应由建设单位整理；竣工图、设计变更、试运行及维护中形成的文件、工程事故处理文件由施工单位整理。

B 项目文件的组卷

组卷要遵循项目文件的形成规律和成套性特点，保持卷内文件的有机联系；分类科学，组卷合理；法律性文件手续齐备，符合档案管理要求。

（1）管理性文件按问题、时间组卷；项目施工文件和竣工文件按单项工程、单位工程组卷，按照矿建工程、工业建筑、民用公用建筑、设备布置安装各个单位工程顺序组卷，项目竣工图放在各工程竣工资料的后面；设备文件按采掘、运输、提升、通风、压风、排水、安全监测等系统设备的台件组卷；监理文件按文种组卷；原材料实验按单项工程、单位工程组卷。

（2）案卷及卷内文件不重份；同一卷内有不同保管期限的文件，该卷保管期限从长。

C 声像材料整理

声像材料整理时应附文字说明，对事由、时间、地点、人物、作者等内容进行著录。

8.8.6.2 项目文件的归档

A 项目文件归档要求

（1）建设单位各机构、各施工承包单位、监理单位应在建设项目完成后，将经整理、编目后所形成的项目文件按合同协议规定的要求，向建设单位档案管理机构归档。

（2）根据基本建设程序和项目特点，归档可按阶段分期进行，也可在单项工程或单位工程完成并通过竣工验收后与竣工验收文件一并归档。

（3）归档文件应完整、成套、系统，应记述和反映建设项目的规划、设计、施工及竣工验收的全过程；真实记录和准确反映项目建设过程和竣工时的实际情况，图物相符，技术数据可靠，签字手续完备；文件质量应符合项目文件质量要求。

B 项目文件的归档审查

施工单位在项目竣工文件收集、编制和整理后，应依次由竣工文件的编制方、质监部门、监理部门对文件的完整、准确情况和案卷质量进行审查或三方会审；经建设单位确认并办理交接手续后连同审查记录全部交建设单位档案管理机构。

8.8.7 矿山基本建设项目档案的归档整理

8.8.7.1 项目档案的归档整理

全部项目档案的汇总整理应由建设单位负责进行或组织，其内容包括：

（1）建设单位应根据专业主管部门的建设项目档案分类编号规则以及项目实际情况，设计、制定统一的工程档案分类编号体系（大纲或分类方案）。大中型项目按工程或专业进行分类，下设属类。小型项目直接按项目、结构或专业分类。

（2）依据项目档案分类编号体系对全部项目档案进行统一的分类和编号；建设单位（并责成设计、施工及监理单位）可先用铅笔临时填写档案号。

（3）对全部项目档案进行清点、编目后，编制打印项目档案案卷目录及档案整理情况说明。

（4）负责贯彻执行国家及本行业的技术规范及各种技术文件表格。

8.8.7.2 项目档案的移交

（1）基建项目所形成的全部项目文件在归档前应按档案管理的要求，由文件形成单位进行分类、组卷、装订、编目等整理工作，由建设单位负责进行或组织汇总整理。

（2）除受委托进行项目档案汇总整理外，各施工承包单位应在项目实体完成后三个月内将项目文件向建设单位归档；有尾工的应在尾工完成后及时归档。

（3）项目档案验收合格后，建设单位应按合同及规定的要求，在项目正式通过竣工验收后三个月内，向生产使用单位及其他有关单位办理档案移交。

（4）建设单位应将移交的基建项目档案按要求排列顺序号并编制两份案卷移交目录，明确档案移交的内容、案卷数、图纸张数等；交接双方当面清点，清点无误由接收人签字后，双方各持一份。建设单位转为生产单位的，按企业档案管理要求办理。

8.8.8 参考实例

实例1   **某铁矿资料管理办法**

第一章 总 则

第一条 为做好我矿资料管理工作，充分发挥资料在我矿基建工作中的作用，根据上级公司有关规定和要求，结合我矿生产建设工作的具体情况，特制定本办法。

第二条　按照集中统一管理的原则，各种应归档的资料均由档案室统一管理，确保档案资料的完整、准确、安全和有效利用。

第三条　凡在我矿各项活动中形成的具有保存价值的图纸、文字材料、计算机软盘、声像资料等均归国家所有，任何部门或个人不得占为己有，不得擅自出售、赠送、转让和交换。

第四条　凡归档的文件材料要求字迹清楚、图面整洁，不得用易褪色的书写材料书写、绘制。

第五条　各科室要把资料的整理、积累、发放、借阅工作纳入本科室工作计划和职责范围，建立并完善各项管理制度，同时要明确一名工作认真责任心强的同志负责本科室的资料积累、归档、发放、借阅工作。

第六条　技术计划科要把档案管理列入企业发展规划和年度计划中。

第七条　档案管理工作要纳入企业管理工作中，档案升级工作要和企业升级工作同步。

第八条　各科室印制的文件材料、图纸等，必须根据矿办下发的各科室秘密事项一览表，在载体的右上角标明密级，严格控制发放范围。

第二章　科技档案资料管理

第九条　建设项目的档案资料工作要与建设进程同步。项目申请立项时，即应开始进行文件材料的积累、整理、审查工作，项目竣工验收时，完成科技文件材料的归档和验收工作。验收合格要一次交清，大工程不得超过25天，一般工程不得超过12天，不搞零星交接。

第十条　每当一个新建设项目或科研项目在工作完成或告一段落时，各有关技术业务科室应把在本部门技术业务范围内所形成的科技文件材料加以系统整理后，组成保管单位（卷、册、袋、盒），规定保管期限，注明密级，经主管矿长或总工审查签字后方可归档。

第十一条　竣工资料的质量要求：除按第一章第四条的要求外，竣工图必须加盖竣工图章。竣工图章内要有施工单位总工程师（主管矿长）、专业负责人、验收人的签字，认真填写竣工日期等内容。设计变更单要和相应的图纸附在一起，不能把所有的设计变更单单独订在一起。

第十二条　竣工资料的归档手续：施工单位要按要求列出移交清单一式三份，交接双方各执一份，向上级单位档案室报一份，并填写清楚所交资料的名称、份数、图纸张数、文字页数。施工方必须提交四套完整、系统的竣工资料，经矿各专业技术人员和档案管理人员验收后交矿工程科，由工程科负责向矿档案室移交。不按时提交合格竣工资料，视为工程项目未竣工。我矿档案室不予以签字，预算科不得结算工程款。

第十三条　由几个单位或部门共同完成的项目，应由主办单位或部门整理好全套的文件材料交矿档案室。

第十四条　设备资料的归档工作：设备到货后，由机动科通知矿办档案室和有关部门进行验收，由机动科负责随机资料的登记、整理，当场提交矿档案室。

第十五条　零星的合同书、协议书、工农关系资料由有关部门整理成卷后每季末后一周内向档案室移交一次。

第十六条　凡不符合归档范围（包括车辆保险单、不超过三年的保修卡等）的一律由各科室保存（归档范围详阅有关档案文件）。

第十七条 如需变更资料或资料作废，有关科室要及时通知档案室，通知单要写清变更（作废）内容、图号等，以便档案室及时整理或销毁有关资料。

第十八条 由基建处发到矿档案室的资料（包括图纸、设计变更文件、文字说明等），由档案管理人员在空白通知单上填写资料的名称、份数后，经总工阅后交给技术计划科（工程科）。由技术计划科（工程科）在通知单上填写应发往单位及份数并通知有关单位领取资料，通知下达后将通知单返回档案室。档案室严格按照通知单发放资料。

第三章 文书档案资料管理

第十九条 凡能反映我矿工作情况，具有参考价值的文字材料（包括文件、矿大事记及组织沿革等）由矿办秘书负责年终向档案室移交。档案管理人员在次年三月底全部按要求整理完。

第二十条 文件登记表、阅批单、传文单应认真填写，并标密。

第二十一条 文书档案必须进行定期鉴定销毁工作和文书档案的保护工作。

第四章 财务档案资料管理

第二十二条 矿财务科每年形成的会计档案，都应由财务科按照归档要求，负责整理立卷或装订成册、盒，标密后按顺序填写会计档案登记表一式两份在第三年移交档案室。（选自《会计档案管理办法》）

第五章 科技图书资料管理

第二十三条 各科室负责人要对本部门所需用工具书、专业书等做到心中有数，禁止超越业务范围或重复购买。

第二十四条 所购买的图书必须先到档案室办理入库手续，详细登记书名、单价、册数等内容并加盖档案专用章后，档案管理人员才能在购书发票上签字。

第二十五条 其他资料及有关的学习材料，凡需要档案管理人员签字的，必须在档案室办理入库手续。

第六章 资料的借阅制度

第二十六条 凡借阅带密资料，必须经主管矿长（总工）和办公室主任批示后方可借阅，用后及时归还，如有泄密追究责任。

第二十七条 借阅一般资料（包括图书），必须由办公室主任批示方可借阅。借阅档案时间不许超过两个月，如有丢失要加倍处罚。借阅图书数量一般不许超过两本，成套使用的工具书可以成套借阅，但必须经科室负责人批示，最长时间不许超过半年，如有丢失按原价赔偿。借阅档案和图书过期不还者，如需要继续使用，应办理续借手续。

第二十八条 档案室所有资料（包括科技图书），原则上不发放。如需发放，必须经主管矿长（总工）批示。

第二十九条 外单位来借阅资料，必须经主管矿长（总工）批准后由我矿有关科室人员办理借阅手续。

第三十条 我矿档案室资料（包括图书），属于公共财产，任何人都应爱惜，不许私自传阅、拆页、涂改，如出现上述现象，按程度不同进行罚款。

第三十一条 凡和矿档案室有业务关系的科室必须建立建全资料的管理制度，以便做好竣工资料的收集工作，防止资料丢失。矿办档案室将不定期进行检查，检查不合格的在全矿通报批评。

第三十二条 调出我矿或离退休人员必须交清所借资料，方可办理调动或离退手续。

第三十三条 本办法从发文之日起执行。

实例2 **某公司建设工程验收管理办法**

第一章 总 则

第一条 为适应公司的发展，加强建设工程管理，规范建设工程验收工作，结合公司的具体情况制定本办法。

第二条 本办法所称建设工程验收包括单位工程验收、单项工程验收和项目竣工验收。

第三条 建设工程验收以上级批复的建设文件、设计文件，设备技术说明书，现行施工技术验收规范以及施工合同文件为依据，要遵守国家法律、法规，严格执行国家政策，做到公正、科学、规范。建设工程经竣工验收合格后方可正式交付使用。

第四条 公司企业管理部负责建设工程验收工作的管理。一般单位工程验收由各矿山企业组织，并接受公司企管部监督检查；重大单位工程、单项工程验收，由各矿山企业报公司批准后组织实施；建设项目竣工验收应成立验收委员会组织进行。

第五条 安全、环保、消防等设施，构成单项工程时，应报请相关的政府主管部门组织验收。

第二章 单位工程验收

第六条 一般单位工程验收，由各矿山企业自行组织，应有监理单位、设计单位和施工单位参加。基槽验收时还需岩土工程勘察单位、质量监督单位参加。公司企管部负责对矿山企业工程质量管理和验收工作督促检查。

第七条 重大单位工程验收，要由矿山企业组织监理公司、设计单位和施工单位进行初验。初验结果合格，报公司企管部确认后，方可组织设计单位、监理公司、施工单位、质量监督单位等进行正式验收，企管部组织公司有关部门人员参加。

第八条 单位工程验收必须提交工程管理资料和技术档案资料，与实体工程一并验收，主要内容及要求见附件1。

第三章 单项工程验收

第九条 单项工程正式验收前，矿山企业要组织有关施工单位、监理单位和设计单位先进行初验。初验的内容主要是检查工程质量、隐蔽工程验收资料、关键部位施工记录、按图施工情况以及有无漏项等，整理施工管理资料、技术资料和竣工图等。

第十条 初验结果合格，报公司企管部确认并组织正式验收，质量监督单位、设计单位、监理单位、施工单位、岩土工程勘察单位、公司有关部门共同参加。

重大或复杂的单项工程，如选矿厂、变电站、尾矿库、竖井及提升设备安装等，可组织验收小组进行综合验收。

第十一条 建筑安装单项工程验收，要按照施工验收规范和质量评定标准进行质量验评，并将验评结果及有关技术资料送交工程质量监督站核验；对设备安装工程要根据设备安装工程施工验收规范、设备说明书等，逐级进行单体试车、无负荷联动试车、负荷联动试车，要有设备制造厂家人员现场参加。验收合格后，矿山企业与施工单位签署"交工验收证书"，然后由矿山企业将有关技术资料，连同试车记录、试车报告和交工验收证书等归档。

第十二条 单项工程验收合格后，经公司备案后可正式投入试用。在验收过程中若发现需要返工、修补的部分，应规定修竣时间，由施工单位限期完成，完成后由矿山企业组织监理部门进行复核，结果报公司企管部。

第十三条 由几个施工单位负责施工的单项工程，当其中某一个单位所负责的部分已按设计要求完成，即可向矿山企业办理交工手续。

第十四条 单项工程交工必须具备的条件：

(1) 完成了合同中规定的各项工程内容。

(2) 达到国家《建筑安装工程质量检验评定标准》中规定的合格标准。

(3) 具备准确齐全的工程管理和技术资料档案。

(4) 已签署工程保修证书。

第十五条 单项工程验收需提交的资料内容和要求，比照单位工程验收需提供的资料和内容执行，与实体工程同时验收。见附件1。

第十六条 单独设计、单独发包施工的重要单项工程验收时，资料的准备、验收应按竣工验收要求执行，见附件2和附件3。

第四章 项目竣工验收

第十七条 建设项目基本完成后，一般情况下在计划竣工验收前三个月，矿山企业向公司报送竣工验收计划，进行验收准备工作。

第十八条 公司组织成立竣工验收委员会，组织矿山企业完成有关专项验收评价（安全、环保、消防、工业卫生、档案等），组织建设项目竣工预验收和验收工作。

第十九条 公司企管部组织矿山企业、施工单位、设计单位、监理单位共同完成验收准备工作。公司有关部室协助矿山企业做好验收准备工作和初步验收工作。初步验收准备应完成：

(1) 核实建筑安装工程的完工情况，列出已交工工程和未完工程一览表，包括工程量、概（预）算价值、完工日期等。

(2) 编制竣工决算。竣工验收的项目在办理验收手续之前，对所有的财产物资进行清理，编好竣工总决算，分析概（预）算执行情况，由公司组织财务部和预算部门预审后，报上级资产财务部批复。

(3) 检查工程质量，查明须返工或补修的工程，提出具体修竣时间。

(4) 整理各种文件资料、竣工图纸等。建设项目竣工验收前，矿山企业、监理、设计、施工等有关单位应将所有的工程管理资料和技术文件资料进行系统整理，由矿山企业分类立卷，统一保管，同时按有关规定搞好上报备案工作。

(5) 登载固定资产，编制固定资产构成分析表。

(6) 落实生产准备工作，提出试车考核的情况汇报。

(7) 委托政府相关管理部门组织的工程验收，相关材料应按照国家有关规定准备。

(8) 编写竣工验收报告。

第二十条 建设项目经过试运营，具备竣工验收条件后，竣工验收委员会组织矿山企业、设计、施工、监理及有关部门进行初步验收，对项目建设工作进行全面检查，对设计、施工、设备质量和投资使用等做出全面评价，形成初步验收意见。根据初步验收意见，对发现的问题组织整改。整改后，由矿山企业组织监理单位、施工单位进行复核，结果报公司企管部。

第二十一条　初步验收的内容包括：

（1）检查、核实竣工项目准备移交生产使用单位的所有档案资料的完整性、准确性，是否符合归档要求。

（2）检查建设项目工程建设标准和工程施工质量评定结果，对工程隐患和遗留问题提出处理意见。

（3）检查财务决算账表是否齐全，数据是否真实，开支、列支是否合理。

（4）检查试车情况和生产准备工作进展情况。

（5）解决验收中有争议的问题，协调项目与有关方面、部门的关系。

（6）督促返工、补做工程的修竣及收尾工程的完工。

（7）编写该项目竣工验收鉴定报告和移交生产准备情况报告。

第二十二条　初步验收通过后，矿山企业向验收委员会提交正式验收申请报告（包括安全、环保、消防、工业卫生、档案、审计等专项验收评价报告），验收委员会批准后组织进行正式验收，并报项目立项核准机关备案。竣工验收申请报告的主要内容及要求见附件2。

第二十三条　矿山企业提交竣工验收申请，须同时提交以下申请资料：竣工报告、设计报告、施工报告、监理报告、质量监督总结报告、各专项验收批复以及项目建设需要特别说明的其他资料。主要内容及要求见附件3。

第五章　附　则

第二十四条　本办法适用于公司矿山企业建设工程验收管理。各矿山企业结合本单位实际情况制定工程质量验收实施细则，报公司批准实施。

第二十五条　本办法由公司企管部负责解释，自印发之日起实施。

附件1　单位工程、单项工程验收提交工程管理资料和技术档案资料内容

一、工程管理资料

（1）开工报告（要求审批手续清楚，日期明确，项目填写齐全）；

（2）单位工程合同协议书；

（3）推行全面质量管理资料；

（4）施工组织设计，进度计划与实际进度线。

（5）工期台账和工期分析；

（6）施工日志；

（7）停、复工报告；

（8）已办理的回访保修书；

（9）竣工报告（报审批手续清楚，日期明确，项目填写齐全，竣工时间与交工条件相符合）。

二、技术档案资料

（1）施工图及图纸会审记录、设计变更和技术核定单。图纸会审记录作为正式的书面

意见，应有设计、施工、托管矿山企业单位的签字和盖章；设计变更和技术核定资料要求手续完整，有连续编号，无后补，必要时需附图说明。

（2）测量定位和沉陷观测记录，主体结构和重要部位的荷载试验记录。每个单位工程都应具有测量定位记录，做到记录内容完整，达到规定要求。沉降观察根据设计要求及实际情况进行，也应有记录。

（3）基础和主体隐蔽工程检查验收记录，基础工程竣工图。基础隐蔽工程记录应附平面图、剖面图和文字说明。结构工程验收记录也应附图说明，并做出评语。隐蔽工程记录要求项目齐全，内容准确，应有托管矿山企业、监理单位、施工单位负责人的签名或盖章。

（4）分部（项）工程质量检验评定记录和单位工程质量评定汇总分析表。分项工程评定中，检验项目、实测项目均应填写齐全，能说明实际情况。土建工程应按基础、主体、楼地面、装饰、装修和屋面六个部分评定工程质量；井巷工程可按掘进、支护、井筒装备、设备安装等评定工程质量，在分部（项）质量检验评定中，"外观"（即目测）与"实测"项目应认真填写，子项齐全。评定质量等级应以国标规范和质量评定标准为依据并附简要文字说明。

（5）施工试验报告。应具有砂浆试验报告、混凝土试验报告、焊接试验和重要结构部位构件的荷载试验报告。砂浆和混凝土的取样组数、块数应符合规定，填写内容要齐全。应有砂浆、混凝土试块组数和强度的汇总分析表。砂浆、混凝土试块强度应达到规范要求。

（6）材质合格证和材料试验报告。应具有水泥、钢材、砖、沥青等的试验报告；如有特殊材料，根据设计和施工要求进行检查。试验程序应符合国家规定。经试验后使用的材料应达到国家规定的要求，不符合规定要求而降级使用的应有说明。

（7）构件和半成品出厂合格证及其材质合格证。单位工程应有水泥、钢材、砖、混凝土预制构件、门窗等的质量合格证；设备安装工程应有设备质量合格证。

（8）单位工程施工组织设计和重大技术措施方案及施工过程中所做的补充、完善、调整、修改等变动文字材料。

（9）技术（工艺）交底记录。技术交底工作必须在单位工程、各分部分项工程施工前认真进行。技术（工艺）交底记录包括施工工艺、技术安全措施、技术规范要求、质量标准等。技术交底应分级进行，分级管理。技术交底资料的主要项目应齐全，内容应具体，交接要认真，要有交底人和接受人代表签字或盖章。

（10）质量、安全、设备事故的情况调查、处理措施记录。

（11）竣工图应加盖竣工图章。

附件2　竣工验收申请报告主要内容

一、项目建设情况

（1）建设项目概况：包括建设项目批准依据、建设地点、建设规模、产品方案、新增生产能力、开竣工时间、建设工期等。

（2）设计情况：包括设计依据、设计单位、设计阶段、设计审批、重大设计变更等。

（3）招投标情况：主要包括设计、工程、设备材料、监理等招标、投标、评标和定标情况以及招投标过程中存在的主要问题和处理结果。

（4）投资完成情况：包括批准的投资总概算，实际完成的投资额及投资完成率，资金的实际支出情况及建筑安装工程费、设备安装工程费、工器具购置费、其他费用的构成比例，交付生产使用固定资产额、转出资金、核销资金、结余资金额等。

（5）工程项目完成情况：

1）建筑工程。初步设计建筑总面积，实际完成建筑总面积及面积完成率。生产建筑、辅助公用设施、生活设施等各类建筑的构成比例。掘进和支护工程量，地表生产设施、辅助公用设施和生活设施等建筑工程完成情况。

2）设备安装工程。初步设计设备总数量，实际购置安装的设备总数量及设备完成率，工艺设备、辅助设备、非标设备等各类设备的构成比例。

3）公用工程。实际完成的场内外管道工程、道路工程、铁路专用线、供电、供水、供气、通信等工程情况。

4）环保、安全、工业卫生及消防工程等完成情况。

（6）施工情况：包括施工单位、历年施工形象进度、施工中大事记录等。

（7）工程管理情况：主要包括组织管理机构和主要管理措施。

（8）工程质量监督情况：包括质量保证体系、质量监督单位、主要监理单位及监理情况、重点质量控制点、工程质量评定等。

（9）机械设备和主要材料情况：包括主要设备和主要建筑材料订货及供应情况，设备安装、调试及验收情况，进口设备检验及合同执行情况以及主要材料耗用等情况。

（10）概算执行及财务管理情况：包括竣工决算和交付使用固定资产的总额及其构成分析。

（11）建设项目竣工图和档案资料的绘制、整理、归档情况。

（12）编制施工终了的地质矿量变更报告。

二、生产准备情况和试生产情况

生产准备包括组织机构、人员培训、原材料供应、水电气供应、设备维修和安全技术准备情况，编制投产前的三级矿量报告。试车考核包括设备空运转、负荷、单机和联动试车结果，各项经济技术指标检测合格率。试生产情况包括试生产过程简要说明、试生产质量情况、影响试生产的主要问题，编制采矿试验、选矿试生产结果和各项经济技术指标的报告。

三、建设项目"三同时"落实情况

贯彻国家关于建设项目的"三废"治理，劳动安全卫生设施必须与主体工程同时设计、同时施工、同时建成投入使用的有关政策规定的情况说明。

四、外事工作和合同执行情况

技术引进、设备引进和中外合资、合作等涉外项目要说明外事工作和合同执行情况。

五、遗留问题和需要上级解决的主要问题

收尾工程项目，库存结余设备、材料，结余资金等遗留问题的处理办法和建议。

六、项目总评价

项目总评价包括工程总体设计评价、工艺水平评价、建筑工程质量评价、主要生产设备制造安装质量评价、生产能力评价、经济效果评价等。

七、投资效果分析

八、经验和教训总结

总结项目建设过程中管理工作取得的经验和应吸取的教训。

九、工程质量评定意见

十、环境保护、安全卫生、劳动保护、消防设施、档案、审计等专项检查验收的结论意见

十一、初步验收情况

重点叙述结论性意见和主要遗留问题的处理意见。

附件 3　竣工验收提交申请资料主要内容

一、竣工报告

由矿山企业提出项目总报告，内容包括工程总结、试生产报告、财务决算报告和环境保护、安全卫生、劳动保护、消防设施、档案、审计等专项报告。

竣工报告的附表附件主要有：

(1) 竣工工程概况表；

(2) 工程竣工验收清单及交付使用的固定资产表；

(3) 移交设备、工具、器具、家具清单；

(4) 移交竣工图和档案资料清单；

(5) 库存结余设备、材料表；

(6) 重大事故一览表；

(7) 重大设计变更一览表；

(8) 单位工程质量评定表；

(9) 设计质量评定表；

(10) 关键设备质量评定表；

(11) 单项工程"交工验收证书"；

(12) "三废"治理、劳动安全卫生设施情况表；

(13) 竣工决算报告。

二、设计报告

项目设计单位提交的项目设计情况报告，要对工程设计情况进行全面总结，主要内容包括：

(1) 设计依据及设计指导思想、原则；

(2) 工程概况及总体方案设计；

(3) 所采用的主要技术及成果；

(4) 设计组织及工作进度；

(5) 主要单项工程设计情况；

(6) 重大设计变更及概算调整情况；

(7) 主要技术经济指标及自我评价。

三、施工报告

施工单位提交的项目施工情况报告，要对施工情况进行全面总结，主要内容包括：

（1）承建工程的概况及特点；

（2）完成的主要工程量；

（3）施工组织、管理机构及施工安排等情况；

（4）主要单项工程所采用的技术及措施；

（5）施工进度及施工计划的执行情况；

（6）质量管理制度及其保证措施；

（7）安全和文明施工情况；

（8）自我评价。

四、监理报告

项目监理单位提交的项目监理和质量情况报告要对项目监理情况进行全面总结，主要内容包括：

（1）工程概况；

（2）监理工作依据；

（3）监理工作的范围及目标（质量、投资、工期）；

（4）监理组织机构及管理情况；

（5）监理实施情况，包括监理程序、方式，工程质量、造价和进度控制措施以及合同管理情况等；

（6）自我评价。

五、质量监督报告

政府质量监督部门质量监督情况总结。

六、工程其他需要说明的资料

第 9 章　安全管理

非煤矿山建设期间，工程项目一般由多个施工队伍共同承担，不仅工程进度、建设投资、工程质量管理难度较大，而且在安全生产方面也面临地质条件变化大、安全设施不齐备、系统不完善、作业条件差、统一协调困难等诸多的危险及有害因素，一旦发生事故，就会造成投资加大，建设项目停工或延期，也会造成不良的社会影响，因此安全管理尤为重要。

9.1　基建矿山安全生产现状及特点

我国非煤矿山采选业生产总值约占全国 GDP 总值的 1%，是国民经济高速发展的重要基础。截至 2012 年年底，全国共有金属非金属矿山 7 万多座。近几年，党中央、国务院十分重视安全生产工作，安全生产形势有了明显好转。全国金属非金属矿山事故起数和死亡人数都有下降趋势。但是目前我国仍然是矿山安全生产事故高发的国家，矿石百万吨死亡率是美国、南非等矿业发达国家的 30 倍以上。基建过程中，也常有重大事故发生。2011 年 8 月 25 日，中煤第七十一工程处安徽霍邱张庄项目部进风井基建施工过程中，井下 −224m 模板炸裂，混凝土冲入井下工作盘，造成 7 人死亡，3 人受伤。2012 年 3 月 15 日凌晨 1 时许，由温州东大矿建工程有限公司等单位承建的山东省济钢集团石门铁矿有限公司露天转地下开采项目（年产 120 万吨矿石），副井罐笼在运送人员下井过程中因钢丝绳断裂，导致罐笼坠落至 270m 深的副井井底，造成罐笼（核载 21 人）内乘坐的 13 人全部死亡。

9.1.1　基建矿山事故的主要特点

基建矿山事故的主要特点是：
（1）集体企业和个体、私营企业事故起数和伤亡人数比重较大。
（2）地下矿山伤亡人数约占 80% 以上。
（3）事故类型主要是坍塌、透水、炮烟中毒、冒顶片帮和物体打击等。

9.1.2　基建矿山发生事故的主要原因

基建矿山发生事故的主要原因有：
（1）施工单位安全管理松懈，专业技术人员（安全、井建、地质、通风等）配备不足，人员流动性大，作业人员安全技能、业务素质满足不了作业现场的安全要求。
（2）建设单位相应的安全管理制度不健全，安全管理人员配备不到位，缺乏日常的安全监管手段和措施。
（3）作业条件差，特别是地下矿山，作业地点受水、火以及各种有毒、有害、易燃、易爆气体和破碎顶板的威胁；作业环境阴暗潮湿、粉尘危害较多；作业区域点多面广，工作场所不断移动，不安全因素增多。

（4）基建装备机械化、自动化程度较低，特别是一些施工资质较低的工程施工单位，受财力和技术条件限制，多数为手工作业，抗灾能力低。

（5）建设单位为降低建设投资，工程招投标过程中，降低施工队伍安全准入条件，使用一些挂靠其他单位资质的施工队伍，转包现象时有发生。

9.1.3　基建矿山安全生产特点

我国金属非金属矿山点多面广，尤其在基本建设期间，面临更多的不安全因素，存在的突出问题是：

（1）技术装备水平普遍低下，由于占矿山总数95%的小型矿山多使用施工资质低、公司规模小的施工队伍，技术人员缺乏，施工设备简陋，没有严格的安全措施。

（2）火工管理难度大，不少施工单位没有严格的火工材料管理制度，缺少对现场使用、清退等过程的管理。

（3）应急能力低，多数基建矿山和施工单位未结合矿山存在的安全风险特点，制定针对性强、易操作的应急预案，应急装备缺乏，应急演练欠缺，作业人员应急知识教育培训不到位，现场应急处置能力差，导致出现异常危险情况时，现场处置失当或盲目施救造成事故加大。

（4）作业人员素质普遍较低，一线作业大多为临时招募的农民工，流动性大，文化水平低，多为小学、初中文化，安全技能和技术水平欠缺；未经过岗前培训，冒险盲干；作业岗位不稳定，安全意识淡薄。

（5）建设单位安全监管措施缺乏，专业技术人员配备不足，缺少相关的安全管理制度，以包代管现象严重。

9.2　建设单位安全管理

9.2.1　安全管理任务及职责

在矿山建设项目中，如何按照设计要求快速、安全、高质量、低成本地完成建设任务，是建设单位的首要目标，其中安全管理起着至关重要的作用，一旦发生事故，不仅对参建单位影响巨大，也会对建设单位造成不可弥补的损失。2012年3月15日济钢石门铁矿副井钢丝绳断裂罐笼坠井事故，造成13人死亡，直接经济损失1560万元，6名责任人被移送司法机关，不仅建设单位损失巨大，承建单位浙江温州东大建设公司也造成巨大经济损失，建设项目停工达两年之久。

9.2.1.1　安全管理任务

建设单位在项目建设期间安全管理的任务，是贯彻落实党和国家有关矿山安全生产的方针、政策、法律、法规和标准，坚持"以人为本"的原则，按照设计要求，认真做到安全设施同时设计、同时施工、同时投入生产和使用，坚持依靠科技创新和管理创新，努力消除和控制建设期间矿山各种危险有害因素和不良行为，不断改善劳动条件，最大限度地减少伤亡事故，保护职工身体健康、生命安全和企业财产不受损失，促进建设项目顺利投产，确保企业经济效益和社会稳定。

9.2.1.2 安全管理内容

非煤矿山建设项目安全管理的重点是安全设施"三同时"管理,是履行建设单位主体安全责任的重要体现。所谓非煤矿山建设项目安全设施,是指非煤矿山企业在生产经营活动中用于预防生产安全事故的设备、设施、装置、建(构)筑物和其他技术措施的总称。建设项目"三同时"则是指非煤矿山企业新建、改建、扩建工程项目的安全设施必须与主体同时设计、同时施工、同时投入生产和使用。项目建设过程中,建设单位应当认真履行自身安全监管职责,完善工程建设的安全管理,采取有效措施,检查、督促承包方在工程施工中做好安全管理工作,防止安全事故的发生,确保建设项目进展顺利。

基建矿山安全管理要做好如下工作:

(1) 贯彻执行国家有关矿山安全生产工作的方针、政策、法律、法规和标准。

(2) 建立健全安全管理网络,设置工程外包安全管理机构或配备专职安全管理人员,保持安全管理人员队伍的相对稳定。

(3) 建立健全以安全生产责任制为核心的各项安全生产规章制度。

(4) 加强全体员工的安全生产宣传教育和技术培训,特种作业人员做到持证上岗。

(5) 依照设计要求,严格落实建设项目安全设施"三同时"要求。

(6) 积极推广现代安全技术手段和管理方法,控制和消除建设期间存在的危险因素,消除事故隐患,不断提高矿山抗灾能力。

(7) 制定事故防范措施和灾害预防、应急救援预案,并组织外包队定期开展不同形式的应急演练。

(8) 搞好职工劳动保护工作,按规定向职工发放合格的劳动保护用品。

(9) 加强职业健康管理,做好员工上岗前的健康检查,建立员工健康档案,按规定参加工伤社会保险。

9.2.1.3 建设单位安全职责

(1) 选择具有相应资质的施工单位进行项目施工,对施工单位提出落实"三同时"规定的具体要求,并负责提供必需的资料和条件。

(2) 督促、协助施工单位做好施工组织设计,完善施工安全技术措施方案,明确施工过程中安全管理要求,及时解决施工过程中出现的各种安全技术难题。

(3) 委托并督促监理单位做好建设项目监理工作,保障建设项目安全设施的施工质量。

(4) 做好施工单位作业人员入场前的安全教育培训,并对施工单位施工过程中的安全生产工作实施监督管理。发现承包单位有违反安全生产法律、法规的行为,应当立即要求承包单位整改;情节严重的,应当要求停止施工或者终止外包合同。

(5) 对施工期间确实需要进行设计变更的,要求设计单位及时完成设计变更,并督促施工单位修改施工组织设计;安全设施设计重大变更的,应报经原审批部门重新审查批准。

(6) 组织设计、施工和监理单位做好建设项目隐蔽工程验收的先期验收工作。

(7) 按照建设项目安全设施竣工验收要求,编制试生产工作方案,委托具有相应资质的中介机构对建设项目的劳动条件、职业危害因素、安全卫生设备等进行检测检验和安全验收评价,组织做好验收阶段的其他相关准备工作。

（8）按照法律法规和合同约定，为工程外包施工提供资金保障，并应当按期结算工程款，保证承包单位的工程施工、安全设施、安全管理等费用及时到位。

（9）建立健全应急救援体系，编制应急救援预案，建立应急救援组织，配备必要的应急救援器材、设备，适时开展应急演练，协助和配合施工单位事故抢险和救援，采取有效措施防止事故扩大。

（10）统一协调参建外包施工单位的安全生产工作。

9.2.2　安全管理组织保障及制度建设

9.2.2.1　机构设置和专职安全管理人员配备

安全生产管理机构是指建设单位专门负责安全生产监督管理的内设机构，其工作人员都应是专职安全生产管理人员。安全生产管理机构的作用是落实国家有关安全生产法律法规，组织建设单位内部各种安全检查活动，负责日常安全检查，及时整改各种事故隐患，监督安全生产责任制落实等。安全生产管理机构是建设单位安全生产的重要组织保证。

专职安全生产管理人员是指经安全生产监督管理部门考核合格，并取得安全生产考核合格证书，在企业从事安全生产管理工作的专职人员，包括企业安全生产管理机构的负责人及其工作人员，施工现场专职安全生产管理人员。

建设项目建设期间，建设单位应设置工程外包安全管理专（兼）职机构，配备不少于1名的专职安全管理人员。专职安全管理人员应当经过培训，具备一定的矿山安全管理经验，熟知国家矿山安全生产相关法律、法规和规程，现场经验丰富，责任心强。项目试生产前，100人以上的企业，应设专职安全生产管理机构和配备专职安全生产管理人员，其中地下矿山专职安全管理人员不少于3人，露天矿山不少于2人；100人以下的企业应设安全生产管理机构或配备专职安全生产管理人员。专职安全管理人员中应包括不低于15%的注册安全工程师。

建设单位主要负责人（矿长、总经理）以及负责安全的副矿长（安全总监、副总经理）、负责生产（设备）的副矿长（副总经理）、负责技术的总工程师均应经具有相应资质的培训机构培训考核合格，取得安全任职资格证书。

9.2.2.2　安全规章制度

矿山安全管理制度是企业贯彻《中华人民共和国安全生产法》（以下简称《安全生产法》）、《中华人民共和国矿山安全法》（以下简称《矿山安全法》）及相关安全生产法律法规、标准，有效保护矿山职工在生产过程中的安全健康，保障矿山企业财产不受损失而制定的规章制度。《矿山安全法》规定矿山企业必须建立健全安全生产责任制，对职工进行安全教育培训，向职工发放劳动保护用品，企业职工必须遵守有关矿山安全的法律、法规和企业规章制度；工会依法对安全工作进行监督。因此，为了保护劳动者在劳动过程中的安全与健康，根据本单位实际情况，依据有关法律、法规和规章要求，矿山企业应该建立健全安全生产管理制度。

安全制度的建立与健全是企业安全生产管理工作的重要内容，一般来说，应遵循以下原则：

（1）依法制定，结合实际。企业制定安全制度，必须以国家法律、法规和安全生产方针政策为依据；要根据法规的要求，结合企业的具体情况来制定；必须将"安全第一，预防为主，综合治理"的安全生产方针贯穿于制度的各个层面。安全生产责任制的划分要按照企业生产管理模式，根据"管生产必须管安全，谁主管谁负责"的原则来确定。

（2）有章可循，衔接配套。企业安全制度必须适合企业的生产、经营特点，涵盖安全生产的方方面面，使与安全有关的事项都有章可循，同时又要注意制度之间的衔接配套，防止出现制度的空隙而无章可循，或制度交叉重复而无可适从。

（3）科学合理、切实可行。制度是行为规范，必须是符合客观规律的，特别是操作规程。如果制度不科学，将会误导人的行为，如果制度不合理，繁琐复杂，将难以顺利执行。

（4）简明扼要、清晰具体。制度的条文、文字要简练，意思表达要清晰，要求规定要具体，以便于记忆，易于操作。

（5）定期评审，及时修订。随着基建进度和生产经营变化，原有的规章制度可能已不适应企业的生产实际，必须结合采用的新工艺、新技术、新材料以及新的管理模式等制定新的制度或对原有制度进行修订完善。

建设期间，矿山企业安全规章制度应包括安全教育培训制度、安全活动日制度、交接班制度、安全技术审批制度、危险源监控和安全隐患排查制度、安全检查制度、设备安全管理制度、参建方联席会议制度、安全奖惩制度、工程招投标施工单位安全资质审查制度、许可作业及项目开工审批制度等。

9.2.2.3 安全生产责任制

企业安全生产责任制是根据"管生产必须管安全，谁主管谁负责"的原则，以制度的形式，明确规定企业每一位员工在生产活动中应负的安全责任。它是企业岗位责任制的一个重要组成部分，是企业最基本最核心的一项安全管理制度。它可以使企业各方面人员在生产中分担安全责任，职责明确，分工协作，共同努力做好安全工作，防止和克服安全工作中混乱、互相推诿、无人负责的现象，把安全工作与生产工作从组织领导上统一起来。

安全生产责任制的内容应涵盖企业的每一个岗位和每一名员工，包括领导岗位安全生产责任制、职能机构安全生产责任制及岗位人员安全生产责任制。其实质是在一个企业中，人人都享有管理安全的权利，也有管理安全的义务，真正达到既保证正常生产，又保证不出事故。

安全生产责任制的三个基本要素是企业建立安全管理机构，企业的法人代表必须担当第一安全责任人，企业必须建立完善的安全管理制度。

《安全生产法》、《矿山安全法》明确规定，生产经营单位的主要负责人对本单位的安全生产工作全面负责。1997年10月20日国务院办公厅和劳动部下发的《关于认真落实安全生产责任制的意见》要求：企业法定代表人是安全生产第一责任人，对安全生产工作应负全面的领导责任；分管安全生产工作的副职应负具体的领导责任；分管其他工作的副职，在其分管工作中涉及安全生产内容的，也应承担相应的领导责任。建设单位安全生产责任制的主要内容如下所述。

（1）法定代表人（矿长、总经理、董事长）安全生产职责：

1）认真贯彻执行国家安全生产的方针、政策、法规及各级政府颁发的安全生产法令，结合本单位具体情况制定落实措施；

2）建立、健全安全生产管理机构，配齐安全管理人员；

3）组织编制、审定本单位安全生产责任制、安全生产规章制度和操作规程；

4）保证安全生产投入的有效实施；

5）督促、检查本单位及外包队安全生产工作，及时消除生产安全事故隐患；

6）组织制定并实施本单位的生产安全事故应急救援预案；

7）及时、如实报告生产安全事故，组织参加较大及以上安全事故的救援及调查处理；

8）主持本单位的安委会会议，每月至少组织召开一次会议，研究安全生产工作方面的重大问题，做出相应决策。

（2）主管安全生产的企业副职领导（副矿长、副总经理、安全总监、副董事长）安全生产职责：

1）协助行政一把手抓好安全生产工作，对安全生产负具体领导责任；

2）督促检查各职能部门、外包队的安全生产情况；

3）组织领导每月一次的安全生产大检查；

4）及时研究和处理生产中的事故隐患，落实整改措施；

5）组织调查、分析、处理一般事故和重大未遂事故，制定有效的防范措施并组织落实；

6）负责审核批准安全工作的奖励和处罚；

7）组织开展月度安全生产分析会和月度安全技术分析会。

（3）分管其他方面企业副职领导（副矿长、副总经理、副董事长）安全生产职责：对其分管工作安全生产负责，承担相应的安全生产职责。

（4）总工程师（主任工程师、主管工程师、技术负责人）安全生产职责：

1）对安全生产工作在技术上全面负责；

2）在组织科研、技术攻关、改造、设计、施工过程中，根据国家有关安全生产的法律法规、规程、规范和标准，认真组织落实安全新技术的推广和应用；

3）负责施工中的安全措施审定和组织解决施工过程中的安全技术问题；

4）组织审定安全技术规章制度、标准和预防事故的技术措施；

5）参与安全事故的调查，组织技术力量对事故发生的技术原因进行分析、鉴定，并提出改进和防范措施；

6）参加安全检查，对检查中发现的安全技术问题提出处理意见，并督促落实；

7）负责组织召开月度安全生产技术分析会。

（5）安全管理部门的安全生产职责：

1）认真贯彻执行国家有关安全生产的方针、政策、法律、法规、规程和标准，并经常督促贯彻落实情况；

2）负责监督、检查、汇总安全工作情况，负责安全基础工作管理；

3）负责组织制定、修改本单位安全生产管理制度和安全技术操作规程以及安全事故应急救援预案，经主管领导批准后发布执行；

4）负责组织月度安全生产大检查，对事故隐患下达整改指令，对生产中遇到的重大险情及时下达停产指令；

5）负责组织开展对本单位员工及外包队员工的安全生产宣传教育和培训；

6）参加单项工程和隐蔽工程分项验收；

7）监督建设过程中安全技术措施计划的落实；

8）负责组织或配合相关部门对伤亡事故的现场进行勘察、调查、分析与处理；

9）负责伤亡事故统计、分析、报告；

10）制定劳动保护用品管理制度，并监督检查劳动保护用品的购买、发放和使用。

（6）其他职能部门的安全生产职责：矿山建设过程中生产、技术、调度、设备材料、人力资源、动力、财务、后勤等各有关职能机构，都应在各自业务范围内，对实现安全生产的要求负责，承担分管业务中相应的安全生产职责。

9.2.3 安全监督管理措施

国家安全生产监督管理总局明确要求：非煤矿山企业要全面落实建设项目安全管理职责并承担安全生产主体责任，不得将建设项目发包给不具备相应资质的施工单位施工；要与施工单位签订专门的安全生产管理协议，明确各自的安全生产管理职责，并对建设项目安全生产工作进行统一监督和管理；要加强对施工现场的安全监督检查，确保至少有1名安全管理人员在施工现场跟班检查，督促施工单位及时排查治理隐患，发现问题及时处理。施工单位要严格按资质等级许可的范围承建相应的建设项目，严禁超资质能力施工，严禁转包工程和挂靠施工资质；施工单位进入现场施工前，要向建设项目所在地县级以上安全监管部门备案，否则不得开工。

作为建设项目安全责任主体，建设单位必须依照工程管理流程，从项目招投标开始，至工程结束，履行必要的安全监督管理职能。

9.2.3.1 施工单位安全准入

A　安全资质审查及备案

承包单位的施工资质及安全生产条件是保证建设项目工程质量，按期完成工程建设任务的首要因素，建设单位在工程招投标时应当认真审查承包单位的非煤矿山安全生产许可证和相应资质，不得将外包工程发包给不具备安全生产许可证和相应资质的承包单位。审查内容见表9-1。

表9-1　投标时施工单位资质审查表

审查内容	审查意见	审查人	备注
"营业执照"、"施工资质证"及"安全生产许可证"原件			采掘、建筑、地勘等单位提供"安全生产许可证"
爆破作业许可证（营业性）			爆破作业单位提供
主要负责人及单位安全机构设置、安全管理人员安全资格证原件			
预配备施工项目部项目经理、分管安全副经理及安全机构负责人、安全管理人员安全资格证书原件、技术人员职称证书原件			采掘施工队伍专职安全员不少于3名；采掘队伍技术人员应涵盖采矿、地质、矿山机械、通风等专业
安全规章制度、安全责任制、岗位安全操作规程等制度文件			
特种作业人员资格证			
设备设施配备情况及相应的安全标志证书复印件			属矿用安全产品目录中的设备设施提供安全标志证书复印件
三年内安全生产绩效证明材料原件			

建设单位对地下矿山某个生产系统进行分项发包的，承包单位原则上不得超过三家，避免相互影响生产、作业安全。在地下矿山正常生产期间，不得将主通风、主提升、供排水、供配电、主供风系统及其设备设施的运行管理进行分项发包。

承包单位的项目部承担施工作业的，建设单位除审查承包单位的安全生产许可证和相应资质外，还应当审查项目部的安全生产管理机构、规章制度和操作规程、工程技术人员、主要设备设施、安全教育培训和负责人、安全生产管理人员、特种作业人员持证上岗等情况。达不到要求的，建设单位不得向该承包单位发包工程。审查内容见表9-2。

表9-2　施工项目部安全生产条件审查表

审查内容	审查意见	审查人	备注
法人代表对项目部负责人授权委托书原件及成立项目部文件原件			
施工项目部项目经理资格证书及安全管理资格证书原件、分管安全副经理及安全机构负责人安全资格证书原件			
成立的项目部安全机构设置文件及聘用的专、兼职安全员安全管理资格证书原件			露天矿山工程施工队伍专职安全员不少于2名，地下矿山工程不少于3名
配备的专业技术人员职称证书原件			采掘队伍技术人员至少应配备采矿、矿山机电、地质等相近专业各一名
项目部安全规章制度、安全责任制、岗位安全操作规程等制度文件			
特种作业人员操作资格证原件			
设备设施配备、电气器具及检测合格证书原件，矿用安全产品提供安全标志证书复印件			提升、压风等需定期检测、检验设备、设施，应在安装运行一个月内提供其检测、检验合格证书原件
从业人员工伤保险证明			

建设单位审核无误后，应及时向上级部门进行复审，同时督促施工单位到地方安监部门备案。

B　安全风险抵押金

为增强施工单位安全责任风险意识，签订工程承包合同时，应明确施工方缴纳的安全风险抵押金数额，一般应不低于60万元，待施工作业人员进场后一并缴纳。

C　安全管理协议

审查通过后，双方签订专门的安全生产管理协议，明确双方的安全生产职责、义务、争议解决方式、退出条件等，明确将施工方作为本单位二级单位来进行管理，施工方无条件接受建设方的安全监督管理。安全生产管理协议应当包括下列内容：

（1）安全投入保障；

（2）安全设施和施工条件；

（3）隐患排查与治理；

（4）安全教育与培训；

（5）事故应急救援；

（6）安全检查与考评；

（7）违约责任。

9.2.3.2 开工作业许可审批

施工单位具备开工条件后，提出开工申请，建设单位在其施工组织设计审批通过后，组织调度、生产技术、安全、设材等部门及监理单位和设计单位对其施工组织设计技术交底培训、安全管理及技术人员配备、从业人员安全教育培训、设备设施安全性、作业现场安全性等方面进行全方位的检查审核，达到要求后，签署审查意见，同意开工。采掘施工队伍开工许可审批表见表9－3。

表9－3　采掘施工队伍开工许可审批表

审查部门	审 查 内 容			审查人意见及日期
技术部门	施工组织设计技术交底培训及考核情况	专业技术人员配备情况	探放水设施及捡撬器具配备情况	作业现场顶板、通风、通信、照明等是否符合要求
设材部门	设备设施配备及检测维护情况	设备设施安全防护器具及作业工具情况	提升、电气等特种工持证及劳保品佩戴情况	
调度中心	生产组织是否合理，责任人是否明确		领导带班下井计划是否完备	
安全部门	作业人员三级安全教育考核情况	跟班安全员、特种工配备及持证情况	自救器、便携式气体检测仪等配备情况	
监理单位意见： 　　年　月　日	主管领导意见： 　　年　月　日		审查结论： 　　年　月　日	

9.2.4 甲乙双方的协调配合

施工单位作为所承揽工程的安全生产责任主体，自身责任履职尤为关键。在日常安全管理过程中，建设单位应采用早调会、周例会、检查考核等手段督促施工方认真履行自身安全职责，要求施工方做好本单位员工的安全教育培训、岗位危险预知、工前安全确认、作业期间检查巡视；要坚持每周一次的安全学习分析会和项目部层面的安全检查，制订符合现场实际的生产安全事故应急预案，每半年演练一次，提高作业人员的现场应急处置能力，要将施工方纳入建设单位安全管理体系，作为二级单位进行管理。

（1）建立员工安全培训机制，提升安全意识，即：

1）严格新到员工上岗作业。建设单位负责对外来施工项目部管理人员及全体作业人员进行不少于24小时的入矿安全教育，项目部负责项目部级（二级）和班组级（三级）安全教育。培训考核结束，建设单位安全部门采取抽查方式（口试、笔试、现场演示等）对培训人员培训效果进行复查，审核合格后，发放盖有建设单位安全部门、项目部公章的安全培训合格证，下井人员领取入井卡。

2）坚持每年1~2次的针对性安全培训，逐步提升施工单位安全管理人员安全意识和岗位操作技能。通过开展调查问卷、员工座谈及日常检查中发现的问题，了解施工单位的安全培训需求，优化培训方案，开展安全生产技术、危险源辨识、危险预知、岗前确认、班组安全建设、五步安全工作法、现场应急处置技术、安全标准化等相关内容的安全培训。

（2）强化安全检查机制，严格制度落实，即：

1）严格项目经理带班和跟班安全员检查制度落实。采掘施工项目部制订项目经理带班计划和安全员跟班计划，在办公区、生活区和作业现场人员聚集场所挂牌公示。建设单位值班领导在履行自身职责的同时，对项目部当班带班经理、跟班安全员是否坚守岗位、有无认真检查、现场隐患是否及时解决等作为必检内容。

2）强化关键环节和要害岗位的安全检查及隐患整改落实。重点抓好关键环节、关键点、要害部位和重大危险源的监控监测，在施工单位新员工培训、工程开工审批确认、提升压风设备、井下探放水、通风、顶板管理、火工用品保管及使用、排土场排渣作业等方面严格检查。

3）定期开展安全检查。坚持开展每月一次的矿级安全大检查和每周一次的部门专项检查。每月末由矿安全总监带队，安全部门组织调度、技术、设材、工程等业务部门开展一次全方位安全检查，检查内容包括外来施工单位安全档案、员工日常教育、班前班后会、周安全例会、领导带班和跟班安全员记录、生产作业现场环境、隐患整改落实以及岗位安全确认等相关内容。主管职能部门安全、技术、设材等部门在做好日常安全检查的同时，每周组织相关技术和管理人员进行一次设备、技术、通风、火工品等方面的专项检查。

（3）实施承包方联席会议制度。每周召开一次由矿安全部门组织设备、生产、技术等职能部门与各施工项目部参加的联席会议，共同分析总结施工单位一周安全生产工作存在的问题和缺陷，制定改进措施，布置下阶段工作。

（4）建立与项目部上级单位之间的沟通机制，即

1）人员调整沟通机制。施工单位项目部经理层和专职安全员人员调整，事先必须征求建设单位意见，取得建设单位同意。

2）安全管理沟通机制。建设单位每半年将项目部的安全工作开展情况与其上级单位进行通报和沟通，共同商讨改进办法。若施工项目部连续三个月安全生产工作滑坡或没有起色，建设单位有权建议其上级单位对项目部管理人员进行调整。

（5）实施退出机制。对外来施工单位不执行国家的安全生产政策，不服从建设单位或上级部门对其安全生产监督和管理，隐患拒不整改，发生较大以上生产安全事故或造成重大财产损失，泄露建设单位技术资料和生产技术秘密，工程转包或挂靠借用其他单位资质等违规情形，建设单位有权无条件解除与其签订的合同并追究由此造成的经济损失。

9.3 施工单位安全管理

施工单位作为矿山工程项目的责任主体，加强自身安全、技术、质量管理，严格安全责任落实，是保障建设工期的首要条件。

9.3.1 施工单位安全管理职责

（1）施工单位应当依照有关法律、法规、规章和国家标准、行业标准的规定，以及承包合同和安全生产管理协议的约定，组织施工作业，对其施工现场的安全生产负责。

（2）承揽总承包工程的，总承包单位对施工现场的安全生产负总责；分项承包单位按照分包合同的约定对总承包单位负责。总承包单位和分项承包单位对分包工程的安全生产承担连带责任。总承包单位依法将外包工程分包给其他单位的，其外包工程的主体部分应当由总承包单位自行完成。禁止承包单位转包其承揽的外包工程。禁止分项承包单位将其承揽的外包工程再次分包。

（3）施工单位的法人代表是本单位安全生产第一责任人，对本单位的安全施工负全面领导责任，应全面落实全员施工安全责任制。承揽工程由下设项目部施工的，承包单位应当根据承揽工程的规模和特点，依法健全项目部安全生产责任体系，完善安全生产管理基本制度，设置安全生产管理机构，配备专职安全生产管理人员和有关工程技术人员。

（4）制订年度安全施工计划和安全技术措施计划、反事故措施计划。项目开工前必须制订详尽、明确、切合实际的安全技术措施计划，并进行措施交底、签证和督促实施。

（5）加强作业人员的全员安全教育培训，保证从业人员掌握必需的安全生产知识和操作技能。特种作业人必须经有资质单位专门培训考核合格，持证上岗。

（6）作业人员配备齐全、合格的劳动保护用品。

（7）坚持定期安全检查和安全例会制度，对发现的安全隐患认真整改落实，确保整改率达到100%。承包单位对所属项目部每半年至少进行一次安全生产检查，对项目部人员每年至少进行一次安全生产教育培训与考核。

（8）参加建设单位或监理单位组织的安全检查，对建设方或监理方下达的整改指令严格落实。

（9）加强设备安全管理，特种设备定期进行检测检验。

（10）依照法律、法规、规章的规定以及承包合同和安全生产管理协议的约定，及时将发包单位投入的安全资金落实到位，不得挪作他用。

（11）承揽工程总承包的，总承包单位应当统一组织编制外包工程应急预案。总承包单位和分项承包单位应当按照国家有关规定和应急预案的要求，分别建立应急救援组织或者指定应急救援人员，配备救援设备设施和器材，并定期组织演练。外包工程实行分项承包的，分项承包单位应当根据建设工程施工的特点、范围以及施工现场容易发生事故的部位和环节，编制现场应急处置方案，并配合发包单位定期进行演练。

（12）发生事故时，第一时间向上级主管部门、建设方和地方安全监督管理部门报告，积极配合地方安监部门的事故调查取证工作。

（13）服从建设方、监理方和地方安监部门日常安全监督管理，有权拒绝建设单位的违章指挥和强令冒险作业。

9.3.2　施工单位安全生产管理保障措施

为保证工程项目达到安全生产目的，具备健全、完善的安全管理组织保障体系是必不可少的。

9.3.2.1　施工资质条件

施工单位应当具备与承揽项目相适应的技术力量、机械设备、人员、资金等方面的能力，所承揽的项目要在营业执照经营范围所允许的范围内，同时具备相应的资质等级。禁止超越本企业资质等级许可的业务范围或者以其他企业的名义承揽建设项目。

根据《非煤矿山外包工程安全管理暂行办法》（国家安监总局 62 号令）有关规定，承揽非煤矿山采掘工程的施工单位施工资质应当具备以下条件：

（1）承包单位应当依法取得非煤矿山安全生产许可证和相应等级的施工资质，并在其资质范围内承包工程。

（2）承包金属非金属矿山建设和闭坑工程的资质等级，应当符合《建筑业企业资质等级标准》的规定。

（3）承包金属非金属矿山生产、作业工程的资质等级，应当符合下列要求：

1）总承包大型地下矿山工程和深凹露天、高陡边坡及地质条件复杂的大型露天矿山工程的，具备矿山工程施工总承包二级以上（含本级，下同）施工资质。

2）总承包中型、小型地下矿山工程的，具备矿山工程施工总承包三级以上施工资质。

3）总承包其他露天矿山工程和分项承包金属非金属矿山工程的，具备矿山工程施工总承包或者相关的专业承包资质，达到当地安全生产监督管理部门的要求。

4）承包尾矿库外包工程的资质，应当符合《尾矿库安全监督管理规定》。

5）承包金属非金属矿山地质勘探工程的资质等级，应当符合《金属与非金属矿产资源地质勘探安全生产监督管理暂行规定》。

（4）对于参加建设项目设计、建筑安装以及主要设备、材料供应等的单位，必须具备下列条件：

1）具有与项目要求相应的资质证书，并为独立的法人实体。

2）承担过类似建设项目的相关工作，并有良好的工作业绩和履约记录。

3）财产状况良好，没有处于财产被接管、破产或其他关、停、并、转状态。

4）在最近三年没有骗取合同以及其他经济方面的严重违法行为。

5）近几年有较好的安全纪录，投标当年内没有发生重大质量和较大安全事故。

9.3.2.2　施工单位企业负责人资质条件

承揽非煤矿山采掘、安装、勘探等新建、扩建、拆除工程的施工单位主要负责人及分管生产、安全、技术、设备的负责人必须具有一定的技术水平和管理能力，并经安全生产监督管理部门考核合格，取得相应的安全资格。施工单位主要负责人应认真履行安全职责，对工程施工安全生产负全面责任。

9.3.2.3　安全管理机构和安全管理人员

《安全生产法》第 19 条规定，矿山、建筑施工和危险物品的生产、经营、储存单位，应当设置安全生产管理机构或者配备专职安全生产管理人员。除从事矿山开采、建筑施工和危险物品的生产、经营、储存活动的生产经营单位外，从业人员超过三百人的生产经营单位，必须设置安全生产管理机构或者配备专职安全生产管理人员。《建设工程安全生产管理条例》第23条规定，施工单位应当设立安全生产管理机构，配备专职安全生产管理人员。因此，承揽矿山采掘、安装、勘探等工程的施工单位应设立安全生产管理机构，配备专职安全生产管理人员。

A　安全管理机构设置

承揽矿山工程的施工企业及其所属的分公司、项目部都应各自独立设置安全生产管理机构，负责本企业（分公司、项目部）的安全生产管理工作。

B　专职安全生产管理人员配备

矿山工程施工单位专职安全生产管理人员配备必须满足工程实际需要，在达到现场跟班检查巡视要求的前提下，应满足住房和城乡建设部《建筑施工企业安全生产管理机构设置及专职安全生产管理人员配备办法》（建质〔2008〕91号）有关专职安全管理人员配备人数的规定。

依据《建筑施工企业安全生产管理机构设置及专职安全生产管理人员配备办法》有关规定，建筑施工企业安全生产管理机构专职安全生产管理人员的配备应满足下列要求，并应根据企业经营规模、设备管理和生产需要予以增加：

（1）建筑施工总承包资质序列企业，特级资质企业不少于6人；一级资质企业不少于4人；二级和二级以下资质企业不少于3人。

（2）建筑施工专业承包资质序列企业，一级资质企业不少于3人；二级和二级以下资质企业不少于2人。

（3）建筑施工劳务分包资质序列企业不少于2人。

（4）建筑施工企业的分公司、区域公司等较大的分支机构（以下简称分支机构）应依据实际生产情况配备不少于2人的专职安全生产管理人员。

9.3.2.4　工程技术人员及设备

采掘施工企业应当配备与矿山开采相关的专业技术人员（如采矿、地质、机电、水文、测量等）和相应的施工技术装备，承揽井筒安装的施工企业还应配备井建专业技术人员，施工装备应符合矿用许可要求，日常维护、保养良好。特种设备如提升、压力容器、起重机械、锅炉等应定期进行检测检验。

9.3.3　施工单位驻矿项目部

施工单位如委托其项目部施工，应根据承揽工程的规模和特点，依法健全安全生产责任体系，完善安全生产管理基本制度，设置安全生产管理机构，配备专职安全生产管理人员和有关工程技术人员。

9.3.3.1　安全管理机构和安全管理人员

施工项目部应结合工程性质、规模大小，设置安全科或安全组，项目专职安全生产管理人员配备应当满足下列要求：

（1）承揽井筒及设备安装、勘探等工程的项目部人员在50人以下的，应当配备1名专职安全生产管理人员；50～200人的，应当配备2名专职安全生产管理人员；200人及以上的，应当配备3名及以上专职安全生产管理人员，专职安全生产管理人员根据所承担的工程量和施工危险程度增加，不得少于工程施工人员总人数的5‰。

（2）承揽采掘施工项目部专职安全管理人员必须满足跟班安全检查需要，其中露天矿山工程不应少于2名，地下矿山工程不应少于3名。项目部具备初中以上文化程度的从业人员比例应当不低于50%。应配备与工程施工作业相适应的专职工程技术人员。安全管理人员应具备必要的安全生产专业知识和安全生产工作经验，由具有一定的现场工作经验的人员担任，并且必须经专业培训机构培训，安全生产监督管理部门安全生产考核合格，并取得安全生产考核合格证书后方可上岗。

9.3.3.2　项目负责人安全任职资格

施工项目部负责人即项目经理是项目管理的核心，是工程项目安全生产的第一责任人，必须具备一定的工程管理和安全技能，取得安全生产管理资格任职证书。承包地下矿山工程的项目部负责人不得同时兼任其他工程的项目部负责人。

9.3.3.3　特种作业人员

施工项目部应结合工程作业特点，配备一定数量的特种作业人员，如电工、焊接工、支柱工、起重工、通风工等。特种作业人员必须经具有资质的专业机构培训考核合格，持证上岗。

9.3.3.4　项目部管理人员安全职责

A　项目经理安全生产责任制

（1）项目经理是工程施工的安全生产第一负责人，对项目施工全过程的安全生产全面负责。

（2）贯彻落实国家的方针、政策、法规、规程和企业的规章制度，制定并监督实施本项目的安全生产管理目标和办法，建立安全生产、文明施工的良好秩序。

（3）建立项目部安全生产管理网络和安全生产责任制，明确各类人员的安全职责。

（4）严格项目用工制度，加强作业人员安全教育培训和劳动保护。

（5）落实施工组织设计和作业规程中的安全技术措施，监督执行安全技术措施交底和培训。

（6）定期开展安全生产检查，对施工中发现的安全隐患、上级或建设方提出的问题，及时整改落实。

（7）每月要组织召开月度安全分析总结会，查找问题，部署下阶段安全重点工作。

（8）若发生生产安全事故，及时组织抢救，保护现场，上报上级部门和建设单位。

（9）不违章指挥与强令职工冒险作业。

B　工程项目技术负责人安全生产责任制

（1）对项目施工安全生产负技术责任。

（2）贯彻落实安全生产的方针、政策和法规，严格执行安全技术标准，主持项目工程的安全技术交底。

（3）在编制施工组织设计和施工作业规程时，制定、审查、落实安全技术措施。

（4）采用新工艺、新技术、新设备、新材料时，加强对相关作业人员的岗前安全培训，遵守安全技术操作规程，严格落实各项安全措施，预防事故发生。

（5）主持项目安全防护设施与设备的验收，严格控制不合格安全防护设施、设备投入使用。

（6）参加定期安全生产检查，从技术方面提出消除隐患的措施。

（7）配合事故调查，从技术上分析事故原因，提出防范措施。

C 技术员安全生产责任制

（1）遵守国家安全生产法律、法规和规程、标准，遵守规章制度，在施工过程中认真落实国家工程强制性标准。

（2）参与编制施工作业规程，并在实际施工过程中按照作业规程中安全技术措施监督落实。

（3）施工过程中，发现安全隐患或违章现象，有权制止或督促有关人员进行整改落实。

（4）参与安全设施与设备的验收。

D 安全员安全生产责任制

（1）协助项目经理进行施工作业过程中的安全管理，贯彻执行负责施工现场的安全文明卫生，遵守国家法令，认真学习熟悉安全生产规章制度，努力提高专业知识和管理水准，加强自身建设。

（2）经常检查施工现场的安全生产工作，发现隐患及时安排相关人员采取措施进行整改，并在现场监督落实。

（3）坚持原则，对违章作业、违反安全操作规程的人和事，及时纠正和教育。

（4）参加项目部组织的定期安全生产检查，对查出的隐患督促落实。

（5）参与项目的施工组织设计和作业规程中安全技术措施的制定，并监督检查实施。

（6）负责对作业人员的日常安全教育培训，建立健全各种安全台账。

（7）现场出现紧急状况时，有权命令现场作业人员停止作业，撤离现场。

（8）发生工伤事故时，组织抢救，保护现场，并立即报告项目经理。

9.3.4 施工单位日常安全管理

9.3.4.1 作业人员安全教育培训

施工企业应对作业人员进行安全生产教育和培训，保证其具备必要的安全生产知识，熟悉有关的安全生产规章制度和安全操作规程，掌握本岗位的安全操作技能。未经安全生产培训教育和培训合格的，不应上岗作业。

（1）所有施工作业人员，每年至少接受20小时的在职安全教育。

（2）从事矿山工程的新的人员，地下矿山应接受不少于72小时的安全教育，经考试合格后，由老工人带领工作至少4个月，熟悉本工种操作技术并经考核合格，方可独立工作。露天矿山作业人员，应接受不少于40小时的安全教育，经考试合格，方可上岗作业。

（3）采用新工艺、新技术、新设备、新材料时，施工单位应对有关人员进行专门培训。

（4）作业人员的安全教育培训情况和考核结果，应记录存档。

（5）施工项目部除日常教育培训外，其上级单位对其项目部每年至少进行一次安全生产教育培训与考核。

9.3.4.2 施工作业规程

施工作业规程是矿山建设项目实施过程中的必要技术支撑，是在施工组织设计基础上，针对某一单位工程施工作业前，结合现场条件、预期目标而制定的专业技术文书，它包含有工程概况、设计要求、相关系统、实施步骤、安全技术措施等，是实现安全生产的重要保证。

A 编制原则

（1）严格遵守国家有关安全生产的法律、法规、标准、规章、规程和相关技术规范。

（2）坚持"安全第一、预防为主、综合治理"的方针，积极推广、采用新技术、新工艺、新设备、新材料和先进的管理手段，提高经济效益。

（3）单位工程开工之前，严格按照"一工程，一规程"的原则编制作业规程，不得沿用、套用作业规程，严禁无规程组织施工。

（4）建立健全作业规程编制和实施的责任制度，明确作业规程编制、审批、贯彻、管理等各个环节的工作。

（5）作业规程的编制由项目技术负责人负责组织，技术人员负责编制，做到内容齐全，语言简明，图表规范。

B 编制依据

（1）已批准的有关设计（施工组织设计、施工图设计）文件、资料。

（2）现场工程地质、水文地质条件。

（3）通风、供电、设备相关资料。

（4）《金属非金属矿山安全规程》（GB 16423—2006）、《矿山井巷工程施工及验收规范》（GBJ 213—1990）、《爆破安全规程》（GB 6722—2003）等。

（5）有关安全生产管理制度，如岗位责任制、工作面交接班制度、爆破管理制度、巷道维修制度、机电设备维修保养制度、现场安全检查确认制度等。

C 编制要求

（1）作业规程编制之前，项目技术负责人应组织生产、安全、管理人员和技术人员以及有经验的作业人员，对开工地点及周围进行现场检查，预测施工中可能遇到的各种情况，讨论制定有针对性的安全措施，明确施工的程序和任务，为施工作业规程的编制做好准备工作。

（2）作业规程编制内容应结合现场的实际情况，具有针对性，工程质量要求不低于合同规定的标准。

D 编制内容

a 工程概况

（1）概述：包括工程名称、位置、用途、技术要求、工程量、服务年限、开（竣）工时间等。

（2）施工中的特殊技术要求和需要重点说明的问题。

b 编写依据

（1）经过审批的施工组织设计、施工图设计；

（2）建设单位提供的地址资料；

（3）施工辅助系统基本条件；

（4）其他技术、质量有关规定。

c　地面相对位置及地质情况

（1）工程相对位置及邻近工作面情况；

（2）矿（岩）层赋存特征；

（3）地质构造；

（4）工程地质条件和水文地质条件。

d　工程布置及支护说明

（1）巷道布置；

（2）支护设计；

（3）支护工艺。

e　施工工艺

（1）施工方法；

（2）凿岩方式；

（3）爆破作业；

（4）装载与运输；

（5）管线及轨道敷设；

（6）设备及工具配备。

f　生产系统

（1）通风；

（2）压风；

（3）综合防尘；

（4）防灭火；

（5）安全监控；

（6）供电；

（7）排水；

（8）运输；

（9）照明、通信和信号。

g　劳动组织及主要技术经济指标

（1）劳动组织；

（2）循环作业；

（3）主要技术经济指标。

h　安全技术措施

包括通风、顶板、防治水、机电设备、运输、爆破、防火及现场文明生产等。

i　灾害应急措施及避灾路线

（1）发生提升、火灾、触电、透水、冒顶等事故的应急措施；

（2）绘制避灾路线示意图。

E　会审与审批

施工技术人员完成作业规程编制后，项目技术负责人要组织有关专业技术人员和安全管理人员进行会审，编制人根据会审意见进行修改完善后，经项目负责人审核后报送监理及建设单位审查及备案。

作业规程审批后，在工程开工之前，由项目技术负责人及技术人员负责组织施工人员进行学习贯彻。施工人员经考试合格方可上岗。开工后，由生产负责人组织执行，施工队负责人负责实施。所有现场工作人员都必须按照作业规程进行作业和操作。

F　管理

对作业规程的实施应进行全过程、全方位的管理，重点抓好下列工作：

（1）工程技术人员负责施工现场规程的指导、落实、修改和补充工作。

（2）定期检查作业规程执行情况。

（3）工作面的地质、施工条件发生变化时，必须及时修改补充安全技术措施，并履行审批和贯彻程序。

（4）施工结束后，对作业规程的执行情况进行总结，连同作业规程及修改补充措施一起存档。存档的作业规程文本、电子文档不得修改，一般应保存三年以上。

（5）施工单位应把单位工程作业规程的编制和贯彻执行作为安全检查的重要内容，组织生产、技术、安全、设备等相关人员对作业规程及执行情况进行定期和不定期的监督检查。发现生产现场不按规程要求施工的，应责令及时整改。

9.3.4.3　隐患排查治理

事故隐患分为一般事故隐患和重大事故隐患。一般事故隐患，是指危害和整改难度较小，发现后能够立即整改排除的隐患。重大事故隐患，是指危害和整改难度较大，应当全部或者局部停产停业，并经过一定时间整改治理方能排除的隐患，或者因外部因素影响致使生产经营单位自身难以排除的隐患。

工程项目负责人对安全隐患排查治理工作全面负责。

A　隐患排查治理内容

隐患排查治理主要包括：

（1）安全生产责任制、规章制度、操作规程的情况；

（2）作业人员安全教育培训和人员持证上岗情况；

（3）建设项目安全"三同时"制度落实情况；

（4）应急救援预案和演练情况；

（5）是否按照施工设计、作业规程等有关技术文件组织施工，生产现状与设计技术资料和图纸是否相符；

（6）施工工艺环节安全设施完好情况，地下矿山如井筒安装、提升、排水、压风、爆破、通风、供配电、运输等各环节安全设备、设施是否配备完善，运行正常。

B　隐患排查治理方式、方法

建设期间，安全隐患排查治理是安全管理的重要内容，重点做好以下几方面工作：

（1）坚持做好领导带班和安全员跟班制度的落实。露天矿山建设项目施工单位领导要认真履行安全职责，加强施工作业现场的检查巡视，每班至少安排一名专职安全员跟班检查，发现问题，及时解决。地下矿山建设项目施工单位要严格按照《金属非金属地下矿山企业领导带班下井及监督检查暂行规定》（国家安全生产监督管理总局令第34号）相关要求，认真落实工程项目部领导带班下井制度，切实把领导带班下井制度作为头等大事来抓，坚决防止纸上下井，为下井而下井。要健全规章制度，根据工程项目和企业自身实际，制定、完善项目领导班子成员轮流现场带班下井制度，做到月初有计划，带班有记录，月底有考核。明确领导带班下井班次，带班领导必须与工人同时下井、同时升井，完善领导班子成员带班下井记录台账，同时对领导带班下井制度落实情况进行每月考核并公示。

（2）坚持做好定期安全检查，提升检查成效。安全检查是防止事故发生的主要方法，施工单位要加强对作业人员的教育培训，坚持日常安全检查，认真做好班前确认、班中巡视、班后总结，每月至少开展一次由项目领导组织的安全生产大检查，对发现的一般隐患现场立即整改，重大隐患要明确责任人、整改措施、完成时间、资金。不能立即治理的应当采取必要的防范措施，并及时书面报告发包单位协商解决，消除事故隐患。对排查出的事故隐患，应登记建档，公示销号。

（3）严格隐患整改复查和效果评估。隐患整改复查是保证整改落实的必要措施。对排查出的事故隐患，施工单位要明确专人进行跟踪督促落实，并对完成情况进行现场复查和效果评估。

（4）编制现场应急处置方案，建立应急救援组织或者指定应急救援人员，配备救援设备设施和器材，并配合发包单位定期进行演练。

（5）强化安全考核。施工单位要健全安全考核制度，明确隐患排查治理职责；每月召开隐患排查治理总结分析会，查找问题，制定改进措施。坚持月度生产作业队、班组及技术、管理人员安全考核，加大奖惩力度。

9.4　监理单位安全监督管理

建设监理是国家对工程建设的要求，建设单位通过招标确定监理单位，工程监理工作的依据是工程承包合同和监理合同。

9.4.1　监理单位安全职责

工程监理单位在贯彻执行国家有关法律、法规的前提下，促使建设方、工程承包方签订的工程合同得到全面履行，控制工程建设的投资、建设工期、工程质量以及协调相关方工作关系，同时工程监理单位、监理人员应当按照法律、法规和工程建设强制性标准实施监理，并对安全设施工程的工程质量承担监理责任，主要包括：

（1）审查施工组织设计中的安全技术措施或者专项施工方案是否符合工程建设强制性标准。

（2）在实施监理过程中，发现存在安全事故隐患的，应当要求施工单位整改；情况严重的，应当要求施工单位暂时停止施工，并及时报告建设单位。施工单位拒不整改或者不停止施工的，工程监理单位应当及时向有关主管部门报告。

（3）参与安全技术措施工程验收。

需要注意的是：监理单位履行安全监理职责，不能替代和免除施工单位的安全生产主体责任，也不能替代和免除建设单位、勘察设计单位及其他各有关责任单位的安全生产责任，监理单位安全监理也不能替代施工单位的安全生产管理工作。

9.4.2 总监理工程师安全管理职责

（1）对监理项目工程建设中的安全负监理领导责任；

（2）贯彻落实安全生产方针、政策、法规和规章制度，结合项目工程特点和施工全过程的情况，在工程开工前组织编制本项目监理人员的安全生产责任制、安全监理规划、监理实施细则，并保证其实施；

（3）负责组织审核施工单位的"施工组织设计方案"安全技术措施和专项安全施工方案，并提出审查意见，使之符合安全施工和工程强制性标准的要求；

（4）督促施工单位加强安全生产科学管理，建立和完善相关安全生产制度；

（5）审查承包商和分包商施工资质和安全生产许可证；

（6）审查施工单位现场安全制度、安全生产管理体系、作业人员三级安全教育培训及项目经理、安全人员、特种作业人员持证情况以及特种设备的检测检验等；

（7）组织项目安全文明生产检查，并督促整改、验收；

（8）组织安全监理工作例会，签署监理安全机构的文件和指令；

（9）督促建设单位认真履行《建设工程安全生产管理条例》和法规规定的安全生产职责；

（10）审查勘察单位、设计单位、工程机械供货单位执行《建设工程安全生产管理条例》的职责；

（11）监督工程造价中安全技术措施费资金的投入，确保专款专用；

（12）安全监理过程中，重点控制"人的不安全行为"、"物的不安全状态"，以杜绝和避免事故的发生；

（13）发生事故时，及时组织保护现场，参与事故调查工作，并上报建设单位和主管部门，根据调查结果确定处理方案。

9.4.3 监理工程师安全管理职责

（1）贯彻执行国家安全生产方针、政策、法规和条例；

（2）审查"施工组织设计方案"安全技术措施和专项施工安全方案，并督促实施；

（3）参与编制安全监理规划，负责安全监理实施细则的编制工作；

（4）负责施工现场安全监理工作的具体实施；

（5）审查承包单位提交的计划、方案、申请等，并向总监汇报；

（6）负责检查施工单位现场的安全措施和特种人员安全上岗情况；

（7）监督施工单位落实安全生产组织保证体系，建立健全安全生产责任制；

（8）监督施工单位严格按照工程强制性标准施工；

（9）组织或参加定期安全检查，督促安全隐患整改落实、验收；

（10）检查进场安全设施的材质、实体质量、检测报告等质量证明文件及使用情况，督促施工单位定期进行特种设备的检测检验；

（11）检查确认安全防护设施、劳动保护用品等是否符合国家质量标准，矿用设备是否具备安全许可标志；

（12）监督和确认安全措施费的使用。

9.4.4 安全监理员安全管理职责

（1）贯彻执行国家安全生产方针、政策、法规和条例；

（2）服从总监理工程师安排，直接对工地进行安全监理；

（3）做好安全生产的宣传教育和管理工作；

（4）掌握作业现场的安全生产情况，调查研究施工过程中的不安全问题，提出改进意见和建议；

（5）组织安全活动和定期安全检查；

（6）负责日常安全生产监理工作，经常巡视现场安全状况，包括文明施工、安全设施与防护、作业人员劳保品穿戴、特种作业人员持证上岗情况等安全措施的现场落实；

（7）参与审查施工组织设计（施工方案）和编制安全监理规划、监理实施细则，并对贯彻实施情况进行监督检查；

（8）参加定期和不定期的安全检查，敢于坚持原则提出问题，认真跟踪施工单位落实整改；

（9）负责安全监理资料的收集整理和记录工作，负责审核施工单位的安全资料，并督促施工单位做好安全技术交底和作业人员三级安全教育培训工作；

（10）发生事故时，协助有关部门调查取证，积极收集提供第一手原始安全记录。

9.4.5 安全监管措施

9.4.5.1 组织措施

（1）明确安全监理人员分工，落实安全监理责任，责任落实到人。

（2）定期或不定期地组织安全施工检查或专项检查，并形成会议纪要。对检查中发现的安全隐患和问题，组织施工单位研究整改措施，督促、检查整改效果。

（3）将施工安全作为监理例会研究、部署项目监理工作的一项重要内容；总结安全生产情况，分析隐患形成的原因，制定整改措施，部署安全监理工作重点及落实措施。

9.4.5.2 技术措施

（1）制定项目安全监理目标，做到目标明确，措施得当有效。

（2）编制项目监理规划，项目安全监理要参与总体策划。

（3）依据项目监理规划和安全监理目标，编制项目安全监理实施细则，按细则对项目施工安全实施监理。

（4）明确工程施工安全监理关键点和措施。

安全监理关键点是监理人员检查巡视控制的重点。每项关键点施工安全都应要求施工单位首先进行自检、自查。对检查出来的隐患和问题要求施工单位认真整改。安全监理人员在施工单位检查的基础上进行抽查，抽查发现的问题，以"监理工程师通知单"形式，指定施工单位整改落实，并复查整改效果，直至符合要求为止。

9.5 井巷掘进安全技术管理

矿山建设过程中，施工工序复杂、繁琐，危险有害因素较多。露天矿山包括穿孔、爆破、铲装、运输、排土等工序，地下矿山工程更为复杂，主要有凿岩、爆破、运输、提升、通风、安装、排水、压气、供配电等系统施工，地质条件变化大，作业环境差，安全隐患多，尤其在井巷掘进期间安全技术管理难度大。

为了开采矿床，在矿体或围岩中开掘坑道的过程，称为井巷掘进。矿山井巷包括竖井、斜井、平硐、天井、盲井、平巷和硐室等。井巷工程是矿山基本建设的主要项目。

9.5.1 竖井掘进及安全要求

9.5.1.1 竖井掘进

竖井掘进的主要工序包括凿岩、爆破、出渣、清底、提升、运输和防治水等。凿岩爆破是竖井掘进的主要工序之一，约占整个循环时间25%左右，因此缩短凿岩爆破时间，提高爆破效率，必须正确选取凿岩机具和爆破器材，确定合理的爆破参数。出渣装岩工作是掘进循环中最繁重的工作，约占循环时间的50%~60%。因此，正确选用高效的装岩机具，减小劳动强度，缩短装岩时间，是实现快速施工的根本保证。在施工中也要妥善处理井内涌水，达到加快竖井施工速度的目的。

井筒向下掘进一定深度后，应及时进行永久支护工作。为了保证施工安全，在掘进过程中往往还要采用临时支护，确保工作面的安全。常用的临时支护形式有井圈背板临时支护、锚喷临时支护、金属掩护筒支护等，常用的永久支护形式有现浇混凝土支护和喷射混凝土支护。

9.5.1.2 竖井施工安全要求

竖井施工因其工艺的复杂性和工作环境的特殊性，必须采取切实可行的安全保护措施和设置必要的安全设施，才能保证施工的顺利进行。

A 安全设施要求

(1) 竖井施工至少需要两套独立的上下人员、直达地面的提升装置。安全梯电动稳车应具有手摇装置，以备断电时用于提升井下人员。

(2) 竖井施工初期，井内应设梯子，深度超过15m时，应采用卷扬机提升人员。在含水表土层施工时，及时架设、加固井圈，加固密集背板并采取降低水位措施，防止井壁砂土流失导致空帮。在流沙、淤泥、砂砾等不稳固的含水层施工时，应制定专门的安全技术措施。

(3) 井口必须装置严密可靠的井口盖和能自动启闭的井盖门，卸渣装置必须严密，不许漏渣，防止发生井内坠物伤人事故。

(4) 竖井施工应采用双层吊盘作业，以确保井内作业人员的安全。为保证井筒延深时的安全，在提升天轮间顶部的上方应设保护盖。

(5) 井筒内每个作业点都要设置独立的声光信号和通信装置，从吊盘和掘进工作面发出的信号，要有明显的区别，并制定专人负责，所有信号经井口信号室转发。

(6) 井筒延深5~10m后安装封口平台，天轮平台距离封口平台的垂高，不得小于15m，翻矸平台应高于封口平台5m。

B 安全保护措施

(1) 加强职工安全知识教育和培训，特种作业人员必须持证上岗。

(2) 井口应配置醒目的安全标志牌，实行安全警告制度。

（3）卷扬机安全防护装置，吊桶提升速度、提升物料对信号工的安全要求，都应严格遵守安全规程。完善安全回路闭锁，防止吊桶冲撞安全门。

（4）专人负责定期对运转设备和井内提升、悬吊设施进行检查，发现问题及时汇报处理，并做好详细记录。

（5）对卷扬机、空压机、爆破器材存放点和井内高空作业等危险源点实行监控管理。

（6）井内高空作业（大于2m）时，工作人员必须系安全带，谨防发生人员与物体的坠落事件，并采取可靠的防坠措施。

（7）经常监测井筒内的杂散电流，当超过30mA时，必须采取安全可靠的防杂散电流措施。

（8）在含水层的上下接触地带及地质条件变化地带、可疑地带掘进，要加强探水。探水作业要严格遵守技术规程和安全规程要求。当掘进面发现有异状水流和气体，发生水叫、淋水异常、底板涌水增大等情况时，应立即停止作业，进行分析处理，确认安全后方可恢复施工。

（9）拆除延深井筒预留的岩柱保护盖，应以不大于$4m^2$的小断面，从下向上先与大井贯通；全面拆除岩柱，宜自上而下进行。

9.5.2 平巷掘进及安全要求

在井巷工程中，平巷工程所占比重一般要达到80%以上，工期也要超过建井工期的55%。因此加快平巷施工速度，是缩短建设工期的重要手段之一，平巷施工主要包括掘进和支护两大环节。

9.5.2.1 平巷掘进及支护

平巷掘进方法有普通钻眼爆破法、联合掘进机掘进法、风镐挖掘法和水力冲破法等。钻眼爆破法是最常用的方法，其主要工序包括凿岩、爆破、装岩、转载、运输和调车等。

为了保护巷道的稳定性，防止围岩发生垮落或过大变形，巷道掘进后一般都要进行支护。巷道支护按用途分为临时支护和永久支护两类。常用的临时支护有棚式临时支护、锚杆临时支护、喷混凝土临时支护。常用的永久支护有喷混凝土支护、浇混凝土支护和喷锚网联合支护等。

9.5.2.2 平巷施工安全要求

平巷施工必须严格按设计和《矿山井巷工程施工及验收规范》（GBJ 213—1990）施工；在施工前必须编制施工组织设计，在流沙、淤泥、砂砾等不稳固的含水表土层中施工时，必须编制专门的安全技术设计。

A 顶板管理

（1）平巷施工过程中，要设专人管理顶板岩石，防止片帮冒顶伤人。

（2）钻眼前要检查并处理顶板的浮石，在不太稳固岩石中巷道停工时，临时支护应架至工作面，以确保复工时顶板不致发生冒落。

（3）在不稳固岩层中施工，进行永久支护前应根据现场需要，及时做好临时支护，确保作业人员人身安全。

（4）爆破后，应对巷道周边岩石进行详细检查，浮石撬净后，方可开始作业。

B　爆破安全管理

（1）平巷爆破时，应先通知在附近工作面作业人员，待全部撤离至安全区后，才能进行爆破，并要在所有的路口设岗，以加强警戒。

（2）在处理哑炮时，应在爆破 20min 后再允许人员进入现场处理。处理时应将药卷轻轻掏出，或在距哑炮 300mm 处另打炮眼爆破，引爆哑炮，严禁套残眼施工。

（3）加强爆破器材管理，禁止使用失效及不符合有关要求或国家标准的爆破器材。

C　通风防尘管理

掘进爆破后，通风时间不得小于 15min，经气体检测仪检测合格后，作业人员方可进入工作面作业，作业前必须洒水降尘。独头巷道掘进应采用混合式局部通风，即用两台局扇通风，一台压风，一台排风。风筒应采用阻燃风筒，并按设计规定安装到位，损坏的要及时更换。

D　供电管理

（1）建立危险源点分级管理制度，危险源点处必须悬挂安全警示牌。

（2）保护电源与供电线路要确保工作正常，并逐步淘汰非阻燃电缆。

（3）严禁携带照明电进行装药爆破。

E　施工组织管理

（1）平巷掘进时，要编制施工组织设计，并应在施工过程中贯彻执行。

（2）采用钻爆法贯通巷道，当两个互相贯通的工作面之间的距离只剩下 15m 时，只允许从一个工作面掘进贯通，并在双方通向工作面的安全地点设立爆破警戒线。

（3）喷混凝土作业时，严格按照安全操作规程作业；处理喷管堵塞时，应将喷枪对准前下方，并避开行人和其他操作人员。

9.5.3　斜井掘进及安全要求

9.5.3.1　斜井掘进及支护

斜井倾角小于 20°~30°，其施工方法与平巷类似，但在斜井施工中，除考虑装岩、运输、支护和排水的特点外，必须妥善处理表土层的掘砌工作，还应预防跑车事故发生。斜井掘进施工由表土施工和基岩施工两部分组成。斜井井口多建在表土及风化岩层中，井口段的长度视表土层的厚薄和斜井的倾角而定，通常延伸到基岩内 3~5m。常用的斜井永久支护有整体混凝土支护和喷射混凝土支护，临时支护可采用棚式支架支护和喷射混凝土支护。

9.5.3.2　斜井施工安全要求

斜井施工安全要求如下：

（1）斜井井口施工应严格按照设计执行，及时进行支护和砌筑挡墙。

（2）必须设置防跑车装置；在斜井口应设与卷扬机联动的逆止阻车器或安全挡车板；井内应设两道挡车器，即在井筒内上部设置一道固定式挡车器，在工作面上方 20~40m 处设置一道可移动式挡车器，并有专人（信号工）看管。井内挡车器常用钢丝绳挡车器、型钢挡车器和钢丝绳挡车帘等。

（3）由下向上掘进 30°以上的斜巷时，必须将溜矿（岩）道与人行道隔开。

（4）斜井内人行道一侧，每隔 30～50m 设一躲避硐；人行道应设扶手、梯子和信号装置。

（5）掘进巷道与上部巷道贯通时，应设有安全保护措施。

（6）在有轨运输的斜井中施工，为了防止轨道下滑，可在井筒底板每隔 30～50m 设一混凝土防滑底架，将钢轨固定其上。

（7）在含水层的上下接触带及地质条件变化地带、可疑地带掘进，应认真实行防突水措施，防止工作面突水事件发生。

9.5.4 天井、溜井掘进及安全要求

9.5.4.1 天井、溜井掘进与支护

在矿山掘进工程中，天井及溜井的施工难度最大。这是因为：一是独头掘进，通风、捡撬工作面浮石困难；二是作业条件差，劳动强度大；三是由于天井、溜井需要与上阶段巷道贯通，施工质量要求高。因此，在天井、溜井施工中，除普通法掘进天井、溜井外，一些矿山应用"吊罐法"、"爬罐法"、"钻井法"和"深孔爆破成井法"等掘进方法。

溜井的井壁易受矿石的冲击、磨损及二次破碎等损害，需要对其进行加固和补强加固等。溜井破损较严重的地方主要是倒矿口和放矿口，磨损严重的地方是井筒。根据磨损程度可采用钢纤维混凝土加固，放矿口可采用锰钢板加固，通过矿量不大的溜井也可以采用混凝土或石料砌筑加固。在岩石不稳固或破碎带中掘进天井，一般可采用喷锚支护。

9.5.4.2 天井、溜井施工安全技术要求

天井、溜井施工必须严格按照设计和《矿山井巷工程施工及验收规范》（GBJ 213—1990）进行施工，矿山必须编制天井、溜井施工设计和施工组织设计图。

A 普通法、吊罐法和爬罐法施工的安全要求

普通法、吊罐法和爬罐法（示意图分别如图 9-1～图 9-3 所示）掘进天井、溜井时，作业人员要进入井内，应注意以下事项：

（1）每次爆破后，必须加强局部通风，至少通风半小时，并经气体检测仪检测合格后方可允许人员进入井内。

（2）首先要捡撬浮石，而且要保证两人作业，一人照明，一人捡撬。

（3）井壁破碎或不稳固时，应支横撑柱或安装锚杆维护。

（4）凿岩平台要安装稳固，出渣间和人行间的隔板要严密结实，防止渣石掉入人行间。每隔 6～8m 设一平台，内设人行梯子。

（5）采用普通法施工时，天井掘进到距上部 7m 时，测量人员应给出贯通位置，并在上部巷道设立警戒标志和围栏。用吊罐法施工时，严防发生"翻罐"和"蹲罐"事故；凿岩时吊罐要架牢，防止摆动。爬罐法施工时，导轨要固定牢靠，并防止爆破崩坏或蹦松导轨而发生吊罐事故。

（6）必须设立信号联络装置。可采用电铃、灯光和电话或复式信号系统，保持罐内人员与绞车司机之间的联系，确保罐笼提升、下降时的安全。

（7）应选用安全系数 $k \geq 13$ 的粗钢丝绳、提升能力大的慢速绞车，电动机要有过电流保护装置。

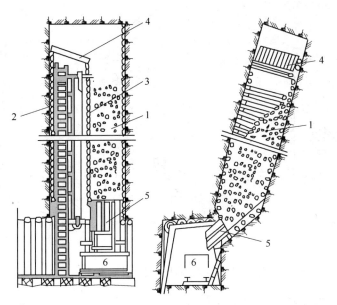

图 9 - 1 天井普通掘进法示意图

1—放矿格；2—梯子间；3—提升格；4—落矿台；5—溜井口；6—矿车

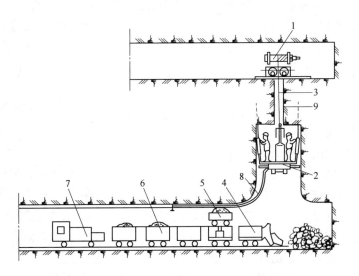

图 9 - 2 吊罐法掘进天井示意图

1—游动绞车；2—吊笼；3—提升井绳；4—装岩机；5—斗式转载机；

6—矿车；7—架线电机车；8—风水管和电缆；9—中心孔

B 钻井法施工的安全要求

(1) 采用"上扩法"时，岩渣可以自重下落，操作人员应采取防护措施以避免落石伤人事故的发生。

(2) 采用"下扩法"时，岩渣由导孔排出，下面操作地点粉尘大，坠石容易伤人。要加强通风和降尘措施，并采取防止落石伤人的安全措施。

(3) 设专人负责，定期对钻井设备进行检查和维护工作，确保设备运转正常。

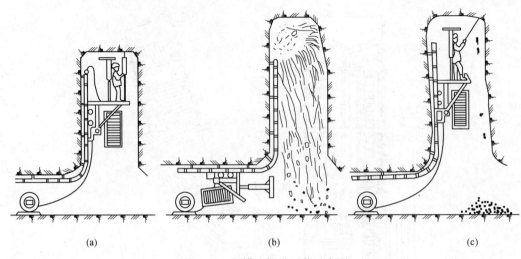

(a)　　　　　　　　　(b)　　　　　　　　　(c)

图9-3　爬罐法掘进天井示意图

C　深孔爆破成井法施工的安全要求

（1）中心孔一定要按设计施工；确保一次成井。

（2）作业人员不准站在中心孔下方，防止中心孔内掉石伤人事故的发生。

（3）盲天井施工时，为保证一次爆破达到设计高度，一般掏槽孔要超深1.5~2m，辅助孔超深1.0~1.5m，周边孔超深0.5~1.0m，并且要防止发生炮孔挤死或堵塞。

9.6　井巷支护及安全要求

为保持井巷的稳定，防止巷道壁垮落和过大变形，对巷道围岩破碎或不稳固部位要进行井巷支护。根据支护材料和形式的不同，主要有木支架支护、金属支架支护和钢筋混凝土支架支护，还有混凝土和石材砌碹支护。近年来，喷锚支护、喷网支护由于工序简单，支护效果良好，得到了广泛使用，主要有喷射混凝土支护、锚杆支护、喷射混凝土锚杆支护、喷射混凝土与金属联合支护以及喷射混凝土锚杆、金属联合支护，而传统的木支护因易发生火灾及容易变形、腐烂等造成顶板冒落事故发生，国家已禁止在永久支护中使用。支护可以在掘进工作结束后马上进行，也可落后于掘进工作面一定距离并与掘进工作平行进行，对于不稳固的岩层，必须随着掘进工作的进行及时进行支护。

选用何种支护方式，需要根据巷道断面大小、形状、服务年限、地压大小等因素综合考虑，必须严格按照设计和《矿山井巷工程施工及验收规范》（GBJ 213—1990）进行施工。

9.6.1　喷锚（网）支护安全要求

9.6.1.1　锚杆施工安全要求

（1）采用锚杆、喷浆或喷射混凝土支护，必须进行专门的设计；喷锚工作面与掘进工作面的距离，锚杆形式、深度、孔径、角度、喷体厚度、强度等，应在设计中明确。

（2）锚杆孔内积水及岩粉应吹洗干净，注浆锚杆孔应灌满灌实。

（3）锚杆杆体使用前应平直、除锈、除油。

（4）锚杆应做抗拔力试验，喷体做厚度和强度检查。

（5）锚杆的托盘必须紧贴岩壁，并用螺母拧紧。未接触部位必须锲紧，锚杆体露出岩面的长度不大于喷混凝土的厚度。

（6）处理喷射管路堵塞时，必须枪口朝下，不得朝向人员。

（7）在松软破碎岩层中施工锚杆，必须打超前锚杆，进行预先护顶。顶板淋水应预先做好防水工作。

9.6.1.2 喷射混凝土支护安全要求

（1）混凝土材料应符合设计要求，严禁选用受潮、过期结块的水泥及粒径大于15mm的碎石，不得使用含有酸、碱或油的水。

（2）喷射前必须清晰岩面，并埋设控制喷厚的标志。

（3）喷射作业区的环境温度、混合料及水的温度不得低于5°，喷后7天内不得受冻。

（4）喷射作业中严格控制水灰比：喷砂浆应为0.45～0.55，喷混凝土应为0.4～0.45。混凝土表面应平整、湿润光泽，无干斑或滑移流淌现象，发现混凝土表面干燥松散、下坠、滑移或裂纹时，及时清除补喷。终凝2h后应喷水养护。

（5）采用配筋喷射混凝土支护时，钢筋网钢筋间距宜为150～300mm，钢筋保护层厚度不小于20mm。

9.6.2 永久支架架设安全要求

永久支架主要包括金属支架和钢筋混凝土支架。永久支架架设安全要求如下：

（1）支架立柱应立于巷道底板以下50～150mm实底上，有水沟的巷道，水沟一侧的立柱底部应低于水沟底板50～150mm。

（2）支架顶部及两帮应背紧、背牢，不得使用风化、自燃的岩石或矿石作充填物。

（3）平巷支架应有上撑，倾斜巷道支架应有上、下撑和拉杆，并应有3°～5°的迎山角。

（4）金属支架应加设拉杆，支架立柱底部要有坚硬垫板。严禁在有酸性水情况下使用金属支架。

9.6.3 整体性支护及砌碹支护安全要求

整体性支护及砌碹支护是矿山巷道支护的一种主要形式，主要用于岩石松软破碎和节理裂隙比较发育及渗水的岩体区段内。一些大跨度硐室也较广泛地采用了整体式支护及砌碹支护。

（1）严格按照设计施工，原材料水泥、水及粗细骨料应符合设计要求。严禁使用工业废水、生活污水及沼泽水来拌制和养护混凝土。

（2）砌筑碹墙基础，应清理浮矸直至实底，基础槽内不得有流水或有危害砌筑质量的积水。

（3）模板应安设牢固，板面应平整。

（4）碹胎架设应与巷道中心线垂直。碹胎两边拱的基点应在同一水平上，架设坡度与巷道坡度一致。

（5）碹胎间距宜为1～1.5m。拱模板的强度应能满足荷载要求。

（6）碹胎架设必须牢固，碹胎的下弦不得用作工作平台。

（7）碹胎、模板重复使用时，应进行检查和整修。

（8）在倾斜巷道架设碹胎，应有 2°~3° 的迎山角。碹胎之间应设支撑和拉条。

（9）砌体与岩帮之间的空间应充填密实。

（10）巷道模板和碹胎的拆模期，应根据混凝土、砂浆强度和围岩压力大小确定。浇灌混凝土的拆模期不宜少于 5 天，砌块的拆模期不宜少于 2 天。

9.7　爆破作业安全要求

爆破工作是把矿岩从矿体中剥落下来，并按工程要求爆破成一定的爆堆，破碎成一定的块度，为随后的采、装、运工作创造条件。爆破是矿山生产的主要工序之一，岩石剥离、井巷掘进、矿石回采及土石方开挖工程等，多采用爆破的方法来完成。由于爆破作业所用的爆破器材是炸药、雷管等易燃易爆类危险品，爆破工作直接关系着作业人员、采矿设备和周围建（构）筑物的安全，影响露天边坡或地下采空区的稳定，所以，爆破安全在矿山生产建设中占有重要位置。

地下矿山爆破根据不同情况可采用裸露爆破、浅眼爆破、深孔爆破和药室爆破。裸露爆破大多用于处理大块和溜井堵塞。浅眼爆破多用于井巷以及薄矿脉和贵重金属矿的回采。随着凿岩工具的发展，高强度采矿方法的出现，地下深孔爆破也被广泛采用。药室爆破用于矿柱回采和顶板崩落中。

地下矿山爆破与露天矿山爆破相比，其工作空间相对窄小，爆破作业频繁，如在井巷掘进中，往往是凿眼、爆破和出碴交替进行。所以，井下爆破不但要考虑爆破作业本身的特点，还要注意各工序之间的配合。

9.7.1　巷道掘进爆破

巷道掘进爆破要求巷道施工质量、断面规格符合设计要求，周壁平整，尽量减少对原岩的破坏，炮眼利用率高，尽可能增加每一循环的进尺；块度均匀，爆堆集中，以利于提高装岩效率；原材料消耗少，成本低。

巷道掘进爆破只有一个自由面，一般采用浅眼爆破。为了取得较好的爆破效果，必须合理的布置炮眼。

9.7.1.1　掘进巷道的炮眼排列

巷道掘进爆破的炮眼分为掏槽眼、辅助眼和周边眼。周边眼还有顶眼、底眼和帮眼之分。爆破时按掏槽眼、辅助眼和周边眼的顺序起爆。掏槽眼要多装药，并首先起爆，以便形成新的自由面，为其余的炮眼爆破创造条件。掏槽眼布置的原则就是如何有效地将一部分岩石抛出，其形式可分为垂直掏槽和倾斜掏槽。

（1）垂直掏槽：也称直线掏槽，其特点是全部掏槽眼均与工作面垂直，也可留一个或几个炮眼不装药，起辅助自由面的作用。垂直掏槽的效率高，在巷道掘进中应用广泛。垂直掏槽有缝形掏槽、桶形掏槽和螺旋掏槽三种形式。

（2）倾斜掏槽：其特点是掏槽眼与自由面斜交，当掏槽眼中的炸药爆炸时，孔底至自由面的岩石被破碎抛出。倾斜掏槽又可分为单向掏槽、锥形掏槽和楔形掏槽三种。倾斜掏槽的优点是易将岩石抛出，而且所需的掏槽眼数量较少。缺点是眼深受巷道宽度和高度限制，且炮孔利用率较低。

辅助眼是在掏槽眼爆破创造了新的自由面后，用以进一步扩大掏槽体积的炮眼，为周边眼爆破创造更有利的条件。眼距一般可取 0.4~0.8m。

周边眼的作用是使巷道达到设计的断面规格与形状。这些炮眼应力求布置均匀，以便充分利用炸药能量。为使爆后截面平整，周边眼的眼底部都应落在同一垂直于巷道轴线的平面上。周边眼的间距为 0.5~1.0m，眼口距巷道轮廓线为 0.1~0.3m。

9.7.1.2 爆破参数的确定

以前常用的炸药主要是岩石铵梯炸药，铵梯炸药禁止使用后，现多采用乳化炸药，采用电雷管或导爆管起爆。

A 炸药单耗

炸药单耗与炸药本身的威力、岩石的硬度、巷道断面大小、自由面数目、炮眼直径和深度等因素有关。其大小对爆破效果、凿岩和装岩工作、炮眼利用率及巷道周壁平稳性和围岩稳定性等均有较大影响。炸药单耗选取偏低时，爆后巷道断面达不到设计要求，岩石破碎不均匀，且进尺小；炸药单耗选取偏高时，不仅会造成爆破材料的浪费，还会崩坏巷道周壁以外的岩石，降低围岩的稳定性，有时还会损坏支护和设备。

在井巷中掘进爆破时，炸药单耗可参照表9-4选取。

表9-4　平巷掘进炸药单耗参考表（2号岩石硝铵炸药）　　（kg/m³）

掘进断面 /m²	岩石坚固性系数 f				
	2~3	4~6	8~10	12~14	15~20
<4	1.23	1.77	2.48	2.96	3.36
4~6	1.05	1.50	2.15	2.64	2.93
6~8	0.89	1.28	1.89	2.33	2.59
8~10	0.78	1.12	1.69	2.04	2.32

B 炮眼直径

炮眼直径对凿岩效率、眼数、炸药单耗和巷道周壁平整性均有影响。炮孔的直径决定凿岩钎头的直径。一般来说，小直径钎头比大直径钎头凿岩速度快，但炮孔过小会使装药量不足，影响炸药威力，降低炮孔利用率，影响爆破效果。在大断面巷道中掘进时，可采用直径 38~42mm 的药卷来爆破。

C 炮眼深度

炮眼深度影响着每班掘进循环次数和进尺。一般情况下，增加炮眼深度，可以提高一个循环的进尺，也就提高了总的掘进速度。因为每个循环都要进行同样的辅助工作，一个掘进循环的进尺越多，则相对减少了辅助工作时间。因此，保证正常循环作业的条件下，应合理加大炮孔深度。但是炮孔过深，钻眼速度下降，炮孔利用率也会下降，同时爆破块度不均匀，影响装岩工作，从而会使掘进速度下降。所以，合理的炮孔深度，要综合考虑各种影响因素。通常炮孔深度为 1.5~2.5m。

D 炸药量

每掘进一个循环所需的炸药量的计算公式是：

$$Q = qsl\eta$$

式中　Q——一个循环所需炸药量，kg；

　　　q——炸药单耗，kg/m^3；

　　　s——巷道断面积，m^2；

　　　l——炮孔平均深度，m；

　　　η——炮眼利用率，一般取 0.8 ~ 0.95。

　　E　炮眼数目

　　炮眼数目的确定主要考虑巷道断面大小、岩石的性质、炸药的用量和药卷的规格等影响因素。一般情况下，按各眼平均分配炸药量的原则，根据下式计算炮眼数量：

$$N = \frac{qSh}{\alpha g}\eta$$

式中　h——每个药包的长度，m；

　　　α——装药系数，即装药长度与炮眼长度 L 之比，一般掏槽眼 $\alpha = 0.6 ~ 0.8$，辅助眼
　　　　　$\alpha = 0.5 ~ 0.7$；

　　　g——每个药包的重量，kg；

　　其他符号意义同前。

　　F　炮眼利用率

　　炮眼利用率是衡量爆破效果的一个重要指标。炮眼利用率可以分为个别炮眼利用率和巷道全断面的炮眼利用率，其计算公式分别为：

　　　　　个别炮眼利用率 =(炮眼长度 - 炮窝（残眼）长度)/炮眼长度

　　　　　全断面的炮眼利用率 = 每个循环的工作面进度/平均炮眼长度

　　通常情况下以全断面的炮眼利用率作为掘进效率指标。影响炮眼利用率的因素主要是炮眼排列与爆破参数，即炸药单耗，炮眼直径、数目、深度，装药系数等是否合理。通过试验可以取得各种参数的最佳值，最优的炮眼利用率一般为 0.85 ~ 0.95。

9.7.2　矿山爆破安全技术

9.7.2.1　一般规定

　　各种爆破作业必须严格遵守《爆破安全规程》（GB 6722—2003）的有关规定，并且必须使用符合国家标准或部颁标准的爆破器材。

　　进行爆破作业的施工单位，必须设有爆破负责人、爆破工程技术人员、安全员、爆破员、爆破器材保管员，持有省级公安机关颁发的"爆破作业单位许可证"，按照"爆破作业单位许可证"许可的资质等级、从业范围承接相应等级的爆破作业项目。爆破作业人员应取得设区的市级公安机关颁发的"爆破员作业许可证"，持证上岗。

　　由工程技术人员编制爆破设计书或爆破说明书，并经施工单位分管负责人批准。爆破作业必须按爆破设计书或爆破说明书进行。

　　存在矿尘或气体爆炸危险的井巷采用电力起爆时，只准使用防爆型起爆器作为起爆电源，禁止使用导爆管起爆。爆破作业场所的杂散电流值大于 30mA 时，禁止采用普通电雷管。

　　导爆管起爆网路中，不得有死结，孔内不得有结头，孔外传爆雷管之间应留有足够的

间距。用于同一工作面的导爆管必须是同厂同批号产品。

9.7.2.2 起爆器材加工安全规定

起爆器材加工应在爆破器材库区的专用房间加工，严禁在爆破器材存放间、住宅和爆破作业地点加工。起爆器材的加工，要严格遵守《爆破安全规程》（GB 6722—2003）的有关规定，确保操作安全。

9.7.2.3 装药工作安全规定

必须严格按照设计的药量和装药结构进行装药。爆破装药量应根据实测资料校核修正，经爆破负责人批准。

使用木质炮棍装药。深孔装药出现堵塞时，在未装入雷管、起爆药柱等敏感爆破器材前，应采用非金属长杆处理。

9.7.2.4 填塞工作安全规定

装药后必须保证填塞质量，硐室、深孔、浅眼爆破禁止使用无填塞爆破。

禁止使用石块和易燃材料填塞炮孔。当填塞物潮湿、黏性较大或表面冻结时，应采取措施防止将大块装入孔内。填塞水孔时，应放慢填塞速度，让水排出孔外，避免产生悬料。

填塞要十分小心，不得破坏起爆线路。

9.7.2.5 起爆安全规定

电雷管使用前，应在单独房间里（不超过六个月的野外流动作业允许在室外安全地点）用专用爆破仪表逐个检测每次爆破所用的电雷管的电阻值。电阻值应符合产品证书的规定。检查合格的雷管的两脚线必须短路连接。有矿尘和气体爆炸危险的矿井要保证良好的接地装置；输送管用导电性良好的材料制作，如采用半导电塑料软管；采用非电起爆系统；采用抗静电电雷管或采用孔口起爆，并在连线前将电雷管脚线用绝缘胶布分别包覆。

为了预防雷电引起爆破器材早爆等意外爆炸，在炸药库应设置可靠的避雷装置。在露天爆破遇有雷雨时，禁止采用电雷管起爆，如突然遇有雷雨时，应将电雷管脚线用绝缘胶布分别包覆，人员撤离危险区。大规模爆破时，最好避开雷雨季节。

9.7.2.6 警戒工作的安全规定

爆破工作开始前，必须确定危险区的边界，并设置明显的标志。

地面爆破应在危险区的边界设置岗哨，使所有通路处于监视之下。每个岗哨应处于相邻岗哨视线范围之内。

地下爆破应在有关的通道上设置岗哨。回风巷应使用木板交叉钉封或设支架路障，并挂上"爆破区危险，不准入内"的标志。爆破结束，巷道经过充分通风后，方可拆除回风巷的木板及标志。

各类信号均应使爆破警戒区域及附近人员能清楚地听到或看到。

9.7.2.7 爆破后的安全检查和处理

爆破后，爆破员必须按规定的等待时间之后进入爆破地点，检查有无冒顶、危石、支护破坏和盲炮等现象。只有确认爆破地点安全后，经当班爆破班长同意，方可允许人员进入爆破地点。

爆破员如果发现冒顶、危石、支护破坏和盲炮等现象，应及时处理，未处理前应在现场设立危险警戒或标志。

9.7.2.8 早爆事故的预防

早爆事故是指在爆破工作中，因受某些外界特殊能源作用造成雷管、炸药的早爆。早爆事故危害严重，必须给予足够重视。

产生早爆事故的主要原因有：矿井内杂散电流、压气装药时所产生的静电及雷电危害等引爆电雷管和硫化矿内硝铵炸药的自爆等。

杂散电流是指存在于预设的电爆网路之外的电流。其主要来源有：电气牵引网路流经金属物或大地返回变电所的电流；动力和照明交流电路的漏电；大地自然电流；雷电和电磁辐射的感应电流等。

因此，在有可能会产生杂散电流的场所进行电起爆爆破作业前，必须检查杂散电流的大小。当杂散电流大于30mA时，必须采取可靠的安全措施，如采用抗杂散电流电雷管或采用非电起爆网路。

采用装药车或装药器装药时，炸药沿输送管运动，由于相互间摩擦而产生静电荷，从而有可能引爆电雷管，造成早爆事故。

预防静电引起早爆的措施有：

（1）保证装药车或装药器有可靠的防静电措施，从事爆破工作的人员必须经过培训，考试合格，并持有安全作业证或操作证。

（2）禁止进行爆破器材加工和爆破作业的人员穿化纤服装。

9.7.2.9 盲炮、残药的预防与处理

盲炮是指由于雷管瞎火而拒爆的炮孔或药室。残药与盲炮的区别在于有无雷管存在。

预防盲炮、残药的主要措施有：

（1）对于爆破器材，要严格检验，妥善保管，防止使用技术性能不符合要求的爆破器材。对有些性能指标降低的爆破器材，必须经过复检及有关部门同意，采取可靠措施方能使用，这是预防盲炮、残药的重要手段。

（2）提高爆破设计质量，严格按设计施工。设计内容包括炮孔布置、起爆方式、网路敷设、起爆电流、网路检查等。无设计盲目施工，往往是产生盲炮的根源。

（3）改善操作技术，特别是对不能用仪器检查的非电起爆系统，要认真操作。对电雷管要避免漏接、错接和折断脚线，电爆网路的接地电阻不得小于 $1 \times 10^5 \Omega$。

（4）在有水工作面或水下爆破时，应采取可靠的防水措施，避免爆破器材受潮失效。尽量采用冲击摩擦感度低的浆状炸药、乳化炸药。对起爆器材要进行深水防水实验，并在连接部位采取绝缘措施。

盲炮处理方法有：

（1）重新起爆法。经检查，盲炮中雷管未爆、线路完好时，可以重新连线起爆。重新起爆时，应检查药包最小抵抗线是否改变，并采取相应的安全措施。重新起爆法适用于漏连、错连、断线等产生的盲炮。

（2）诱爆法。利用竹制或有色金属制的掏勺，小心地将炮泥掏出，重新安装起爆药包爆破。如果是硐室爆破，需要从导硐内清除堵塞物，然后小心地取出起爆体，再妥善处理炸药。还可采用聚能穴药包诱爆盲炮，聚能穴药包爆炸后，引爆盲炮里的雷管和炸药。

（3）打平行眼装药爆破法。在距浅孔盲炮孔口0.3～0.5m处、在距深孔盲炮孔口不

小于 10 倍炮孔直径处另打平行孔装药起爆。

（4）用水冲洗法。若炮孔中为粉状硝铵类炸药，而堵塞物又松散，可用低压水冲洗，使炮泥和炸药稀释，再妥善取出雷管，也可用高压水或高压风水管冲洗。此法必须远距离操作并设置警戒。

残药中没有雷管时，残药可采用上述处理盲炮的方法进行处理。残药往往不易发现，要仔细检查，严禁打残眼。

参考文献

[1] 中钢集团武汉安全环保研究院，等. GB 16423—2006 金属非金属矿山安全规程［S］. 北京：中国标准出版社，2006.

[2] 冶金部安全技术研究所. GB 6722—2003 爆破安全规程［S］. 北京：中国标准出版社，2004.

[3] 五洲工程设计研究院. GB 50089—2007 民用爆破器材工程设计安全规范［S］. 北京：中国计划出版社，2012.

[4] 张云国，王书来，等. 矿山基建期的综合管理［J］. 中国矿业，2012（2）：26~29.

[5] 张金东，谢春生. 基建矿山签证工程管理实践［J］. 金属矿山，2002（5）：20~22.

[6] 方志义，连民杰. 矿山基建资金的财务管理［J］. 金属矿山，2002（5）：14~15，19.

[7] 腰向科. 北洺河铁矿招标组织工作的实践［J］. 金属矿山，2002（5）：7~9.

[8] 李其军，高连月. 北洺河铁矿恢复建设工程的监理［J］. 金属矿山，2002（5）：10~11.

[9] 张国强. 工程建设项目中质量控制方法探讨［J］. 金属矿山，2002（5）：12~13，26.

[10] 王秀晴. 井巷工程施工合同的费用控制［J］. 金属矿山，2002（5）：16~17，22.

[11] 刘建敏，王立根. 浅谈基建工程临时设施费用的控制［J］. 金属矿山，2002（5）：18~19.

[12] 陈伟. 施工项目管理与项目成本控制［J］. 矿业快报，2005（6）：50~52.

[13] 孙正博. 工程项目的前期准备工作及其内容［J］. 河北冶金，1988（3）：68~72.

[14] 上海国家会计学院. 战略成本管理［M］. 北京：经济科学出版社，2011.

[15] 中国注册会计师协会. 会计［M］. 北京：中国财政经济出版社，2012.

[16] 中国注册会计师协会. 税法［M］. 北京：经济科学出版社，2012.

[17] 孙银英. 论建设单位的财务管理问题［J］. 山西建筑，2009（8）：264~265.

[18] 张婧. 浅议基建矿山工程管理与造价控制［J］. 现代经济信息，2012（8）：53.

[19] 谢卫和. 探讨基建项目工程造价的有效控制［J］. 中国科技博览，2011（18）：140.

[20] 孙淑娜. 加强企业基本建设项目财务管理［J］. 冶金财会，2009（4）：20~21.

[21] 曾传红. 设计交底与图纸会审［J］. 科技资讯，2010（1）：207.

[22] 陈海远，汪亮，李全京. 基于模糊数学优选采矿方法的研究［J］. 现代矿业，2012（8）：77~79，82.

[23] 国家档案局经济科技档案业务指导司，等. DA/T 28—2002 国家重大建设项目文件归档要求与档案整理规范［S］. 北京：中国标准出版社，2003.

[24] 中国建设监理协会. 建设工程监理概论［M］. 3 版. 北京：知识产权出版社，2013.

[25] 中国建设监理协会. 建设工程进度控制［M］. 北京：中国建筑工业出版社，2013.

[26] 陈虎，陈群. 工程项目管理［M］. 3 版. 北京：中国建筑工业出版社，2009.

[27] 本书编委会. 简明建井工程手册［M］. 北京：煤炭工业出版社，2003.

[28] 王伟杰，吴冷峻. 苍山铁矿井下通风系统设计优化研究［J］. 金属矿山，2012，4（增刊）.

[29] 徐小荷. 采矿手册［M］. 北京：冶金工业出版社，1990.

[30] 连民杰. 非煤矿山基本建设管理程序［M］. 北京：冶金工业出版社，2013.

[31] 中国安全生产科学院. 金属非金属矿山安全培训教程［M］. 北京：化学工业出版社，2006.

[32] GBJ 213—1990 矿山井巷工程施工及验收规范［S］. 北京：中国计划出版社，1993.

[33] 中国建设监理协会. 建设工程质量控制［M］. 北京：中国建筑工业出版社，2013.

[34] 中国建设监理协会. 建设工程投资控制［M］. 北京：中国建筑工业出版社，2013.

[35] 中国建设监理协会. 建设工程合同管理［M］. 北京：中国建筑工业出版社，2013.

[36] 中国建设监理协会. 建设工程信息管理［M］. 北京：中国建筑工业出版社，2013.

冶金工业出版社部分图书推荐

书　名	作　者	定价（元）
非煤矿山基本建设管理程序	连民杰　著	69.00
刘玠文集	文集编辑小组　编	290.00
冶金企业管理信息化技术（第2版）	许海洪　等编著	68.00
自动检测技术（第3版）（高等教材）	李希胜　等主编	45.00
钢铁生产控制及管理系统	骆德欢　等主编	88.00
钢铁企业电力设计手册（上册）	本书编委会	185.00
钢铁企业电力设计手册（下册）	本书编委会	190.00
钢铁工业自动化·轧钢卷	薛兴昌　等编著	149.00
冷热轧板带轧机的模型与控制	孙一康　编著	59.00
变频器基础及应用（第2版）	原魁　等编著	29.00
特种作业安全技能问答	张天启　主编	66.00
走进黄金世界	胡宪铭　等编著	76.00
现行冶金轧辊标准汇编	冶金机电标准化委员会　编	260.00
钢铁材料力学与工艺性能标准试样 　图集及加工工艺汇编	王克杰　等主编	148.00
2013年度钢铁信息论文集	中国钢铁工业协会信息统计部　等编	58.00
现行冶金行业节能标准汇编	冶金工业信息标准研究院　编	78.00
现行冶金固废综合利用标准汇编	冶金工业信息标准研究院　编	150.00
竖炉球团技能300问	张天启　编著	52.00
烧结技能知识500问	张天启　编著	55.00
煤气安全知识300问	张天启　编著	25.00
有色金属工业建设工程质量 　监督工程师必读	有色金属工业建设工程 　质量监督总站　编	68.00